元華文創
卓越文庫 EB006

日據時期
臺灣嘉義蘭記書局研究

丁希如 著

王 序

　　2009 年 9 月，希如從臺灣來我系攻讀博士學位，她來之前，在臺灣從事編輯出版工作，因而選擇編輯出版史作爲博士學習階段的主攻方向。在此後四年的學習期間，作爲指導教師，我與她有過很多次交流。考慮到 20 世紀上半葉，日本占領臺灣時期的漢文出版，研究還不够深入。希如從當時蘭記書局入手，研究日據時期的漢文出版與銷售，并以此作爲自己的博士學位論文。

　　正如作者所指出的：在日本政府抑制漢文，利用檢查制度打壓漢文出版的情勢下，由臺灣人所開設，以販賣中文圖書爲主的漢文書店，克服了諸多障礙，擔負起生産、銷售漢文圖書的工作，這不但提供民衆在正式教育體制之外，自學漢文的管道，更爲漢文的傳承留下一線生機，成爲保存傳統文化的功臣之一。而蘭記書局正是當時臺灣最具代表性的漢文書店。

　　經過兩年多的努力，希如的博士學位論文《日據時期臺灣蘭記書局研究》在 2013 年如期完成。她在寫作中，得到了蘭記書局後人的幫助，看到了不少一手資料，因而論文在不少方面都超越以前的研究者，有很多創新之處。論文在評審與答辯中，也獲得了老師們的認可與贊許。現在這篇論文再經過她的重新修訂補充，我以爲，本書可爲臺灣出版史研究提供重要參考。

　　希如在讀書期間，是一位很專心很勤奮的學生，因而學業一帆風順。我祝願她在今後的人生道路上，也一帆風順，並能有更多的成績。

王余光

2017年6月6日於北京大學

蘇　序

　　我們經常見到回憶或紀念臺灣個別出版社或書店的文章，卻較少見到嚴謹分析論述的相關學術性作品，因此丁希如博士這部《日據時期臺灣嘉義蘭記書局研究》的出版，顯得相當難能可貴。

　　本書討論的蘭記書局創立於 1919 年，到 2004 年才告結束，經營長達八十五年，雖然位處南部一隅，規模也不大，但經本書作者費數年心力耙梳整理相關史料，並從時代與環境的脈絡中闡述其興衰起伏的軌跡與具體經營方法後，蘭記書局的歷史意義即躍然生動於紙上，令人讀來印象深刻。

　　就興衰起伏的軌跡而言，蘭記創立於日據時期殖民政策的不利情況下，但經營者致力於進口中國大陸的出版品（包含傳統典籍與新知識圖書），又自行編印出版漢文與文化教材，使蘭記書局成為在臺灣維繫故國文化思想的重要機構，具有不小的影響力。出人意外的是臺灣光復後，異國統治的桎梏不再，蘭記書局的經營卻開始走下坡，最後竟難免於關門的結局。此種看來極為弔詭而反差強烈的不合理現象，令人大為不解，本書作者則從時代、社會環境與圖書出版業的變遷等因素，做出極有說服力的分析與解釋。

　　就具體的經營方法而言，圖書出版業本是以商業手法傳播文化內容的活動，經營者必須同時掌握市場需求和引領讀者閱讀方向，才能有利可圖並達到傳播文化的雙重目的。從本書的內容可知，蘭記的創立者經營手法非常新穎靈活，例如不論選擇進口經銷或自行編印出版的書，多能貼近當時臺灣讀者的需要；又如銷售管道方面，甚至早在 1924 年已組織善用類似現代讀書俱樂部型態的「漢籍流通會」，以培養向心力強大的忠實消費者群，這無疑是臺灣出版史與閱讀史上極有意義的創舉。

　　其實，有關蘭記書局的研究，在本書以前已有多種，但能如本書一樣全面性深入條分縷析並屢有創見則不容易，一要蒐集掌握並梳理蘭記的史料，尤其是第一手史料，二要具有出版工作經驗或深入了解出版實務，才能看出關鍵所在並予以精確的解釋。丁希如博士正是這樣兩者兼備的作者。

　　二十年前（1997），我在嘉義南華管理學院新設的出版學研究所開始大學教書生涯，希如原是出版界的編輯，辭職考入出版學研究所第一屆研究生，並找我擔任其碩士論文「出版企劃的角色與功能」的指導老師，她也寫得優秀出色。畢業後希如繼續在出版界發展，經過幾年再度辭職負笈北京大學攻讀博士，並以蘭記書局的研究做為學位論文主題。希如兩度為專心讀書而辭職，而碩博士兩篇學位論文分屬編輯和歷史不同領域，卻都能有發揮而對學術有貢獻，這種讀書與研究的態度和能力確實值得慶賀與推薦！

2017 年 4 月 4 日於臺北斯福齋

目次

圖表目次

圖次

表次

摘 要

　　日據時期的臺灣文化，是呈現中/日、新/舊四種文化勢力交纏並互爭消長的狀態，圖書出版業作為文化、思想的重要生產、傳播管道，明顯呈現出受政府控制的特徵。在日本政府抑制漢文，利用檢查制度打壓漢文出版的情勢下，由臺灣人所開設，以販賣中文圖書為主的漢文書店，克服了諸多障礙，擔負起生產、銷售漢文圖書的工作，不但提供民眾在正式教育體制之外，自學漢文的管道，更為漢文的傳承留下一線生機，成為保存傳統文化的功臣之一。

　　黃茂盛創立的蘭記書局，是當時最具代表性的漢文書店，創立於 1919年，正式結束營業於 2004 年，共計 85 年歷史，歷經日據及光復後兩個不同政權主政，文化政策因而背道而馳的時代；在殖民者的管制中成長，卻衰亡於商業社會的激烈競爭中。其創立、發展、延續到結束的過程，反映出政經社會的大環境，對出版事業造成的影響。且其業務含括了當時出版的所有方面，從其作業情形，可以一窺當時分工不甚精細的出版業，獲得較為全面性的理解。

　　當時臺灣人閱讀的中文圖書，一來自中國大陸進口，一是本島出版。但當時本島出版能力微弱，漢文書店由中國大陸進口銷售的圖書，更大程度決定了當時臺灣人民的閱讀內容，及知識領域的構成。表面上這是一個商業交易的過程，但更為深層的意涵卻是，經由此，臺灣與大陸的思想交流得以維繫，彷彿建立了一條文化臍帶，不但承接了傳統文化，晚清至民初進入中國的各種新思潮，以及五四運動後提出的新文化主張，也從此管道進入臺灣，引發了連動反應，建構了新的知識體系。

　　另一方面，當時的臺灣，雖然不論和日本或中國大陸相較之下，文化力都較薄弱，新觀念、新知識多須從此兩地引進，但本土創作者並未甘於成為附庸角色，放棄自主的努力，他們在承襲傳統之餘，仍努力發揮本身的特色與長處，為當時臺灣的本土文化留下珍貴紀錄。以蘭記書局而言，在漢文學習教材、古典詩文、啟蒙書籍、善書方面，有較為豐富的出版成果。

　　文化貢獻之外，蘭記書局在出版社經營上的務實風格與靈活手法，也為人稱許。印行圖書目錄、刊登廣告、舉辦促銷活動，以及利用郵購銷售書籍之外，也用贊助方式與各文化社團保持良好關係，確保穩定的書稿來源及銷售管道；在中日戰爭期間，與官方色彩極濃的各種出版協會保持良好的關係等等，都是蘭記書局的發展及生存之道。

　　蘭記書局的歷史，就是一頁具體而微的臺灣出版史，在昏暗的日據時期，努力放射出自己的一點微光。

關鍵詞：日據時期　臺灣出版史　漢文書店　蘭記書局　黃茂盛

The Study of Lanji Bookstore During Japanese
Colonial Period in Taiwan

Abstract

There were four kinds of culture--Chinese, Japanese, new, old--tangled and competed with each other in Taiwan during Japanese colonial period.   The book publishing industry was the important channel to create and disseminate the culture and ideas, and this industry was obviously controlled by the government. The Japanese government restrained the Chinese language and all publishing titles had to be examined by it; however, the Taiwanese bookstores which mainly sold Chinese titles had overcome many obstacles to publish and sell Chinese titles. Those bookstores not only provided Taiwanese people a way to learn Chinese by themselves beyond the education system, but also left a chance for Chinese language's survival.   They are the Chinese tradition culture preservation heroes.

Langji Bookstore, founded by Huang Maoseneng, was the most representative bookstore at that time.   It was established in 1919 and closed in 2004, going through the times of the different cultural policies formulated by the regimes before and after Taiwan restoration.   It prospered in the control of the Japanese governors, but declined and fell in the intense competition of the commercialized society.   The process of foundation, development, sustainability, and ending showed how the environment of the society's politics and economics made influences on the publishing industry.   Moreover, the business of Langji Bookstore included the whole process of book publishing industry, so we can have more comprehensive understanding from looking into its operation.

The Chinese books read by Taiwanese at that time were either imported from mainland China or published locally. But there were very few books published in Taiwan then, so the books imported by Chinese bookstores were likely to decide what Taiwanese read and learned. The seemingly commercial process actually had deeper meanings: Because of this process, the exchange of ideas between Taiwan and mainland China was able to sustain and was like a umbilical cord to transport from mainland China to Taiwan the traditional culture, the various thinking from late Ching dynasty to early Repulic of China, and new cultural advocates since May Fourth Movement. As a result, the linked reaction is activated, and new knowledge systems are formed.

On the other hand, comparing the strength of culture in Japan or mainland China, that in Taiwan is weaker; therefore, new ideas and new knowledge were mostly introduced from Japan or China. However, local writers were not willing to be vassals and give up trying. In addition to inherit the traditional culture, they also worked hard to find and elaborate the features and merits of their own, leaving the precious heritage of local culture to pass down. Take Langji Bookstore for example, it had outstanding publications in the categories of Chinese learning materials, classical literature, basic primer materials, and morality books.

Besides the contribution to developing culture, the pragmatic style and flexible strategy of Langji on the publishing is also highly praised. In addition to printing the book catalogues, advertising, holding promotion campaigns and selling books by mail orders, Langji was also friendly to culture organizations by funding them. Moreover, it also kept good relationship with every government-involved publishing association to survive and develop in the period of Chinese-Japanese war.

The history of Langji Bookstore is the miniature of the publishing history of

Taiwan. It shaded a little light in the darkness of Japanese colonial period.

Keywords: Japanese colonial period, The publishing history of Taiwan, Chinese bookstore, Langji Bookstore, Huang Maoseneng

第一章　緒論

一、選題意義

(一) 問題的提出

　　蘭記書局，是日據時期嘉義的一家漢文書店。所謂的「漢文書店」是指在日據時期，由臺灣人所開設，以販賣中文圖書為主的書店，是相對於「日文書店」的說法。漢文書店的出現，可說是當時背景下的特殊現象，主要原因是甲午戰後，清廷依據中日雙方簽訂的馬關條約，於 1895 年將臺灣割讓與日本。政權的轉移讓整個社會各方面，都產生了深刻而複雜的變化，僅就與圖書出版業最相關的文化而論，就有以下兩點特色：

1. 中、日文化在此爭奪知識領域主導權

　　日本政府深知，欲達到順利統治的目的，除了以武力控制臺灣人民之外，根本之道，還是必須從思想上改造臺灣人，使其認同日本為母國。因此日本政府充分利用了其宗主國的政治優勢地位，以法律、教育、傳播等等各種軟硬兼施的手段，將日本文化、皇民思想等，非自然地帶進臺灣社會，使其和已有長久歷史的原母國中國文化，形成衝撞和競爭態勢，爭奪知識領域的主導權。

2. 新、舊文化在此時交接與轉換

　　日據臺灣的五十年間，也正是新舊時代轉換過渡，傳統文化產生劇烈變化的時期。而此時出現的新文化，來自兩方面，一是日本明治維新成功之後，躋身現代化國家之列，為了將海外第一個殖民地臺灣，建設成繼續向外擴張的南進基地，而將許多新式制度、科技帶入臺灣。再加上二十世紀初期，整個亞洲都在「覺醒」階段。俄國、伊朗、土耳其爆發了反封建專制革命；印度、阿富汗、朝鮮、印度尼西亞、越南等國，則發生了民族獨立運動。中國在此世界性的革命狂潮中，也發生了天翻地覆的變化，除了推翻帝制，建立民國之外，新文化運動提倡民主、科學的啟蒙效應，以及對於漢文的改革主張等等，也逐漸影響臺灣。

　　簡而言之，日據時期的臺灣文化，是呈現中/日、新/舊四種文化勢力交纏並互爭消長的狀態，圖書出版業作為文化、思想的重要生產、傳播管道，身處其中，自然也具有特殊之處。首先，明顯呈現出受政府控制的特徵。日本政府在臺灣推廣日文、抑制漢文；日文書刊在政府大力支持下蓬勃發展，漢文書刊在政府檢查制度打壓下苟延殘喘。在此不利的情勢之下，漢文書店應運而生，雖然為數不多，但他們克服了諸多障礙，擔負起生產、銷售漢文圖書的工作，這不但提供民眾在正式教育體制之外，自學漢文的管道，更為漢文的傳承留下一線生機，成為保存傳統文化的功臣之一。研究漢文書店在日據時期如何艱難求生及運作，即可知殖民地母國文化是如何在宗主國的壓制下夾縫求生，這是研究日據時期臺灣漢文圖書出版業的第一個選題意義。

　　雖名為「書店」，但在當時出版尚未精細分工的時代，產、銷多為一體，漢文書店實則兼具了兩端的功能。甚且，在臺灣本島出版能力微弱的狀況下，漢文書店引進銷售的圖書，更大程度決定了當時臺灣人民的閱讀內容，及知識領域的構成。當時漢文書店販賣的漢文書籍，大多由中國大陸進口，表面上這是一個商業交易過程，但更為深層的意涵卻是，經由此，臺灣與中國大陸的思想交流得以維繫，彷彿建立了一條文化臍帶。各種新思潮從此管道進入臺灣，引發了連動反應，建構了新的知識體系。舉例而言，中國大陸在二

十世紀初發生的新文化運動，反對文言文、提倡白話文的主張，就是通過進口圖書，啟迪了臺灣人的思想，掀起學習白話文的熱潮，甚至是否需要發展「臺灣話文」的討論[1]。因此通過研究臺灣日據時期的漢文圖書出版業，可以較為清楚的瞭解，該時空背景下知識的生產、流通、閱讀的樣貌，以及文化變遷的軌跡，這是本研究的第二個選題意義。

在日據時期臺灣所有的漢文書店中，選擇蘭記書局為研究目標，是因為該書店具有如下特點：

1.蘭記書局創立於 1919 年，正式結束營業於 2004 年，共計 85 年歷史，有日本研究者認為它是臺灣最早的出版社[2]，也有人認為它是臺灣日據時期最大漢文書店[3]。蘭記書局歷經日據及光復後兩個不同政權主政，文化政策因此背道而馳的時代；在殖民者的管制中成長，卻衰亡於商業社會的激烈競爭中。從其創立、發展、延續到結束的過程，可看出政經社會的大環境，對出版事業造成的影響。

2.蘭記書局雖然規模極小，但在日據時期的業務相當多元，從書籍來源方面看，有批發銷售大陸進口的漢文書籍，也自行策畫出版、接受委託代印、助印善書等；從銷售方面看，有店面銷售、郵購、漢籍流通會，免費贈送等多管道，可謂含括了當時出版業務的所有方面。從蘭記書局的整體作業情形，可以一窺當時分工不甚精細的出版業，獲得較為全面性的理解。

3.在同時期的漢文書店中，蘭記書局的經營手法最為靈活，除發佈圖書目錄、刊登廣告、舉辦促銷活動，以及利用郵購銷售書籍之外，也用贊助方式與各文化社團保持良好關係，確保穩定的書稿來源及銷售管道；在戰爭期

---

[1] 1930、1931 年，臺灣發生「臺灣話文運動」，主張將臺灣口語文字化，以代替日本語、文言文、白話文，是臺語的言文一致運動。參見河原功作、葉石濤譯：〈臺灣新文學運動的展開(中) —— 日本統治下在臺灣的文學運動〉，《文學臺灣》，1992(2)：238-71。

[2] 島崎英威：《中國‧臺灣的出版事情》，市川：出版メディアパル，2007：99。但此說當然有待商榷，清道光年間，臺灣就已出現第一家私人印刷出版機構「松雲軒」。

[3] 江林信：〈漢文知識的散播者——記蘭記經營者黃茂盛〉，文訊雜誌社。《記憶裡的幽香——嘉義蘭記書局史料論文集》，臺北：文訊雜誌社，2007：9-17。

中，與官方色彩極濃的臺灣出版會、臺灣出版文化株式會社、臺灣書籍組合保持良好的關係，以求生存等等，都讓蘭記書局成為當時最具代表性的漢文書店。

4.蘭記書局除了幫助臺灣民眾維繫和祖國的文化連結，更重要的是，其出版物也為當時臺灣的本土文化留下珍貴紀錄。由創辦人黃茂盛自編的漢文教材《初學必需漢文讀本》、《中學程度高級漢文讀本》，是當時唯一一套本土編寫的漢文教材，被當時的書房廣泛採用；光復後在教科書供應不及之時，更成為小學、國中的國文代用教科書，並被大量翻印。由陳江山撰寫的善書《精神錄》，索閱者遍及暹羅、香港、安徽、湖南、江蘇、上海、汕頭、廈門等處，在當時一面倒的由大陸進口漢文書圖書的情況下，《精神錄》是少數可以反向輸往大陸的臺灣創作，其意義非常。其餘如林珠浦的《新撰仄韻聲律啟蒙》、黃錫祉的《千家姓注解》、陳懷澄的《吉光集》、《媼解集》，在舊籍的基礎上創新突破，或補不足，或更上一層樓；崇文社的《崇文社文集》、《鳴鼓集》，為當時的文化發展與轉變的時代氛圍留下寫實紀錄，都是臺灣文化的珍寶。出版這些書籍的蘭記書局，其重要性與影響不言而喻。

由以上特點可知，蘭記書局可謂具體而微的一頁臺灣圖書出版史，因此本研究以其為中心，探討日據時期臺灣漢文圖書出版業。具體而言，主要研究問題如下：

1.日據時期臺灣漢文圖書出版環境。

2.漢文書店的出現、生存和發展，以及其對漢文保存的貢獻。

3.通過探查蘭記書局的經營方式，理解日據時期漢文知識如何生產、如何流通、如何消費。

4.分析蘭記書局出版及經銷書籍，理解日據時期臺灣的知識領域分佈，現代知識如何進入？傳統知識又有何變化？

5.總結出日據時期臺灣的漢文圖書出版文化。

(二) 相關名詞解說

1. 日據時期

　　臺灣的「日據時期」又稱「日治時期」、「日本時代」、「日本殖民時期」等，而以「日據時期」及「日治時期」二者最為常用。確實起訖時間是 1895 年 6 月 17 日，日本政府所屬臺灣總督府舉行始政式，到 1945 年 10 月 25 日中華民國國民政府於臺北中山堂，舉行受降儀式及接收臺灣為止。不同的名稱反映了不同的立場與觀點，「日據」與「日治」的差異，最主要是對日本政權在臺灣的正當性及法理性的認定。「日據」意為「日本竊據」，採用此說乃因認為臺灣原屬中國（清朝及其後的民國政府）領土，被日本強行奪取；「日治」意為「日本治理」，採用此說則是為凸顯臺灣的主體性，不隨中國視日本為敵對國家的看法，2000 年後成為臺灣教科書的標準用法。

　　本研究認為，雖然日本是依據中日雙方簽訂的國際條約，「合法的」取得臺灣政治主權，但究其源頭，乃是武力戰爭的脅迫所致，其法理依據仍無法掩蓋其侵略掠奪的本質，故原則採用「日據時代」，引用他人研究成果時，則依照原文。

2. 漢文

　　「漢文」一詞語意也十分豐富，並隨時代而漸進演化，可狹義指中國古代文言文，亦可廣義指使用漢字的所有文體。日據時期臺灣的「漢文」一詞，包含中文傳統文言文與白話文，其讀音包含泉州音、廈門音、廣東音等，並非以北京話為主[4]。本研究使用「漢文」而不用一般所稱「中文」，乃沿用當時的官方用法，如當時的中文教科書稱《漢文讀本》，中文報紙有《漢文臺灣日日新報》等等。

---

[4] 許旭輝：〈蘭記版漢文讀本與漢文化傳承〉，文訊雜誌社。《記憶裡的幽香——嘉義蘭記書局史料論文集》，臺北：文訊雜誌社，2007：167-177。

3. 國語

不同時代指稱不同語言，日據時期在臺灣所稱「國語」即指日文，是與「漢文」對照性的語言。但光復之後，則指國民政府推行之北京語。

4. 蘭記書局

蘭記書局對外使用的名稱，基本上可分為兩個系統，一以「蘭記」為名，包括蘭記圖書部、蘭記圖書局、蘭記書局、蘭記出版社；一以「漢籍流通會」為首，其下有小說流通會、善書流通處等。有研究者以為，「漢籍流通會」為「蘭記圖書部」的前身[5]，也有人以為初名「蘭記圖書部」，戰爭前夕改為「蘭記書局」[6]。但黃茂盛創業之初使用的名稱就是「蘭記圖書部舊書廉讓」，而早在 1925 年以前，黃茂盛就已以「蘭記書局」名稱行世。觀察蘭記書局目前知見的出版圖書、目錄廣告、對外信件可以發現，這幾個名稱除 1992 年才出現的「蘭記出版社」之外，在日據時期多半混用，並無特別的先後次序或使用場合。例如 1919 年出版的《眼科良方》，書後印有「蘭記圖書部廣告」；1922年仲春出版的《青年必讀》，其發行所由善書流通處與漢籍流通會雙掛名；而1923 年出版的《高等女子新尺牘》，版權頁印有「蘭記書局經售」；蘭記圖書局出現最晚，但也在 1929 年出版的《精神教育三字經》中，相去亦不遠。另如 1930 年《中學程度高級漢文讀本》的版權頁印嘉義蘭記圖書部發行，但版心則出現「蘭記書局總經銷」；以及 1925 年發行的圖書目錄，是由蘭記圖書部與漢籍流通會同時署名，更為其名稱同時混用的明證。未免行文的困擾，本研究一律統稱蘭記系統者為「蘭記書局」；其餘視情況而定。

5. 關於年代表記

日據時期牽涉年號有中國的光緒、宣統、民國，日本的明治、大正、昭

---

[5] 蘇全正：〈日治時代台灣漢文讀本的出版與流通——以嘉義蘭記圖書部為例〉，顏尚文：《嘉義研究：社會、文化專輯》，嘉義：中正大學台灣人文研究中心，2008：303-78。

[6] 黃美娥：〈從蘭記圖書目錄想像一個時代的閱讀／知識故事〉，文訊雜誌社。《記憶裡的幽香——嘉義蘭記書局史料論文集》，臺北：文訊雜誌社，2007：73-83。

和。為行文順暢，呈現清晰的時間序，依筆者個人意願，一律使用公元紀年，引用文獻時依照原文，附加公元。

二、研究綜述與蘭記書局史料

(一) 相關研究綜述

本研究以蘭記書局為切入點，旨在探討日據時期漢文圖書出版文化，其內容涉及當時出版業總體情況、漢文書店發展、蘭記書局三個層次，以下將從此三方面分述前人研究成果。

1. 日據時期臺灣出版業研究

研究日據時期臺灣圖書出版業總體情況的論文，有吳瀛濤的〈日據時期出版界概觀〉[7]，從報紙、書籍、雜誌三方面，描繪了日據時期臺灣出版業的概況，主要在羅列當時的出版物項。針對圖書部分，除了列出至 1945 年為止的主要發行所，另提供了兩項史料，一是 1925、1926、1930、1932、1933、1934 六年的出版物送審調查表，略可看出出版物的成長幅度；另一是 1943 年度日本出版年鑑所統計，臺灣地區各式出版物的銷售金額，及占同時期日本內地、外地銷售金額的百分比，雖然簡略，但具有一定的參考價值。

王雅珊的碩士論文《日治時期臺灣的圖書出版流通與閱讀文化──殖民地狀況下的社會文化史考察》[8]，探討重心偏重圖書出版產業鏈的後半，亦即流通與閱讀，意在從殖民地臺灣讀書市場的概況，瞭解臺灣文學發展的背景與構成條件。該文分析臺灣讀書市場發展的因素，包括學校制度確立、識字

---

[7] 吳瀛濤：〈日據時期出版界概觀〉，《臺北文物》，1960，8(4)：43-8。

[8] 王雅珊：《日治時期臺灣的圖書出版流通與閱讀文化──殖民地狀況下的社會文化史考察》，臺南：成功大學，2011。

人口普及等現代化及文明發展的指標；並認為圖書流通系統的建置、圖書廣告等行銷活動取向，不只影響了圖書銷售效果，讀者也因為從不同的管道獲得圖書訊息，因而培養了不同的閱讀品味。從該文中可以對閱讀行為與意義之間的關係，有新的理解，在日治時期臺灣日文與漢文兩個圖書流通系統之下，閱讀行為除了基於讀者個人的目的與興趣之外，還具有社會與階級的意義，而這也是日據時期臺灣獨特的閱讀文化內涵。

藤井省三的〈「大東亞戰爭」時期的臺灣皇民文學──讀書市場的成熟與臺灣民族主義的形成〉[9]，收錄在其著作《臺灣文學這一百年》中，是討論日據時期臺灣文學閱讀層面之作。該文認為，由於總督府從 1933 年開始實施「國語普及十年計劃」，使得臺灣民眾的日語理解力在 1940 年代達到 60%，讀書市場因此臻於成熟。而這個成熟的讀書市場，讓被視為文化根本的書籍文化，得以擔負起「政治」任務。當時以協助戰爭為主旨的皇民文學，不但被作品化，且在臺灣的讀書市場上，「隨同讀書→批評→新作→讀書……而高速的重複生產、消費、再生產的循環[10]」，直到「其邏輯論理和感情被臺灣民眾所共有，並朝向共同體的想像展開。[11]」。該文雖然旨在討論讀書市場成熟與臺灣民族主義形成的關聯，但提供了一個很好的思考角度，亦即書籍從創作、生產、流通、閱讀、到再創作的循環過程，就是形塑民眾集體意識的過程，其中機制的詳細運作，值得深入探討。

無獨有偶，蘇碩斌〈日治時期臺灣文學的讀者想像──印刷資本主義作為空間想像機制的理論初探〉[12]，同樣借用安德森（B, Anderson）論民族主

---

[9] 藤井省三：〈「大東亞戰爭」時期的臺灣皇民文學──讀書市場的成熟與臺灣民族主義的形成 〉，《臺灣文學這一百年》，臺北：麥田出版公司，2004：39-83。

[10] 藤井省三：〈「大東亞戰爭」時期的臺灣皇民文學──讀書市場的成熟與臺灣民族主義的形成 〉，《臺灣文學這一百年》，臺北：麥田出版公司，2004：39-83。

[11] 同上。

[12] 蘇碩斌：〈日治時期臺灣文學的讀者想像──印刷資本主義作為空間想像機制的理論初探〉，臺灣成功大學臺灣文學系，跨領域的臺灣文學研究學術研討會，臺南：「國家臺灣文學館」籌備處，2006：81-116。

義誕生的過程時所提的概念：民族是一種想像的政治共同體，而這個想像的共同體最初且最主要是通過文字（閱讀）來完成的。蘇文將其概念應用在臺灣舊文學崩潰，新文學興起的質變過程中，認為「印刷資本主義」成為媒介作者與讀者之間空間想像的機制，讓個人主義成為一種集體意識，從而形成了新的共同體。因為印刷術連接了特定的作者和不特定的讀者，「把文字帶給每個臺灣人，也用文字告訴每個獨自看到文字的人，有一群與他一樣的人在臺灣。[13]」該文以臺灣新文學運動為例，指出了日據時代在臺灣出現的新式印刷術，是如何的普及了閱讀，影響了知識、思想的傳播，讓個體凝聚意識而成為群體。

　　總論之外，因為日據時期臺灣的日文與漢文圖書，從出版到流通到閱讀，皆呈現涇渭分明的狀態，也都各有研究者關注。討論漢文出版情況的有吳興文的〈光復前臺灣出版事業概述〉[14]，該文認為，明末鄭成功入臺之前，臺灣無出版事業可言，到清領臺灣，出版業始勉強可稱為進入醞釀期；但到了日據時期，臺灣人又受到不公平待遇，「在當時日本政府的高壓統治之下，嚴厲施行殖民地政策，臺灣的中文出版事業幾乎被摧殘殆盡。[15]」 該文或者限於篇幅所限，對於日據時期臺灣的漢文出版面臨的處境分析失之簡略，列舉的書籍亦嫌不足，以致其認為當時臺灣人著作大部分為自行刊印，少數由出版機構及文藝團體出版，稍微帶有思想性的作品，則交由中國大陸出版的結論，恐過於武斷。

　　蔡盛琦的〈日治時期臺灣的中文圖書出版業〉[16]，則較為全面的探討了漢文圖書的出版及進口。該文將日據時期臺灣的漢文圖書發展歷程，分為三個時期：第一期是日治初期，傳統文人抒發心志的詩集、民間信仰的善書、各式民間傳說及歌仔書等，是主要出版物，仍未脫傳統出版的型態。第二期

---

[13] 同上。

[14] 吳興文：〈光復前臺灣出版事業概述〉，《出版界》，1997(52)：38-43。

[15] 同上。

[16] 蔡盛琦：〈日治時期臺灣的中文圖書出版業〉，《國家圖書館館刊》，2002(2)：65-92。

是大正到昭和年間，日語人口逐漸普及，日文圖書大量出版，具有民族意識的臺灣文化人一方面受此衝擊，一方面受中國五四運動及日本國內民主運動影響，開始以圖書及報紙推動民族運動、促進新知識普及，漢文書店因此於此時紛紛出現，自大陸進口許多社會科學的中譯本；到了 1937 年以後的第三期，進入戰爭期，漢文遭到禁用，印刷用紙也採用配給制，漢文圖書的出版與漢文書店的經營，都難逃停滯的命運。從該文的分析，可清楚看出日治時期影響漢文圖書出版消長的兩股相反力量，一方面是日本殖民政府所施加的，包括法令、語文、物資的種種制約，另一方面則是臺灣的有識之士，奮力對抗，以求啟迪民智，喚醒民眾民族意識的努力，而漢文圖書出版業，就在兩股力量的拉鋸抗衡之下，艱難求生。

　　日文圖書方面的研究，有河原功作、黃英哲譯的〈戰前臺灣的日本書籍流通──以三省堂為中心〉[17]，可說是目前探討日文圖書在臺灣流通情況最為詳盡而重要的一篇。從該文可知，日據初期日本人來臺灣人數不多，臺灣人則識字率不高，以致閱讀風氣不盛、書店數目不多。待日語逐漸普及，對日文書籍需求增高後，依然遭遇嚴格的檢閱制度，以及島內書籍售價高於日本內地一成等不利條件，以致一度成為內地廉價書的傾銷地。直到 1930 年代，東京三省堂系統的經銷商東都書籍株式會社，首度將業務擴及臺灣。

　　相對於三省堂、丸善書店等從日本內地到臺灣開設分支機構的日文書店，蔡盛琦〈新高堂書店：日治時期臺灣最大的書店〉[18]一文所探討的新高堂書店，則是日本人村崎長昶來臺之後，在臺灣開設的本土日文書店。新高堂創立於 1898 年，距日殖政府始政僅三年，並於 1945 年戰爭結束後，才由臺灣人接手改名，其興衰沿革可謂與臺灣的殖民歷史密切相合。該文認為新高堂之能夠從文具店性質的小商店，迅速發展成臺灣最大的書店，大環境因

---

[17] 河原功作、黃英哲譯：〈戰前臺灣的日本書籍流通──以三省堂為中心(上)(中)(下)〉，《文學臺灣》，1998(27)：253-64；1998(28)：285-302；1999(29)：206-25。

[18] 蔡盛琦：〈新高堂書店：日治時期臺灣最大的書店〉，《國立中央圖書館臺灣分館館刊》，2003，9(4)：36-42。

素自然不外乎日人移民增加、殖民教育推行，日文閱讀人口日多等等，但村崎長昶良好的政商關係更是關鍵，才能承攬臺灣總督府圖書館新書的採購業務，以及供應需求量日益增加的各級學校教科書。即連出版業務，也不脫為官方服務的色彩，以辭典和教科書為多，以及配合政令的學術性出版物。從該文中可以看出，在殖民政府高壓的思想控制之下，民間出版業「投其所好、順其所需」的服從式經營作法，是最為安全有成效的，且可與漢文書店的經營作一對照比較。

　　鄭麗榕的〈日治初期臺灣的官方讀書會〉[19]一文，藉由觀察日據初期臺灣的官方讀書會運作情形，瞭解殖民地臺灣知識傳播與學習的實際狀況。該文從分析日據初期臺灣讀書界概況開始，後論及官方讀書會閱讀及討論的議題、參與者的身份，以及與臺灣本地社會現況的交錯等等。依據該文研究可知，「讀書會」此一知識結社乃是在日本明治維新後追求近代化的脈絡中產生，主要目的是獲取新知，和臺灣傳統詩社、文社的運作與功能大不相同。因此日據初期的讀書會以官方成立為多，參與者也多為在臺日人，相較之下，臺灣人成立的讀書會，出現時間要晚得多。而讀書會追求新知、凝聚共識、聯誼等功能，使得原本只對單一讀者有影響的知識，得以通過讀書會的口語傳播，對於政治也產生了潛在的影響力。該文增進了對日據初期臺灣一個知識傳播管道的理解，也描繪了知識與政治交互影響的面貌。

2. 日據時期臺灣漢文書店研究

　　專論漢文書店的有〈日據時期之中文書局〉[20]，作者春丞（本名黃春成）與連橫於 1928 年合資共同開設「雅堂書局」，拆夥之後，又另開設「三春書局」，因為身為實際的經營者，對於漢文書店的經營方式、貨源品項、遭遇的困境，皆知之甚詳。文中不但有許多珍貴的第一手回憶資料，作者將日據時

---

[19] 鄭麗榕：〈日治初期臺灣的官方讀書會〉，《臺灣風物》，2008，58(4)：13-51。

[20] 春丞：〈日據時期之中文書局〉，《連雅堂先生相關論著選集》（上），南投：臺灣省文獻委員會，1992：23-53。

期臺灣漢文書店的發展分為四期：黑暗期（日本佔領後至文化協會成立前）、黎明期（文化書局開辦前後）、極盛期（雅堂、國際、中央、興文齋等書店繼起）、衰退期（雅堂、國際兩書店停業後至中日開戰），亦為後繼研究者多所沿用。作者自云為文的目的是「俾外省同胞，藉知臺灣在日人佔據期，求中文圖書之匪易也。[21]」而觀其文，的確可見當時漢文書店經營困難之一斑，若非對延續推廣漢文文化懷有責任抱負，實難以投身其事。

　　柯喬文的〈漢文知識的建置：臺南州內的書局發展〉[22]認為，「想像書店，書店的存在、圖書的擺放，以及圖書目錄，形成了知識的空間圖像。」因此從當時臺南州內漢文書店的經營方向、販賣方式、販賣書目，來觀察漢文知識的變動。該研究發現，漢文書店的高峰期，出現在日/漢、新/舊競逐的 1920 至 1930 年代，因此店內線裝書與新式圖書並陳，圖書目錄的分類，既有經史子集等傳統分類，亦有如「衛生、醫書、小說、詩文集」等，依照經營者自身對漢文知識的理解，重新建構的分類體系。或許看來邏輯不夠嚴謹，概念也不明確，但不妨視之為面對新知識的學習過程。另外，該文認為即使同為漢文書店，其生存模式也會依經營者的經營策略而有不同，或以通俗實用為取向，或專走民俗路線，彼此間既有區隔又能結盟，此一觀點也十分值得參考。

　　黃美娥的〈文學現代性的移植與傳播──臺灣傳統文人對世界文學的接受、翻譯與摹寫〉[23]一文，在探討日據時期臺灣人如何獲得世界文學的資源時，特別提到了書局的功能，因為摒除了官方與意識形態力量的私人書局，其選書、買書、賣書的行為，更能反映出當時讀者自發的閱讀喜好與趨向。

---

[21] 同上。

[22] 柯喬文：〈漢文知識的建置：臺南州內的書局發展〉，《臺南大學人文研究學報》，2008，42(1)：67-88。

[23] 黃美娥：〈文學現代性的移植與傳播──臺灣傳統文人對世界文學的接受、翻譯與摹寫〉，《重層現代性鏡像──日治時代臺灣傳統文人的文化視域與文學想像》，臺北：麥田出版，2004：285-342。

文中剖析包括蘭記書局在內的三家漢文書店，其經營者背景與販賣書目的關
係之後，得到結論認為「世界文學之來到臺灣，是在通俗與雅化的辯證關係
中展示，在文學/商業場域中成長，有著繁複的消費情感與知識圖像[24]」。而蘭
記書局對通俗小說的大量引進、販賣，並通過廣告誘導讀者消費的結果，顯
著提升了小說在日據時期的重要性，加強了讀者對小說的重視與理解。不過
該文只討論了從經營者到消費者的單向影響，事實上在商業的運作中，絕不
可忽視消費者需求的力量。書局經營者選書的判斷標準，除了依據自身品味
與興趣之外，必然也會基於商業利益，考慮到消費者的喜好，形成一個循環
往復的過程，值得後續研究者關注。

　　張靜茹的博士論文《以林癡仙、連雅堂、洪棄生、周定山的上海經驗論
其身分認同的追尋》[25]，也以日據時期上海圖書通過漢文書店在臺灣的流傳
情形，推測當時臺灣人受到的思想影響。該文從文化書局、中央書局、雅堂
書局的成立動機、過程及販賣書籍得知，漢文書店的主事者創立書店，無不
抱有社會及文化使命，保存漢文化是其一，引進新知，推動臺灣民眾知識啟
蒙是其二。由於當時上海是中國與世界交流的重要窗口，也是出版重鎮，各
式思潮主張都在此匯聚發展，臺灣的漢文書店便借著從上海進口書籍，克服
了地理與政治的隔絕，讓臺灣人與當地文化有了交流的管道，進一步對上海
產生文化的認同。

3. 蘭記書局研究

　　柳書琴的〈通俗作為一種位置：〈三六九小報〉與 1930 年代臺灣的讀書
市場〉[26]，旨在探討 1930 年代臺灣，本土文化界的通俗文化資源如何被整合，
在讀書市場中創造出本土通俗的讀/寫場域。《三六九小報》是臺灣第一份通

---

[24] 同上。

[25] 張靜茹：《以林癡仙、連雅堂、洪棄生、周定山的上海經驗論其身分認同的追尋》，臺北：臺灣
　　師範大學，2002。

[26] 柳書琴：〈通俗作為一種位置：《三六九小報》與 1930 年代臺灣的讀書市場〉，《中外文學》，
　　2004，33(7)：19-55。

俗雜誌，五年的發行期間，蘭記書局的書籍廣告是刊登最頻繁、顯著的廣告，兩者有緊密的合作關係。該文認為，《三六九小報》的文人得以通過蘭記書局瞭解漢文讀者究竟在哪裡、讀什麼、讀書需求是什麼等問題，以追隨讀書市場實態作為其編輯方針；而《三六九小報》對通俗文學市場的介入，也反向影響了蘭記書局的經營走向，讓蘭記書局販賣的圖書，在《三六九小報》創立之後，漸次從啟蒙文化圖書轉變為通俗日用圖書，成為該店獨一無二的特色，確立了蘭記書局漢文通俗書局龍頭的地位。此一觀點凸顯了蘭記書局與其他漢文書店同中有異之處，並指出了自己的解釋方向，頗具參考價值。只是一家書店經營方針的改變，是否全然僅受一份刊物的影響，還是有其他相輔相成的因素，還有待更為深入的研究。

柯喬文的碩士論文《《三六九小報》古典小說研究》[27]，是另一篇探討《三六九小報》與蘭記書局之間關係的論文。蘭記書局不但是《三六九小報》最重要的廣告客戶，同時也是唯一延續《三六九小報》整個發行期間的取次所（經銷處），兩者關係之密切不言可喻。該文中除了對蘭記書局的出版、銷售書籍做了分析，附錄部分整理了與蘭記書局第三任經營者黃陳瑞珠（創辦人黃茂盛兒媳）的面訪記錄，是珍貴的參考史料。另外，關於創辦人黃茂盛的研究，有林景淵的〈嘉義蘭記書局創業者黃茂盛〉一文，文中對黃茂盛的出身背景、蘭記書局設立經過，以及最為知名暢銷的著作，都有介紹。

蔡盛琦的〈臺灣流行閱讀的上海連環圖畫（1945-1949）〉[28]，旨在研究臺灣光復初期的連環圖畫閱讀熱潮。該研究掌握的史料顯示，上海連環圖畫在臺灣最早出現的時間是 1930 年，由蘭記書局經銷。而此項經銷業務，因蘆溝橋事變而中斷；戰後恢復進口，到 1949 年又因兩岸斷絕交通而停止。文中並比較了戰前戰後連環圖畫書籍目錄，分析兩段時期閱讀品味的差異。該文雖然鎖定探討連環圖畫書，但從中可以合理推知蘭記書局進口上海圖書的情

---

[27] 柯喬文：《《三六九小報》古典小說研究》，嘉義：南華大學，2004。

[28] 蔡盛琦：〈臺灣流行閱讀的上海連環圖畫（1945-1949）〉，《國家圖書館館刊》，2009，98(1)：55-92。

況，不會差異太遠。同時也可看出蘭記書局在經營漢文通俗讀物方面，確比其他漢文書店用心且獨具早見。

(二) 蘭記書局史料

　　蘭記書局的創立者黃茂盛，及第二代實際經營者黃陳瑞珠，皆極重視資料的保存，雖因火災及戰爭之故，大多焚毀散佚，但仍有一部份僥倖留存下來。2004 年黃陳瑞珠過世之後，遺言將此批文物史料交由外甥女吳明淳處理，吳氏囿於個人能力有限，且希望這批史料能更有價值的被利用，在 2005 年將其捐贈財團法人臺灣文學發展基金會董事長暨遠流出版公司董事長王榮文[29]。這批史料包含蘭記書局自行出版的出版物、代銷剩餘的書籍、圖書目錄、書店帳本、與書商的交涉檔案、剪報，以及創辦人黃茂盛與友人往還的書信等等，是研究蘭記書局最珍貴的第一手資料。2006 年，王榮文委託臺灣文學發展基金會所屬文訊雜誌社，將此批史料逐一清點、整理、分類、造冊，其中的日文書信等，亦請人作簡略翻譯[30]。整理告一段落，邀集專家學者，針對這批文物資料詳加研究分析，策劃了「記憶裡的幽香——嘉義蘭記書局史料研究」專題，分三集刊載於《文訊雜誌》2007 年 1-3 月號，並於 2007 年 11 月集結為《記憶裡的幽香——嘉義蘭記書局史料論文集》[31]一書，成為至今蘭記書局研究最完整的書籍。

　　專題研究既畢，此批史料暫存於遠流出版公司，2012 年，筆者選定蘭記書局為博士論文研究目標，為使用上便利，特請准予將書籍之外的文件史料，以掃描方式數位化，分別儲存於遠流出版公司及筆者處。數位檔案研究價值雖不及實物，只能揭示文本內容，無法反映載體特徵，諸如尺寸、紙質、墨色等，但其好處在於保存、傳輸、查詢上極為便利，且可減少原件翻查時的

---

[29] 蔡盛琦：〈黃瑞珠女士與蘭記書局〉，文訊雜誌社。《記憶裡的幽香——嘉義蘭記書局史料論文集》，臺北：文訊雜誌社，2007：19-25。

[30] 2012 年 9 月 3 日面訪文訊雜誌社總編輯封德屏與企畫編輯邱怡瑄。

[31] 文訊雜誌社：《記憶裡的幽香——嘉義蘭記書局史料論文集》，臺北：文訊雜誌社，2007。

損傷。例如蘭記書局史料中有清朝同治、光緒年間的納戶執照、完單，年代
久遠、紙質薄脆，實不宜再任人撫觸翻閱，若能輔以數位檔案讓研究者參考，
當可兩全保護原件與開放使用之美。筆者聽聞臺灣已有文學研究機構欲將此
批史料上網公開，此等嘉惠後繼研究者的美事，盼能早成。以下便詳述蘭記
書局史料的項目內容。

　　依照文訊雜誌社整理之結果，蘭記書局史料包含六大類共 2,768 件，詳
如表 1-1。

表 1-1 蘭記書局史料清單[32]

大類	細項	數量	內容說明
蘭記書局 出版部	出版物	20 種　971 冊	
	代理產品	1018 種 1046 冊	中文書籍 772 種 800 冊 中文雜誌 40 種 40 冊 日文書刊雜誌 206 種 206 冊。
	書店目錄 廣告	蘭記書局目錄 48 件	時間介於 1934 年至 1949 年間。
		往來書局目錄 27 件	包括上海大中華書局、長沙集古書局、上海徐勝記美術畫片總發行所、新文化書社、上海交通書局、上海大方書局、兒童書局、上海中亞書局、神州國光社、大眾書局、上海會文堂、上海陳正泰圖畫印刷廠、有文書局、上海文瑞樓書局等。
個人藏書	日文書籍	7 種　7 冊	
	中文書籍	15 種 15 冊	
往來信件	日期清楚者	含只有信封 180 件	a.與友人往來部分：鹿港聚鷗吟社、日本三重郵票社、彰化崇文社、中華基督徒慈善救濟會、高市皇冠集郵服務社、上海中國良
	日期模糊者	含只有信封 139 件	

---

[32] 文訊雜誌提供數據及內容，筆者製表。

大類	細項	數量	內容說明
			心崇善會、陶社主催五社聯吟會、指南宮吟會、上海秋心社等。 b.書店營業部分：上海秋心社、上海中西書局、彰化光文堂、新竹泉馨文具行、臺中中央書局、臺北東方出版社、大甲梧棲鎮合作社、臺南鴻文印刷公司、臺北中國書報發行所、新竹雅雅書局、臺灣文化協進會等。
單據文件	個人	107 件	納戶執照（清‧同治至光緒年間）、土地臺帳謄本（明治年間）、外國郵便為替金（郵政劃撥）受領證書、借據、昭和時期儲金簿、貯蓄證券、賣買豫約契約書、賃借權設定契約書、家庭用磷寸購入證、貯金通帳、奉公債券、領收證書、日治時期郵局劃撥單、民國 35 年（1946）公民證、金鋪收據、嘉義第一信用合作社股票。
	書局		中西書局發貨發單、往來書局發奉、蘭記圖書部採貨單、三一畫片公司發票。
手稿、簡報、其他	手稿	22 件	畫家陳永森歸國歡迎會邀請卡草稿、陪客名單、工會演講底稿、《詩鐘考》手稿、《吉光集》序言手稿、筆記本（1934 年 2 月 23 日至 6 月 22 日，記事、信件草稿）、書法習字等。
	簡報	17 件	畫家陳永森數則報導、臺灣遭美軍空襲相關新聞、傅孟真相關報導。
	其他	39 件	電影「豔吻留香」廣告單、中國空軍臺北　（南）地區司令部「告臺灣同胞書」、1945 年 9 月「國民政府佈告」、1943 年 12 月「寫真週

大類	細項	數量	內容說明
			報」、蘭記書局信封、蘭記圖書部發奉單、蘭記書局明信片、黃茂盛名片等。
私人收藏品	圖	10 種 130 件	
	字畫	7 種　8 件	
	表	1 種　12 件	

　　由表 1-1 可知，蘭記書局史料種類極雜，除書局業務之外，也反映許多當時民眾生活實況，及文物主人的喜好興趣等等，可供多方面研究之用。在此僅就與本研究直接相關之處，介紹其價值所在。

1. 書籍類

　　蘭記書局創業於 1919 年，出版業務鼎盛時期是在日據時期，距今已久，且經戰火洗禮，市面已不多見，這批蘭記書局史料中有多本已難見到的存書，十分珍貴。如林珠浦的《新撰仄韻聲律啟蒙》，當初出版後便無再版，珍藏者甚少[33]，幸有盧嘉興撰寫〈著《仄韻聲律啟蒙》的林珠浦〉一文時，不惜篇幅將全文抄錄，後世多從該文窺其全貌。如今此書若開放使用，對研究者必大有幫助。另如蘭記書局最重要的出版物之一《初學必需漢文讀本》，前後有多個版本，書名大同中有小異，內容也因接續版本不同而分歧，前人研究時或因所見有限而含糊帶過或與忽略，今蘭記書局所藏，雖非每一冊每一版都能完整，但已是最為齊全，交叉比對之後，終能整理出流變的脈絡。

2. 圖書目錄及廣告

　　圖書目錄及廣告是書店與讀者溝通最重要的管道，一份好的書籍廣告，除了有訊息告知功能，如書名、作者、價錢、購買方式等等之外，還有推薦、導讀、塑造讀者認知的作用。蘭記書局十分擅長利用圖書目錄及廣告進行銷售推廣，從現今的研究角度觀之，此類型的史料除了前述功能之外，還充滿

---

[33] 盧嘉興：〈著《仄韻聲律啟蒙》的林珠浦〉，《臺灣研究彙集》，1974(14)：63-88。

了時代變動的見證。當時的人讀什麼書？與大環境變化有何關聯？不同的年代知識版圖有何變化？甚至局勢緊張、經濟崩潰、物價飛漲等歷史痕跡，都通過書價的變動，或是一方小小的「謹告」，透露出來。

3. 信函

蘭記書局史料中的信函，絕大部分是創辦人黃茂盛與外界的來往書信，包括與作者、讀者、上游出版社、文人好友、以及家書等等。從這些書信中，可以看出黃茂盛與崇文社社長黃臥松、《精神錄》作者陳江山，以及上海崇善會同仁的深厚交誼；可以看到讀者回饋讀書的收穫及表達感謝。最為特別的是 1934 年蘭記書局大火之後，黃茂盛將寄給他人的信件，全部手抄一份副本留存，目前所見最早的一封始自 2 月 23 日，最晚的到 7 月 18 日，內容多為黃茂盛因所進書籍被焚，而與上海出版社商量折衝帳務之事。從這些信件中，黃茂盛其人的所思所想、性格偏好清晰可見。其商業經營之手段、方法，談判技巧也表露無遺。

4. 與其他書局的往來交易單據

如上海鴻文書局、中西書局、國光書局、大方書局的發貨單、採貨單；正中書局、商務印書館發票、印花稅票；廣州醉經書局、浙江省立圖書館報價信；臺北、臺中、高雄、屏東各地書局注文書（訂貨單），約略可看出蘭記書局業務輻射範圍。其中內容更透露業務往來的諸多細節，如折扣、運送方式、交易書目、經銷方式等等，對瞭解當時中臺之間圖書貿易方式大有幫助。

5. 其他

《吉光集》作者陳懷澄為此書所寫《詩鐘考》、《擊缽催詩》、《詩鐘格》等手稿，詩人手跡，分外珍貴。臺灣光復之時，國民政府以日文所寫佈告，為當時臺灣民眾主流語言的使用留下側面紀錄。蘭記書局戰爭期間的「在庫品御案內」（庫存書介紹），一張明信片，道盡了出版、銷售、流通皆受嚴密統制的無奈。

本書多處引用其中內容，除了書籍之外，凡屬此批文物資料者，注釋時

皆標示為「蘭記書局史料」。

　　《記憶裡的幽香》一書所收多篇論文頗具創見，啟發本研究的不同思考角度，茲探討較重要的數篇於下。

　　何義麟的〈祝融光顧之後──蘭記書局經營的危機與轉機〉[34]，有頗為特殊的研究角度。該文從蘭記書局 1934 年 2 月 10 日遭逢大火，屋舍全毀，書籍全部付之一炬之後，經營者黃茂盛寄給同業的多封信件中，窺見當時漢文書店的經營方式與困境，同時也看出黃氏面對變局的應對能力與協商談判能力。從研究中可知，當時蘭記書局作為上海多家出版社的經銷商，將進口書籍轉發至全臺漢文書店，但常遇到帳款無法回收的問題；而上海的出版社未接到蘭記書局訂購，就擅自將書籍寄來託售之舉，常令蘭記書局感到為難。此外，將書籍委由上海出版社代印，再運回臺灣販賣，也是常態。不過，雖然當時上海是中國出版印刷最發達地區，可以想見無論在質量、成本方面，都比在臺印刷為佳；但同時也會遇到花費郵資、日本政府檢查甚嚴、時間難以掌控等問題。多方權衡之下，蘭記書局依然選擇上海代印的原因，以及如何往來的細節，都值得進一步探索。該文並從黃氏經營另一事業「蘭記種苗園」的方式，探求其具有現代商業經營概念之緣故，也具創見。

　　將蘭記書局發行的圖書目錄作為研究內容的，有黃美娥的〈從蘭記圖書目錄想像──個時代的閱讀/知識故事〉、林以衡的《文化傳播的舵手──由「蘭記圖書部」發行之「圖書目錄」略論戰前/戰後出版風貌》，以及蔡盛琦的《從蘭記廣告看書店的經營（1922～1949）》。蘭記書局的經營特色之一就是管道多元，除了自家店面零售之外，也如同今日批發商，將進口圖書經銷至其他漢文書店，還提供全島郵購服務。為應對其他書店及讀者的選購需求，發行了多份圖書目錄。同時，蘭記書局也非常善用廣告的力量，經常在當時的《漢文臺灣日日新報》、《臺南新報》、《臺灣民報》、《三六九小報》、《詩報》

---

[34] 何義麟：〈祝融光顧之後──蘭記書局經營的危機與轉機〉，文訊雜誌社。《記憶裡的幽香──嘉義蘭記書局史料論文集》，臺北：文訊雜誌，2007：41-53。

等刊物刊登廣告。時至今日，這些目錄及廣告都成為珍貴的歷史資料，供後人從其中所列出的書目，一窺當時的出版風貌，或探索其知識社會學的意義。黃文認為「作為賣書人的角色是既從事知識的採集，同時也是知識的零售者，更是協助臺灣人學習漢文知識的代理人或商人，他尚且一定程度扮演了中介中國漢文圖書知識視野的人物……。[35]」因此該文從蘭記書局圖書目錄的分類看出黃茂盛的知識觀，也從書目拼湊出當時的閱讀取向。林文則是著重在比對出戰前、戰後圖書目錄的異同處，作為文化傳播、變遷的例證。蔡文則從蘭記書局廣告中，看出蘭記書局的經營項目，除了一般熟知的出版、經銷之外，也曾在戰後無書可賣的窘境中，從事舊書買賣業務。而行銷手法亦十分現代靈活，針對某些出版物採用預約方式，從市場反應精準估計印刷量。

三、研究方法與研究難點

(一) 研究方法

本論文主要採用以下研究方法：

1. 個案研究法

本研究是質性研究，選擇蘭記書局為個案研究對象，通過搜集與分析蘭記書局本身的歷史資料，以及當時的環境背景因素，全面、系統地理解蘭記書局的基本情況：如何形成、發展與衰亡，其存在意義與貢獻為何。並透過對此具代表性案例的認識，分析、推論出日據時期臺灣漢文出版業的生存環境、經營情況。

---

[35] 黃美娥：〈從蘭記圖書目錄想像一個時代的閱讀／知識故事〉，文訊雜誌社。《記憶裡的幽香──嘉義蘭記書局史料論文集》，臺北：文訊雜誌社，2007：73-83。

2. 文獻研究法

本論文資料的搜集，主要來源在以下四類文獻：

(1) 收集整理並深入分析已有研究成果，可以替本論文奠下厚實的基礎。前人留下的未來研究建議，或是尚未盡善的事實挖掘，都是指引本研究進一步探索的明燈。

(2) 蘭記書局結束營業後留下的文物資料，如帳冊、手箚、書信等，是珍貴的第一手史料，隱含許多還原歷史的線索，必須用心梳理。

(3) 當時諸多報刊雜誌，都有蘭記書局活動軌跡的紀錄，如《漢文臺灣日日新報》、《臺南新報》、《臺灣民報》、《三六九小報》、《詩報》等等，或是蘭記自行刊登的廣告，或是報刊對蘭記書局活動的消息曝光及報導，都必須精確掌握。

(4) 對蘭記書局的出版物進行文本內容的分析，旁及同時代其他出版物，如蘭記書局代銷的圖書等等。除從出版物類型及正文中歸納出蘭記書局的出版風格和理念，其出版形式以及「周邊文本」，如序言、推薦、書名頁、版權頁等等，都是透露當時出版環境及條件的重要參考。

3. 比較研究法

比較研究法是常用的科研方法。本論文在橫向上，重點放在蘭記書局與其他漢文書店的比較，如經營者背景、成立動機與經營方向的異同，除可凸顯蘭記書局特點之外，對同時期其他漢文書店可以有較全面的瞭解。在縱向上，以蘭記書局為軸心，比較不同時代中蘭記書局面對的有利及不利因素，可看出時代特徵對圖書出版業發展的影響，以及圖書出版業的成敗因素。

(二) 研究難點與不足

1. 基本紀錄與前人研究皆少

從本章第二節研究綜述即可發現，在臺灣史的研究中，出版並非主流領域，多從其他學科跨足而來，如文學研究、文學史研究、教育學研究，甚至

政治學研究，都涉及部分出版現象，因之不但數量不多，研究層面也較為狹隘、片段。日據時期臺灣漢文圖書出版業，當時不受官方重視，基本紀錄欠缺，後世研究者也少，史料的挖掘不足，零星的研究成果尚不足以呈現全貌，許多現象、細節皆有待深入釐清、探討，研究之時常有參考資料難尋之感。作為日據時期臺灣出版業研究的起步，本研究因此對日據時期臺灣漢文圖書出版業的整體情況，如出版圖書種類、數量，漢文書店家數、分佈情況，以及與日文出版的比較等，掌握皆較為不足，有待持續努力與累積。

2. 原始文獻散佚不全

　　吳楓在《中國古典文獻學》一書中，整理了典籍文獻散失的三大原因：第一，統治階級暴力禁毀，如秦始皇之焚書；第二，大規模的社會動亂，如兵燹戰亂；第三，保管不善，如水、火、蟲蛀等災害[36]，而蘭記書局就遇其二。蘭記書局雖極有意識地留下珍貴史料，其後人也無私捐出以供所有研究者使用，但蘭記書局歷經三次祝融之災，最嚴重的一次房舍及書籍全毀（1934.2.10），多少紀錄灰飛煙滅，令人遺憾。加之太平洋戰爭末期，臺灣亦是盟軍強力空襲的地區之一，自 1944 年 10 月起，全島受到 15 梯次猛烈轟炸，財物蒙受巨大損失，文獻散失之嚴重亦可想而知，也讓後世研究者深感遺憾。

　　舉例而言，蘭記書局的分支單位「漢籍流通會」，是黃茂盛獨創，兼容讀書俱樂部與租書店性質於一身的讀者社群，為當時絕無僅有的圖書銷售管道，具有高度研究價值。但目前蘭記書局史料中僅見其章程、廣告、圖書目錄等，可知其運作方式為何，但卻沒有如會員名單、借閱書籍紀錄、繳費紀錄等等資料，可供進一步研究其具體規模、會員背景、經濟效益等等情況，連此組織何時停止運作都無從知曉，讓研究留下很大缺憾。

　　另如出版社與作者之間的合作模式，也是出版研究中很重要的部分。日據時期對著作權的觀念與今有何不同？出版社與作者雙方如何分工？利益的分配方式？各有何權利義務？都是值得研究的問題。可惜在蘭記書局史料

---

[36] 吳楓：《中國古典文獻學》，濟南：齊魯書社，2005：28-32。

中，不但沒有發現合約等正式文件可參考，連黃茂盛與作者往還信件中，也完全沒有涉及這方面的討論。這也是本研究不足之處，只能留待以後再尋史料進行探討。

四、研究內容與研究進展

本論文選擇蘭記書局做個案研究，首先說明研究整體情況，做此選題的原因，希望達成何種研究成果，採用的研究方法，遭遇什麼困難，以致有何不足之處。

其次介紹掌握的研究資料，又分兩部分，第一部分是相關研究綜述，從日據時期臺灣圖書出版業研究、日據時期臺灣漢文書店研究、蘭記書局研究三個方面，介紹與本研究最為相關的前人研究結果。第二部分是蘭記書局史料分析，2004 年蘭記書局結束營業後，其後人將其多年累積的歷史資料，於2006 年捐贈「臺灣文學發展基金會」董事長王榮文。這批史料包含蘭記書局自行出版的出版物、代銷剩餘的書籍、圖書目錄、書店帳本、與書商的交涉文件、剪報，以及創辦人黃茂盛與友人往還的書信等等，是研究蘭記書局最珍貴的第一手資料。此處將針對其內容以及使用、保存情況，做較為詳細的描述和分析。

進入本文之後，先提高視角，從大環境探討日據時期臺灣漢文圖書出版環境，主要聚焦在臺灣成為日本殖民地之後，在經濟及印刷技術發展、教育及語言變遷、殖民地文化出版政策、法令三方面的情況，分析漢文書店產生及生存的背景因素。

之後縱向介紹蘭記書局的歷史沿革，將其區分為草創初期、邁入高峰，以及光復後開始衰退並結束三個階段。蘭記書局的沿革，與漢文書店業整體發展、變化趨勢密不可分，故此部分亦從蘭記書局出發，旁及日據時期其他漢文書店。雖然蘭記書局在臺灣光復後的生存情況，已超出本研究設定的時

間段，但仍有必要對其全貌做一交代；且光復後政權再度轉移，文化環境驟變，漢文書店的特殊性及有利點一夕消失，其面臨的處境正可與光復前做一對照，故特闢一節說明。

接下來則鎖定日據時期的蘭記書局，橫向說明其業務活動，亦即經營層面的討論，一窺當時漢文知識從生產到流通的過程。日據時期的出版業分工並不精細，以現代眼光觀之，蘭記書局幾乎是「全能型」的出版者，因此研究其所有業務活動，可以較全面地理解漢文知識生產、傳播與流通管道。

圖書是出版產業的成果，深度分析蘭記書局經銷及自行出版的書籍，可以探知當時的文化、知識特徵，與蘭記書局的具體貢獻。蘭記書局經銷書籍多從大陸進口而來，殖民地臺灣得以擁有與中國較為同步的漢文讀書市場，讀者讀什麼書、接受何種知識，傳統文化起了什麼變化，將在此處討論。而蘭記書局出版物所反映出的，除了基於經營者的理念、專長、偏好而形成的出版社特質之外，也是當時文化界對時代趨勢、讀者需求所做出的回應，更是日據時期臺灣知識創造能力的具體展現。

最後是總結，對於蘭記書局的歷史意義做出評價，也分析它的局限與不足。

以上內容較之前人研究，在兩個方面取得較大進展。第一，全面梳理蘭記書局相關史料，對蘭記書局做全面、深入、系統化的研究，釐清多個眾說紛紜或模糊不清的問題，如蘭記書局名稱的使用、《初學必需漢文讀本》的版本流變、《精神錄》再版次數及印行量等，皆有新的發現。另外，首次以經營角度解析「漢籍流通會」組織讀者、擔任銷售管道的功能，發掘其在出版史上的重大意義；附錄二的蘭記書局出版知見書目，應該也是目前最為完整者。第二，分別從政治層面、文化層面、出版層面，對蘭記書局的歷史意義做出評價，增進後人對其貢獻更具體及深入的認識。

第二章　日據時期臺灣漢文出版環境

一、日本政府的殖民地文化出版政策

(一) 日本治臺政策的演變

　　甲午戰後，乙未割臺，臺灣自 1895 年成為日本第一個海外殖民地。然而據臺初期，日本的統治可說遇到重重阻礙，首先是臺灣各地的武裝反抗事件，始終此仆彼起，令日軍疲於應付，社會也陷於混亂，百業停頓；更棘手的問題，則是當時臺灣整體的衛生環境與流行疫病。從日本軍隊剛入臺接收，到臺灣民主國[1]結束為止，不到五個月的時間，日軍死於戰爭的人數只有 164 人，但是病死的人卻多達 4642 人，是戰死人數的 40 倍[2]。以上難題造成日本不但無法從殖民地臺灣獲取利益，反倒需由國庫金援大筆統治經費，故而日本國會甚至出現索性將臺灣以一億日圓售予法國的「臺灣賣卻論」[3]。也因此，雖然早在 1895 年 2 月，直屬內閣的臺灣事務局即已確立對臺灣長期統治目標為達到「與內地毫無區別」[4]的同化政策，但實務上卻不敢躁進，只能採取權宜

---

[1] 「臺灣民主國」是馬關條約簽訂後，由臺灣士紳於 1895 年 5 月 25 日組成的抗日組織，同年 10 月 19 日宣告失敗。參見汪志國：〈有關臺灣民主國的幾個問題〉，《天津師大學報》，1996(2)：45-9。

[2] 李筱峰、林呈蓉：《臺灣史》，臺北：華立圖書，2006：175。

[3] 秦美婷、湯書昆：〈1895-1898 年日本售臺言論的形成與輿論的影響〉，《臺灣研究集刊》，2006，91：49-57。

[4] 何義麟：《皇民化政策之研究》，臺北：中國文化大學，1986：15。

的綏撫政策。其後 50 年間，日本的殖民治臺政策迭有轉變，因其演變不但反映了動盪的國際局勢和潮流，也反映日本的國情，更影響臺灣的政治、社會、經濟、文化各方面發展，故在此做一鳥瞰式的檢視。

研究殖民地政策演變者，多以王詩琅之分期原則[5]，將日據臺灣 50 年分為以下三期：

第一期：綏撫政策時期，自 1895 年日本據臺至 1919 年第一次世界大戰結束為止。因其時之七任臺灣總督樺山資紀、桂太郎、乃木希典、兒玉源太郎、佐久間左馬太、安東貞美、明石元二郎，全為武官，故又稱「武官總督時期」。此時的臺灣總督，因「六三法」（詳見後文）賦予其特別立法權，集行政、立法、司法三權於一身，又為武官，擁有軍事指揮權，儼然是一個「土皇帝」。然而如前所述，由於統治初期的主要目標在儘快建設殖民地基礎，安撫居民、安定社會，因此只能循序漸進，第三任總督乃木希典特別訓令尊重臺灣人生活習慣，「其如辮髮、纏足、衣帽改之與否，聽任土人之自由。[6]」

在此時期奠定臺灣殖民統治者，為第四任總督兒玉源太郎。兒玉的臺灣總督任期長達八年，為在任最久的臺灣總督，又啟用好友後藤新平為民政長官，建立著名的兒玉/後藤體制，臺灣的殖民地體制由此始奠定方向及基礎。後藤是學醫出身的，因此他提出了「生物學的殖民統治」概念[7]，以比目魚和鯛魚的眼睛不同，不能互相取代為例，主張不宜將日本內地的法制突然引進臺灣，應該先深入瞭解臺灣的風土、民情之後，再決定實行何種殖民經營政策。具體措施則為延攬專家，以科學的方法進行各式調查，在其基礎上實行適應於臺灣特殊環境的政策。除此之外，兒玉/後藤的主要目標是確立臺灣財政獨立，因此大力推行鐵路建設、築港、土地調查三大事業，實施樟腦、鹽、鴉片專賣，以及改良糖業，使臺灣的財源不必再依賴日本補助[8]。

---

[5] 王詩琅：《日本殖民地體制下的臺灣》，臺北：眾文圖書公司，1980：11-2。

[6] 竹越與三郎：《臺灣統治志》，東京：博文館，1905：259。

[7] 李筱峰、林呈蓉：《臺灣史》，臺北：華立圖書，2006：175。

[8] 何義麟：《皇民化政策之研究》，臺北：中國文化大學，1986：12。

　　綏撫時期的末期，自 1914 年至 1918 年發生了第一次世界大戰，戰後日本資本主義更為興盛，臺灣產業經濟經過近 20 年的努力，也有空前的發展，社會情勢已與統治初期不可同日而語，加上戰後民族自決思潮風起雲湧，迫使日本開始調整對臺灣的殖民統治政策。第七任臺灣總督明石元二郎，1918 年 6 月上任，明白地在其施政方針裡說：「夫臺灣施政，在於感化島民，使漸具日本國民之資性。」明石於翌年 10 月病歿臺北，一年零四個月的任期，是臺灣殖民統治的轉型期。至 10 月首任文官總督田健治郎繼任，對同化主義的概念表達得更積極清楚，使臺灣殖民統治進入一個新時期[9]。

　　第二期：同化政策時期，自 1919 年一戰後至 1937 年七七蘆溝橋事變前止。第一次世界大戰之後，民主自決及民族思潮瀰漫，殖民地改革的呼聲高漲，1919 年日本的原敬內閣於是實行殖民地官制改革，刪除任官資格須為海陸軍大將或中將的規定。首任文官總督田健治郎在 1919 年 10 月就任，此後的八任總督內田嘉吉、伊澤多喜男、上山滿之進、川村竹治、石塚英藏、太田政弘、南弘、中村健藏也全為文官，故又稱「文官總督時期」。

　　這一時期日本國力快速發展，側身世界五大強國之列，政治上則進入「大正民主期」，誕生了日本憲政史上第一個具真正意義的政黨內閣原敬內閣。而臺灣人隨著教育的普及和提高，又受世界思潮的影響，民智漸開，民族意識逐漸覺醒，對於自身所受不平等待遇漸感不滿，於是出現了非武裝抗日運動及社會運動。日本政府為懷柔、籠絡臺灣人，緩和政治社會運動，改採同化主義殖民政策，於 1921 年制定法律第三號修正（法三號），規定日本國內法律原則上適用於臺灣，亦即以立法上之「內地延長主義」為號召，高唱「內臺如一」、「日臺共學」等等，宣稱要扶植臺灣人自治，實際上則是希望臺灣人放棄自己的漢民族意識與文化，認同日本、效忠日本。

　　首任文官總督田健治郎發表其施政方針時，清楚表達了此種立場，他說：「臺灣構成帝國領土之一部分，系屬日本帝國憲法之版圖，不能視同英法各

---

[9] 同上：13。

國之以殖民地祇為其本國政治之策源地，或經濟利源地而論。因此，統治之方針皆以此精神為前提，從事各種經營設施，使臺灣民眾成為純粹之日本臣民，效忠日本朝廷，加以教化指導，以涵養其對國家之義務觀念。[10]」此後的文官總督都同樣實行同化主義統治方針。

然而日本國內經濟在短暫的繁榮之後，接著卻面臨了危機與大蕭條，1923 年關東大地震、1927 年金融危機、1929 年世界經濟恐慌，內閣因為經濟因素漸失民心，軍方勢力再度抬頭。1931 年關東軍發動 918 瀋陽事變，國內又接連發生「515 事件」及「226 事件」[11]，主戰的日本軍部地位上升，向外擴張侵略之勢漸成。為求臺灣人與其同心協力，殖民政策遂由溫和的同化政策，轉為強烈的皇民化政策。

第三期：皇民化時期，自 1937 年蘆溝橋侵華戰爭之後至 1945 年臺灣光復。此時期的三任臺灣總督小林躋造、長谷川清、安藤利吉又恢復由武官擔任。這是因為日本發動太平洋戰爭，進入所謂「戰時體制」，為求掌握人心，穩定殖民秩序，同時要求臺灣人全面協助挹注戰爭所需的巨大人力物力，於是加強推展對殖民地人民的同化政策，展開「皇民化運動」。1936 年小林總督發表了治臺三策：「工業化、皇民化、南進基地化」。1937 年中日戰爭爆發後，日本近衛內閣實施國民精神總動員，宣揚「八紘一宇」、「舉國一致」的觀念，1938 年通過國家總動員法，1941 年在臺灣組織「皇民奉公會」，進一步要求臺灣為日本軍閥所發動的侵略戰爭效命。

所謂的「皇民」，就是日本國民，「皇民化」就是要求所有臺灣人，無論是漢人還是高山族，都同化為徹底的日本人。其具體的要求有取消漢文教育、禁用漢字漢語，改說日語；穿和服、住日式房子；放棄原有信仰，改信日本神道教並參拜神社，每日向日本天皇的居所膜拜，以及推動廢漢姓改日本姓

---

[10] 轉引自何義麟：《皇民化政策之研究》，臺北：中國文化大學，1986：13 。

[11] 515 事件發生在 1932 年，一群年輕海軍官兵闖入總理大臣官邸，槍殺了支持裁減軍備的首相犬養毅；226 事件發生在 1936 年，由皇道派軍官率領的 1500 名日本軍人，襲擊了首相官邸等幾處重要部門，殺害了多名內閣官員及重傷天皇侍衛長。

名的運動。到了後期，由於戰爭規模不斷擴大，所需兵員越來越多，日本也自 1942 年開始在臺灣實施特別志願兵制度，並於 1945 年全面實施徵兵制。這種種措施其實是一種高壓的思想控制手段，唯有將臺灣人從日常生活的衣食住行，到文化的語言、象徵宗族血脈的姓名，到精神層面的信仰、價值觀，都改造為完全的日本人，忠於日本政府，崇拜天皇，殖民地統治才能穩固，臺灣人才會心甘情願地為其犧牲。

　　皇民化政策對臺灣造成巨大影響，除了將臺灣捲入戰爭漩渦，無數臺灣人「志願」為天皇效忠、為「聖戰」效力，戰死沙場；臺灣本島也受到盟軍猛烈的轟炸，損失慘重之外，對文化的斲傷亦極重，漢文傳統幾欲斷絕。所幸隨著日本戰敗，戰爭結束，臺灣終得脫離殖民地命運，皇民化運動自然也煙消雲散了。

(二) 出版自由受到的法律限制

1. 日本殖民臺灣的基本法：六三法、三一法、法三號

　　如前所述，日本佔據臺灣之初，國內對臺灣的定位及應採何種治理方式，有很大的爭議。1896 年 1 月，臺灣事務局委員原敬向首相伊藤博文遞交了著名的《臺灣問題二案》意見書，提出兩個方案供政府選擇：一、將臺灣作為殖民地進行統治；二、將臺灣視為「內地」的延伸[12]。若採第二案，則臺灣應當享有與內地同等的地位，當時施行於日本，包括明治《憲法》在內的所有法律，也當同樣施行於臺灣。然而日軍在接收臺灣之後遭遇到的強烈抵抗，說明此理論之不切實際，因此日本國會便在 1896 年 3 月，以「臺灣歸屬帝國版圖時日尚淺，百事草創，土匪蜂起，然臺島與首都東京距離甚遠，兩地間航線並未開通，且臺島也與本國人情風俗等相異[13]」為由，以法律第 63 號發佈「關於在臺灣實施法律與條例的法律」，世稱「六三法」，成為日本統治臺

---

[12] 馮瑋：〈評日本政治「存異」和文化「求同」的殖民統治方針〉，《世界歷史》，2002(3)：2-10。

[13] 轉引自李理：〈「六三法」的存廢與臺灣殖民地問題〉，《抗日戰爭研究》，2006(4)：45-61。

灣的根本大法。其條文如下[14]：

　　　　第一條：臺灣總督於管轄區域內，得公佈有法律效力之命令。
　　　　第二條：前條之命令，由臺灣總督府評議會議決，經拓務大臣奏
　　請敕裁。
　　　　第三條：臨時緊急事故，臺灣總督得不經前條之手續，而公佈第
　　一條之命令。
　　　　第四條：依照前條所公佈之命令，公佈後仍應立即奏請敕裁，並
　　呈報臺灣總督府評議會。
　　　　第五條：現行法律或將來發佈之法律，其全部或一部施行於臺灣
　　者，以敕令定之。
　　　　第六條：本法律自施行之日起，經三年失其效力。

　　亦即，此法確認了臺灣地區的委任立法制度，臺灣總督得制定與日本國
內法律有等同效力的命令，稱之為「律令」。從第二條條文看來，臺灣總督的
立法權似乎還有總督府評議會的監督與制衡，然而實際上，總督府評議會就
是由總督所主持，成員則是總督府內的首長及高級官員，如此球員兼裁判的
制度，根本無法發揮監督制衡的作用，甚至到 1906 年時，評議會索性被廢止
[15]。由於此法一直存在是否違憲的爭議，故一開始只為臨時之計，特地以第
六條限制三年為期，然而實際上卻一延再延，直到 1906 年 10 月，才以法律
第 31 號稍作修正，規定總督律令不得違背根據「施行敕令」而施行於臺灣的
日本法律（指由國會所制定者），及特別以施行於臺灣為目的而制定的日本法
律及敕令，世稱「三一法」。三一法並未改變臺灣總督享有的立法權，且同樣
雖訂有五年期限，但到期之後又多次延期。直到 1919 年，原敬內閣改革殖民

---

[14] 此處譯文引自李筱峰、林呈蓉：《臺灣史》，臺北：華立圖書，2006：169。
[15] 李筱峰、林呈蓉：《臺灣史》，臺北：華立圖書，2006：169。

地官制，治臺政策進入同化政策時期，才於 1921 年制定法律第三號，世稱「法三號」，取代三一法，規定日本國內的法律原則上適用於臺灣，總督只能在臺灣的特殊情況有所必要時，才能制定法律。由於法三號並未完全取消臺灣總督的立法權，且之前頒佈的律令依然有效，因此不論施行的是六三法、三一法，還是法三號，臺灣總督專制體制及委任立法制度，事實上一直存在臺灣殖民法治中，直到臺灣光復。

2. 與出版相關的法令

由六三法確立的臺灣委任立法制，將臺灣隔絕於明治憲法體制以及日本國內諸法之外，取而代之的是 19 任臺灣總督在 50 年間，基於六三法賦予的權力，先後頒佈的 466 件律令[16]，影響臺灣人權益甚巨。舉例而言，雖然當時的明治《憲法》第 29 條規定「日本臣民在法律範圍內有言論、著作、出版、集會與結社之自由」，且制定有與言論與出版相關的所謂「言論四法」：新聞紙條例、保安條例、出版條例與集會條例，但都無法施行於臺灣。臺灣總督為控制臺灣人言論、思想，另行頒佈了相關法令，包括使報紙、書籍、雜誌、小冊等出版物成為出版警察取締重點的「臺灣新聞紙令」及「臺灣出版規則」，大大限制了出版業之發展。其中以 1900 年頒佈的「臺灣出版規則」，對於圖書出版自由的箝制最嚴。

「臺灣出版規則」總共二十條，規定臺灣文書圖畫出版物實行申請制度，文書圖畫出版者須經由管轄地方官廳，向總督府提出出版申請，並呈繳兩份樣本（稱為「納本」），納本要在出版物發賣頒佈之前三天送達管轄地方官廳（第二條）。對出版物內容的限制，分為絕對禁止事項及相對禁止事項，第九條規定的絕對禁止事項包括：

> 1.交付公開審判之前的重罪輕罪預審相關事項，以及禁止旁聽的訴訟的相關事項。

---

[16] 趙鐵鎖：〈日本對臺灣的殖民統治簡論〉，《南開學報》，1998(2)：67-72。

2.救護或撫恤刑事被告人或犯人，及曲庇犯罪之事項。

3.禁止旁聽之公會議事。

第十條規定的是相對禁止事項，須獲得當地官廳許可才能出版，包括：

1.非公開之官方文書圖畫及官廳議事。

2.關於外交及軍事機密的文書圖畫。

若出版物違反了出版禁止事項，會遭到行政處分及司法處分，前者的處分目標是「物」，也就是出版物禁止發賣頒佈以及扣押；後者的處分目標是「人」，對犯行者施以罰金或禁錮。從這兩種處分方式來看，物的禁絕，可以阻止出版物散佈，避免當下危害的發生，是補救的措施；而人的懲罰，則是更進一步的預防措施，用以造成畏懼心態，防止人將來再次犯罪以及其他人的仿效[17]。會遭到禁止公開或被扣押的出版物，除了內容涉及第九條、第十條條文規定的禁止事項外，還有第十一條規定的「冒瀆皇室尊嚴，變壞政體，或紊亂國憲者。」而會施以司法處分者，則有以下各項[18]：

1.發賣及頒佈未經申請及納本的文書圖畫。（第十四條）

2.未在文書圖畫末尾記載出版者姓名地址、印刷者姓名地址或印刷所，以及印刷發賣頒佈年月日。（第十五條）

3.違反第九條規定的禁止事項，以及違反第十條未得當地官廳許可不得出版之規定者。（第十六條第一項）

4.發賣或頒佈依據第十一條至第十三條規定已遭禁止發賣頒佈之文書圖畫。（第十六條第二項）

---

[17] 工藤折平：《臺灣出版警察の研究》，臺北：臺灣警察協會，1933：44-9。

[18] 同上。

　　5.出版冒瀆皇室尊嚴，變壞政體，或紊亂國憲之文書圖畫。（第十
七條）

　　6.出版妨害安寧秩序、壞亂風俗之文書圖畫。（第十八條）

　　又根據第十二條的規定，會受到禁止發賣頒佈及扣押的文書圖畫，不僅
限於臺灣本島的出版物，日本內地及外國的出版物也同樣受到第十一條的規
定限制；再加上其他法令的配套規定，如「郵便規則」第一條第一項規定「妨
害公安、壞亂風俗之文書、圖畫」為郵便禁製品，而「郵便法」第四十六條，
以郵便物發送郵便禁止品者，罰五百元以下罰金，其物件沒收；「關稅定率法」
第十一條第三項規定，有害公安及風俗之書籍、圖、雕刻物及其他物品，禁
止輸入等等，使得當時漢文書店從大陸進口的中文圖書，也受到嚴格的審查，
並常被查扣沒收。

　　雖然和 1917 年頒佈的「臺灣新聞紙令」規定臺灣報紙採取許可主義，創
辦報紙需事先申請、取得許可證，並繳納保證金，以預防不法、不當的出版
行為相較之下，臺灣的文書圖畫可以自由出版，只在出版物內容有違法的情
形下事後取締，似乎是較為自由寬鬆的。但問題在於，條文中規定的禁止事
項，如「冒瀆皇室尊嚴、變壞政體、紊亂國憲、妨害安寧秩序、壞亂風俗」
等，範圍寬泛而概念又極為抽象，缺乏判斷準則讓人依循。雖然鈴木清一郎
在 1937 年出版的《臺灣出版關係法令釋義》中，曾詳列了各禁止事項的基準，
如「防害安寧秩序」者有 19 項，「壞亂風俗」者有 6 項[19]，但依然是原則式
的說明，對取締官廳與出版者之間建立共識並無太大作用。毋寧說，在日據
時期臺灣的特殊時空下，政治、社會情勢複雜多變，大原則性的法律條文，
正好提供執法者視情況解釋的運作空間。然而這種「自由心證」的檢閱標準，
卻相當程度製造了白色恐怖的氛圍，不但對出版者造成精神壓力，動輒可能

---

[19] 鈴木清一郎於 1931 至 1937 年間，在警務局保安課負責圖書檢閱工作。此段資料轉引自河原功：
〈解說「臺灣出版警察報」〉，《復刻版臺灣出版警察報別冊》，東京：不二出版，2001：10-2。

獲罪，一旦出版物遭查扣沒收，更會遭到實際的財物損失。例如三民主義及各黨義書籍，在 1926 年文化書局、1927 年中央書局創辦時，都是未被禁止的，但因銷售太好，引起日方注意，到了 1928 年雅堂書局開辦採購時，就成了禁書，遭到海關沒收[20]。

　　到了 1937 年中日戰爭爆發，雖然日本亟需臺灣人力物力的奧援，然而與其敵對作戰的，卻是與臺灣同源同種的中國人，這讓日本難免陷於不安。為了確保臺灣人的忠誠，殖民政策進入了皇民化階段，希冀將臺灣人改造成為忠良的日本國民，而首要之務，便是加強思想控制。1938 年日本頒佈「國家動員法」，第二十條規定：「政府在戰時，因國家動員需要，得依敕令對於報紙其他出版物之記載，予以限制或禁止。」1941 年日本依照動員法，公佈「言論、出版、集會、結社等臨時取締法」，1942 年臺灣也隨之公佈「言論、出版、集會、結社等臨時取締法」[21]，這與「臺灣出版規則」基本相同，是從內容上進行嚴密控管。此外，日本政府亦從物資供應及出版體制兩方面，緊縮言論自由。1939 年日本商工省公佈關於限制使用雜誌用紙的省令，規定最高能限制供給 25%；1940 內閣情報部依此國策，設置新聞雜誌用紙統制委員會，將商工省視為「物」來處理的用紙供給問題，改從「物、心」兩面一元化來供給，對出版界造成極大的衝擊[22]。與此同時，日本政府也不斷整合出版體制，解散各地出版協會、出版組合等團體，於 1940 年創設「日本出版文化協會」（簡稱「文協」，1943 年改組為「日本出版會」），真正掌握出版用紙的統制權；經銷業者方面則於 1941 年創立出版物的統一性配給機構「日本出版配給株式會社」（簡稱「日配」），自此，原則上只有被統制的日本出版文化協會的出版物，經由被統制的日本配給株式會社的配給，才能到達各零售書

[20] 春丞：〈日據時期之中文書局〉，《連雅堂先生相關論著選集》（上），南投：臺灣省文獻委員會，1992：23-53。

[21] 柯喬文：《《三六九小報》古典小說研究》，嘉義：南華大學，2004：26。

[22] 河原功作、黃英哲譯：〈戰前臺灣的日本書籍流通(中)——以三省堂為中心〉，《文學臺灣》，1998(28)：285-302。

店[23]。

　　同樣的統制活動隨之在臺灣實施，1942 年與日本文協相同性質的「臺灣出版協會」創立，同年日配在臺設立臺灣支店，使臺灣與日本內地相同，除了日配臺灣支店以外，任何人不得從事雜誌書籍的批發，亦即日本內地出版物進口臺灣，及臺灣出版物的配給，均由日配臺灣支店統一處理[24]。1943 年 3 月 1 日發佈「出版事業令」，5 月 21 日公佈施行細則，據此，依許可方得出版之出版許可制，同樣施用於臺灣，亦即臺灣的圖書出版從申請制改為更為嚴格的許可制。加上印刷用紙不足的問題也迫在眉睫，因此「臺灣出版協會」也升高等級為「臺灣出版會」，其事務所就位在總督府情報課內，為一完全在總督府控制下運作的官方團體。「臺灣出版會」權責內容記載於其規則第四條：「一、出版企劃之審查指導；二、出版物用紙之配給調整；三、出版物之配給指導；四、其他出版文化相關事業。」對出版社而言，若不能成為「臺灣出版會」成員，就沒有接受出版企畫審查的資格，亦無法配給到印刷用紙，無法將書籍配給到書店，可說是事關生死存亡的大問題[25]。

　　在物資供應被減縮、出版及流通管道被控制、刊載內容被嚴密檢閱的情況下，日據末期臺灣出版業呈現壓抑且偏頗的發展，是可想而知之事。

(三) 出版檢閱制度

　　日據臺灣，基本上實行的是「警察政治」，中央警察機關是臺灣總督府內的警務局，其下設有庶務系及警務課、保安課、理蕃課、衛生課等部門，是臺灣全島警察及衛生事務的統一監督機關；地方警察機關在州設有警務部（下設警務、高等警察、保安、刑事、理蕃、衛生 6 課），廳設有警務課、郡設有

---

[23] 同上。

[24] 河原功作、黃英哲譯：〈戰前臺灣的日本書籍流通(下)──以三省堂為中心〉，《文學臺灣》，1999(29)：206-25。

[25] 以上「臺灣出版會」資料皆來自河原功：〈臺灣出版會與蘭記書局〉，文訊雜誌社。《記憶裡的幽香──嘉義蘭記書局史料論文集》，臺北：文訊雜誌社，2007：55-71。

警察課；此外，另設有警察署及警察分署、分室、派出所、駐在所等等機構[26]，上下左右交織成一張完整的警力網，不但政府所有的政務，無一不是通過警察來執行，更嚴密監視人民的一舉一動。據統計，1937 年蘆溝橋事變後，臺灣的警察人數急驟上升，居民人數和警察人數的配置比竟達到 160:1[27]，世所罕見。而在前文述及的種種法令規定下，實際負責書籍檢閱執行工作的，就是總督府警務局保安課。依照 1920 年頒佈的「官房並各局事務分掌規程中部分改正」條例，保安課的職掌為：「一、關於集會、結社、言論之事項。二、關於報紙、雜誌、出版物及著作物之事項……五、關於保安規則執行事項。六、關於取締危險思想以及其他機密之事項。七、其他關於高等警察之事項。[28]」根據 1929 年版的《臺灣總督府及所屬官署職員錄》，保安課之下設有事務官 4 名、翻譯官 1 名、屬 14 名、囑託 4 名、雇 7 名，共計 30 人。決定禁止發賣頒佈者是保安課長，並將其結果向警務局長報告[29]。

　　這些檢閱的結果，每一個月會由臺灣總督府警務局保安課圖書掛結成一次報告，稱之為《臺灣出版警察報》。目前僅存的《出版警察報》是從 1930 年 1 月的第 6 號，到 1932 年 6 月的第 35 號，成為後來研究日據時期臺灣出版檢閱制度的重要資料。1929~1931 年出版物檢閱數及行政處分件數可整理如表 2-1：

---

[26] 河原功：〈解說「臺灣出版警察報」〉，《復刻版臺灣出版警察報別冊》，東京：不二出版，2001：17。

[27] 趙鐵鎖：〈日本對臺灣的殖民統治簡論〉，《南開學報》，1998(2)：67-72。

[28] 柯喬文：《《三六九小報》古典小說研究》，嘉義：南華大學，2004：25。

[29] 河原功：〈解說「臺灣出版警察報」〉，《復刻版臺灣出版警察報別冊》，東京：不二出版，2001：17。

表 2-1　1929-1931 年出版物檢閱數及行政處分件數[30]

		檢閱數	行政處分		
			妨害安寧	壞亂風俗	占比
1929 年	內地[31]	424	152	211	85.6%
	臺灣	2525	38	30	2.6%
	外國	956	325	24	36.5%
1930 年	內地	583	157	55	36.4%
	臺灣	1089	11	6	1.6%
	外國	15594	346	9	2.3%
1931 年	內地	1416	203	61	18.6%
	臺灣	1148	47	26	6.4%
	外國	19904	224	23	1.2%

　　雖然日本內地同樣有檢閱制度，但依據「臺灣出版規則」第十二條規定，臺灣總督府對本島以外的帝國領土及外國出版的文書圖畫，有獨立的檢閱權，所以即使在日本內地通過檢閱的圖書，輸入臺灣之後依然要被重新檢閱，且在通過總督府的檢閱之後，地方警察會以公安為理由再檢閱一次，使得輸入臺灣的日本書籍被禁止販賣的情形屢見不鮮[32]，更不用說從中國大陸或其他國家進口的書籍。例如日本知名學者矢內原忠雄的著作《帝國下的台灣》，1929 年 10 月 10 日出版，1930 年 1 月 9 日即遭到臺灣總督府禁止。該書使用現代經濟理論的資本主義化概念，對臺灣殖民地經濟體系有精闢的掌握與分析。矢內認為日本以其殖民政治權力與經濟資本結合，獨佔臺灣經濟利益，必然引起臺灣本土資本家的反抗運動，並進一步發展成反殖民的民族運動。這些論點的成就至今罕有其匹，堪稱臺灣經濟發展史上的經典之作[33]。而臺

---

[30] 資料來源：河原功：〈解說「臺灣出版警察報」〉，《復刻版臺灣出版警察報別冊》，東京：不二出版，2001：19。　占比為筆者所加。

[31] 此處所稱「內地」系指日本，「外國」指包含中國大陸在內的其他國家。

[32] 河原功作、黃英哲譯：〈戰前臺灣的日本書籍流通(上)——以三省堂為中心〉，《文學臺灣》，1998(27)：253-64。

[33] 《臺灣全記錄》，臺北：錦繡，2000：11。

灣總督府的禁止理由則為：「分為第一篇帝國主義下的臺灣、第二篇臺灣糖業
帝國主義兩篇，非難臺灣的資本主義殖民政策，亦論及政治、教育、民族運
動等，其引例多出自已被禁止之蔡培火所著《告日本本國國民》等基於偏見
的觀察。[34]」學者基於其專業理論發表學術著作，卻遭政治性的理由禁止，
此書可說是最著名的代表性案例。而此書直到 1937 年，因為進入戰爭時期，
日本政府大力鎮壓不利言論，才遭日本本土查禁，可見臺灣的出版審閱標準，
較之日本內地是嚴格許多。春丞（黃春成）回憶雅堂書局開幕時，採辦的中
文圖書被沒收情形時說：

> 可憐的很，商務印書館配到額約近千元，竟被海關禁止而沒收三
> 百餘元，中華書局六百餘元之中，也被沒收二百元左右，最多的我記
> 得是民智書局，大約被沒收十分之六七，因他所出版的圖書多是黨義
> 及暴露帝國主義的居多，向該局採辦三民主義五十部，收到的祇五部，
> 此殘存之五冊，大約是通關時被遺漏的。[35]

　　《臺灣民報》就曾以〈對於輸入中國書報的臺灣海關的無理干涉〉一文，
對海關檢閱既無標準又不合理的情形提出嚴正抗議：

> 事事慣於倒行逆施的當局、反而利用海關、阻遏中國書報的輸
> 入……以取締危險思想的輸入和禁止敗壞風俗的壞書為名、然而這兩
> 件東西、既無一定的標準、海關的官員又無誠意、所以常常極好的書
> 不能輸入、反而所輸入的、有巷間傳誦著有令人不堪觸目的壞書、這
> 是什麼道理？[36]

---

[34] 〈「臺灣出版警察報」第七號〉，《復刻版臺灣出版警察報》第一卷，東京：不二出版，2001：21。
[35] 春丞：〈日據時期之中文書局〉，《連雅堂先生相關論著選集》（上），南投：臺灣省文獻委員會，
　　 1992：23-53。
[36] 〈對於輸入中國書報的臺灣海關的無理干涉〉，《臺灣民報》，1925-7-1。

而進口圖書之外，在本地出版的書籍自然更逃不過檢閱制度的控制，1927年 1 月 23 日《臺灣民報》上就有一則由文化書局刊登的〈被禁止事謹告〉：

> 和文《殖民政策下臺灣》定價一冊三十錢
> 　　又弊局所印刊之書籍因被臺灣政府禁止、連殘本八百餘冊亦被沒收、以致對購買諸位不能發配、實在抱歉多多！但現在已經將政府所忌之個所抽起再付印刷、不日定可發售、特此通知。

從表 2-1 的數字來看，臺灣遭到行政處分的件數，和外國尤其是日本內地進口的圖書相較之下，出奇的少，應是臺灣出版者長期在審閱制度的制約下，已養成自我檢查、自我禁止的意識，以減少受罰和損失的風險。由外力加壓而至內化，這是時代加諸出版人的悲哀。此外，從違反「妨害安寧」與「壞亂風俗」兩項事項比較，前者的處分率遠高於後者，此現象尤以外國進口書籍最為明顯，以 1930 年外國書籍為例，壞亂風俗僅 9 件，妨害安寧 346 件，幾達 4 倍之多。由此或可知總督府檢閱的目的，仍偏重政治性因素，凡「政治性」和「時事性」的言論很容易引起當局的注意，尤其是有關臺灣民族思想以及指責日本帝國主義的言論，更是臺灣總督府所極力要加以抑制的[37]。

二、日據時期臺灣的漢文環境

(一) 漢文作為一種懷柔統治的工具

中日兩國因為地理位置相鄰，自古以來的文化淵源就極深。中國高度發展的文明，向托周邊國家擴散、覆蓋，形成了漢文化圈，越南、朝鮮、日本，

---

[37] 蔡盛琦：〈日治時期臺灣的中文圖書出版業〉，《國家圖書館館刊》，2002(2)：65-92。

都是其中的一員。以日本而言，到八世紀奈良時代之前，一直有意地、大量地、廣泛地吸收、引進中國文化，完全借用中國的漢字作為表記語言的工具，重要的建國史料或神話如《古事記》、《日本書紀》，都用漢字書寫而成，直到平安朝（八世紀末）根據漢字的偏旁部首或草寫體，創造出自己的文字「假名」。然而當時漢字與假名在使用層面上是分流的，漢字是男性和貴族等上流階層使用的書寫工具，擁有剛勇和權威的社會印象，而假名的使用者通常只限於女性[38]，因此像政府文獻、外交文書等較正式文書都是用漢語表記法寫成的。至於現在大家熟悉的漢字中參雜假名的「和漢混合體」，則是到了十五世紀之後才逐漸成熟通用，直到現今。當然，文字只是記述表意的工具，它承載的是文化的整體內涵，所以中國文化就隨著漢字一同進入了日本文化之中。從七世紀初至九世紀末約兩個半世紀裡，日本先後派出十幾次遣唐使團到唐朝，是中日文化交流的最高峰，遣唐使帶回大量經史子集各類典籍，使中國文化滲透到思想、文學、藝術、風俗習慣等各個方面，風靡日本上層社會。到了十七世紀的江戶時代，江戶幕府大力弘揚儒學，幾乎把儒學提高到準國教的地位，儒學家林羅山及其後代一直為幕府的御用文人[39]。

因此，自古以來日本的文人都具有非常高的漢文化素養，在其創作的詩文中，中國的典故歷史、成語名句、詩詞文章可以說俯拾即是，認識漢字，能作漢詩、漢文，是文人雅士必備的文化素養，也被一般人視為具有教養的表徵。即使到了十九世紀末，促使日本走上近代化的「明治維新」改革運動開始，「脫亞入歐」成為國策，日本全面向歐美學習知識、制度與技術，「漢文」遭到揚棄之時，日本的漢學尤其是漢詩的寫作，卻達到非常鼎盛的狀況。町田三郎說：「明治一代是日本漢學的隆盛期」，他歸納原因有三點：第一為維新後的教育解放，人民可任意受教育，私塾林立，大部分私塾為失去俸祿的武士所設，而這些武士大都教導四書五經。第二為報章雜誌的出版事業勃

---

[38] 陳培豐：〈日治時期臺灣漢文脈的漂遊與想像：帝國漢文、殖民地漢文、中國白話文、臺灣話文〉，《臺灣史研究》，2008，15(4)：31-84。

[39] 于長敏：〈文化中的國家與國家中的文化〉，《燕山大學學報》，2006，7(1)：39-43。

興，報刊的文藝版經常刊出漢詩作品，及對漢詩的評論，這些詩作實時反映生活的現象、詩人的感觸、時勢的變化，很受歡迎。第三為輔政大臣對詩文頗為喜愛，常有酬唱之作[40]。中日間漢文化的共通性，以及明治時期日本漢學的興盛，在日據臺灣之後，讓日臺雙方在緊張對立的政治關係之外，找到了以「同文」關係為基礎的「構接[41]」方式。此種構接有文化上自然的時勢所趨，當然更多的是政治意圖的考慮。

如前文所言，江戶幕府十分推崇儒學，近三百年的時間成就了大批高素養的漢學專才，他們在明治維新之後，大多成為有志難伸的在野文人。臺灣成為日本殖民地後，進入「支那語學者受重用的時代，此時的臺灣，正是他們可以如明治初年洋學者一般，獲得厚祿重俸，為世所用之地。[42]」這批漢學學者將目光集中到這原屬中國的漢文化地區，東渡來臺，正與因為清廷廢科舉及割臺予日本而不得不絕意仕途的傳統文人，面臨類似的處境與憂心，雙方雖有語言、文化上的差異，卻在漢文衰微滅絕的危機感上有強烈共識，在漢詩文的創作上亦有共同的源流，於是很自然地結成了以漢詩文為媒介交流、互動、溝通的文學群體，組織詩社，酬唱往返。

日本殖民政府對此現像是樂觀其成，因為此時據臺時日尚淺，島內反抗意識仍強，在以武力強力鎮壓之外，更需要藉由籠絡、懷柔的方式，以較少的資源、較低的損耗，快速建立及穩定統治系統。而看似與政治無關，又具有極強社交功能的文學性活動，無疑是相當好的方式，可以結合當時的社會意見領袖，收服其心，獲得他們的支持。甚至於當時來臺的高層官員中，亦有不少本身即具備漢學素養，結合官方與民間力量，其效果更佳。如兒玉總督於 1899 年，於其官邸「南菜園」落成時，邀請全臺詩人雅集，會後輯成《南菜園唱和集》（1900 出版）；之後臺北縣知事村上義雄亦在其別業「江濱軒」

---

[40] 王幼華：〈日本帝國與殖民地臺灣的文化構接──以瀛社為例〉，《臺灣學研究》，2009(7)：29-50。

[41] 「文化構接」為研究者王幼華所創之名詞，意為兩種不同國家或民族，運用彼此相類似的文化背景，進行交往或溝通的行為。參見上注。

[42] 〈支那語學者に與へて其協同一致を促かす〉，《臺灣新報》，1896-12-1。

落成時，比照舉行，出版集子《江濱唱和集》（1902 出版）；次年 10 月 4 日，田健總督於其東門官邸開「茶話會」，96 人與會，並行賦詩，輯有《大雅唱和集》（1921 出版）；內田總督於 1926 年具名邀宴，於臺北江山樓舉行全省詩人聯吟；又，臺南縣首任知事磯貝靜藏，也常邀蔡國琳等人在四春園作詩。也曾主動邀請日本內地漢詩人來臺，兩地詩人吟詠酬唱，如上山總督於 1926 年聘邀日本詩壇國分清崖、勝島仙坡來臺，並藉此邀約全臺詩人，舉會東門官邸進行交流，作《東閣唱和集》等，展現了統治者柔軟的身段[43]。「以詩會友」、「風雅交接」讓前朝菁英抒發治國議論，讓他們有受到禮遇、參與國政的想像，以這樣的方式接納彼此[44]。據此，在殖民政府著意推廣鼓吹之下，漢詩文的創作活動，與紳章制度（1896）、饗老典（1898）、揚文會（1899）等，同時成為籠絡傳統仕紳與土豪的政治手段，並且延續了整個日據時期。

　　此種利用漢文為政治服務的現象，還表現在媒體上。由於語言的改變並非一朝一夕可成之事，為了政令順利傳達，日據時期臺灣最早的報紙《臺灣新報》在 1896 年創刊之時，就是日文欄和漢文欄並列，而漢文欄的內容，大部分是漢詩以及總督府重要命令的漢譯。1898 年《臺灣新報》與《臺灣日報》合併為《臺灣日日新報》，與《臺南新報》、《臺灣新聞》並稱日據時期臺灣三大官報，這三大以日文為主的報紙皆設有漢文欄。1905 年 7 月至 1911 年 11 月，原《臺灣日日新報》中占兩個版面的漢文版，擴充為六個版面且獨立發行的《漢文臺灣日日新報》。這些官方色彩濃厚的大眾傳播媒體，目標讀者都是當時上層社會的知識分子、領導階層，亦即嫻熟漢文的傳統士紳、夙儒，殖民政府希望經由他們宣揚政令的企圖十分明顯。

　　臺灣人在割臺初期強烈的武裝抵抗，到第四任兒玉總督任用後藤新平為民政長官之後，得到緩和，不能不說其採取的寬容、綏撫政策產生了一定的效果，此時的漢文，成了帝國主義為達順利統治目的而使用的工具。然而如

---

[43] 柯喬文：《《三六九小報》古典小說研究》，嘉義：南華大學，2004：32。

[44] 王幼華：〈日本帝國與殖民地臺灣的文化構接──以瀛社為例〉，《臺灣學研究》，2009(7)：29-50。

前文所言，語言文字絕不單純只是工具，還承載了文化的內涵，因此對近代日本而言，漢字既是歷史的漢字，也是現實的中國[45]，漢文所代表的民族意識、思想文化、禮教傳統，自然都是不容於殖民政府的。雖迫於現實暫時實行了妥協、利用的權宜之策，但長期仍是以同化、征服臺灣人精神為目標，而效果最顯著的方式，就是從推廣日語開始。後藤新平曾說：「凡得國，須得民，而得民須得人心，若欲得人心，首先，非得借溝通彼此思想的語言工具之力不可。[46]」又說：「以國語同化性質相異之人民雖頗為困難，但將來如欲對臺灣施行同化，使之成為我皇之民，浴我皇恩澤，此事任何人皆應無異議。[47]」首任臺灣總督府學務部長伊澤修二認為：「除以威力征服其外形外，還必須征服其精神，俾袪除其懷念故國之思，發揮新國民之精神。[48]」伊澤也在此思維下，在臺確立以推廣日語為重點的國家主義教育方針。因此，臺灣在日據的五十年間，日語、漢字漢文兩種語言一直存在競爭角力的關係，兩股力量的代表分別來自官方與民間，主戰場則是在教育體系之中，總督府對日語教育是不遺餘力的推廣，對漢文教育則是一路的從控制、削減，到滅絕。雖然總督府以其強大的行政力量，在據臺末期讓日語成為強勢語言，但臺灣人在其中的消極抵制與強力反彈，一定程度減緩了漢文消失的速度和程度，其功亦值得一書。

(二) 日文與漢文的角力

　　日據臺灣之後，因為政權轉移，清代的官方制度毀於一旦，以教育制度而言，官府設置具高等學府及地方文教功能的府縣儒學及書院、義塾等，全遭廢絕，然民間仍有基礎教育的需求，因此私人設立的書房義塾得以延續，

---

[45] 黃美娥：〈日、臺間的漢文關係〉，《臺灣文學與跨文化流動》（東亞現代中文文學國際學報），2007(3)：111-33。

[46] 轉引自黃新憲：〈日據時期臺灣公學校論〉，《東南學術》，2006(6)：161-8。

[47] 轉引自何義麟：《皇民化政策之研究》，臺北：中國文化大學，1986：16。

[48] 同上。

並在此時擔負起初等教育啟蒙的功能。根據 1896 年臺灣地方廳的調查，書房義塾雖在戰亂中急速減少了近半，但其後有逐漸回增的趨勢[49]。對於此種中國傳統的教育設施，到底該存該廢，日據初期曾經過熱烈討論，主因為當時的書房深入全臺城市鄉間，塾師多為具有科舉功名的士人，教材則為中國傳統的啟蒙教材如《三字經》、《千字文》，以及四書五經、古文詩賦之類，對明治維新後崇尚西方實學的日本來說，書房教授的傳統漢學是無用的學問，且和推廣日語以同化臺灣人的政策相違背，自是臺灣總督府所不樂見的。然而 1896 年 10 月 23 日木下邦昌的「學事視察報告書」中說：「本島書房由來已久，在教育上貢獻甚大，今若驟然廢除，教師餬口無著，必然成為本島施政的妨礙，另一方面又必須設立取代書房的教育機構，然而畢竟經費有所不足，因此他日本島頒佈新學制時，書房仍應保留，惟希望對之有改良之方策。[50]」木下的報告點出了不得不允許書房繼續存在的兩點理由，一是解決臺灣兒童的教育問題，據臺灣總督府當時的估計，如果廢除全臺的書房，完全以公學校接手臺灣人子弟的初等教育，最少需設八百所學校，所需經費達 120 萬日幣以上，實非當時的臺灣總督府所能負擔[51]。二是避免引起臺灣人的反抗心理，據 1898 年的調查，全島書房數為 1,707 所，學童數 29,941 名[52]，負責教學的塾師概為當時的知識分子，且中國人向有尊師的傳統，若一時讓這批無其他謀生能力的文人喪失經濟來源，不但可能引起他們的不滿，恐會連帶刺激民眾，造成社會的不安。因此，最終總督府採用了保留書房，但納入管理並加以改良的政策。

在總督府專為臺灣人設置的教育機構方面，1896 年於全臺各地成立 14 所「國語傳習所」（後增為 16 所）與 1 所「國語學校」，前者是教導臺灣人日語的機構，後者屬師範教育系統，專為培育初等教育的師資。1898 年 7 月臺

---

[49] 臺灣教育會：《臺灣教育沿革志》，臺北：臺灣教育會，1939：969。

[50] 同上。

[51] 王順隆：〈從近百年的臺灣閩南語教育探討臺灣的語言社會〉，《臺灣文獻》，1995，46(3)：109-72。

[52] 同上。

灣總督府公佈「臺灣公學校令」，制定關於公學校的各種規則，廢除「國語傳
習所」，並於全臺設立 55 所六年制的公學校，作為臺灣初等教育的新機關，
專收臺灣人的學齡兒童[53]。據「臺灣公學校規則」第一條規定：「公學校系對
臺人子弟施行德教，教授實學，以養成日本的國民性格，同時使之精通國語
為本旨。」其後於同年 11 月公佈「書房‧義塾相關規程」，正式將書房納入
管理。至此，書房與公學校，即成為臺灣人子弟初等教育的雙軌，基於其成
立背景及本質上的差異，讓它們無可避免地成為漢文教育與日文教育兩股力
量的代表。因此，從書房與公學校數量的消長，以及漢文課程的變遷，即可
看出臺灣總督府在打壓漢文教育，推廣日語教育的作為。

　　總督府設立公學校初期，雖然許多規定極力配合臺灣舊習，並有諸多措
施吸引臺灣人兒童入學，包括在課程中加入《三字經》、四書、《孝經》等內
容，但選擇書房的學生人數依然遠多於選擇公學校者。經過五年努力，到了
1903 年，書房數（1,365）仍為公學校（146）的 10 倍，書房學生（25,716）
比公學校學生（21,406）多四千餘人[54]。其原因除了前文所提，經費不足以廣
設公學校之外，另方面則是總督府初期並不欲快速提高臺灣人的教育水平，
故採取以初等教育為主，且緩慢擴張的政策，以致公學校的數量增加不多，
但最重要的原因還是在課程內容上。當時漢文仍為臺灣人不可或缺的書寫記
述工具，舉凡書信、記帳、契約，都以漢文完成，相較之下書房的教育才能
培養學生此類基本的文書能力；公學校的日語課程不但被輕視為夷狄的「番
仔書」，在日常生活中也無用處。然此現象正引發總督府的危機感，決意加強
對書房的控制和改造，其措施可歸納為以下數端[55]。

　　（1）教材方面：1905 年總督府出版《臺灣教科用書——漢文讀本》共

---

[53] 另設「小學校」專供日人子弟就讀，小學校與公學校學制並不相同，前者依照日本內地學制，是
　　義務教育，教學內容以數理科目為主。後者依照總督府律令、規則等設立，主要教學內容是國語。
　　這是總督府對臺灣實施「差別」及「隔離」殖民教育政策的證明。

[54] 吳文星：〈日據時代臺灣書房之研究〉，《思與言》，1978，16(3)：264-91。

[55] 參見臺灣教育會：《臺灣教育沿革志》，臺北：臺灣教育會，1939：974-80。

六卷，1919 年以《公學校用漢文讀本》取代，供公學校及書房作為教材使用；另頒發多本日文書的漢譯本為書房教學參考用書，如《大日本史略》、《教育敕語述義》、小幡篤四郎編《天變地異》、福澤諭吉編《訓蒙窮理圖解》等。一方面獎勵書房使用總督府編的教科書，一方面於 1911 年公佈「有關書房義塾教科圖書使用法取締」，禁止書房使用清廷出版的初等小學國文教科書與修身課本，並取締不使用總督府教材的書房。

（2）課程方面：1989 年公佈「書房‧義塾相關規程」時即規定，除漢文外，另須加設國語及算術兩科，如教學成績優良，將發給補助金。1926 年時加入修身科。

（3）師資方面：舉辦書房教師講習會，使之熟悉公學校的日語、算數課程；舉行書房教師檢定考試，合格者授予證書，以整齊書房師資，並規定欲新設書房者，須加公學校畢業生一名，負責日語、算術課程。

由此可知，總督府是藉由法令的約束，希望逐漸改變書房的師資、課程、教材等，使之符合當局的教育目標，暫時作為公學校的代用機構。但初期因監督管理的主管機關是各地方廳，由其自行根據「書房‧義塾相關規程」制定施行細則，標準不一、寬嚴不齊，書房多敷衍以對或陽奉陰違，所以收效不佳，書房的傳統特質仍十分強烈。直到 1922 年新「臺灣教育令」頒佈，總督府制定「私立學校規則」，將書房納入該規則管理之下，由於作法較過去統一及具強制性，故獲准新設立的書房已完全轉變為名符其實的代用公學校了[56]。

而對於仍固守傳統、拒絕改變的書房，則是以書房導致公學校就學人數減少，以及其專教漢學而破壞臺日人民的融合親善為由，加強取締[57]，1927年臺南市下令一舉關閉市內 20 多所書房，1932 年禁止新書房開設，1937 年推行皇民化運動，決定全面禁止書房，1943 年配合全面實施六年制義務教育，頒佈「廢止書房令」，一路被迫轉型又遭嚴格取締而逐漸凋零的書房，至

---

[56] 吳文星：〈日據時期臺灣書房教育之再檢討〉，《思與言》，1988， 26(1)：101-8。

[57] 吳文星：〈日據時代臺灣書房之研究〉，《思與言》，1978，16(3)：264-91。

此完全走入歷史。

　　至於公學校的漢文教育,則採漸廢主義。一開始為與書房競爭,在讀書、習字、作文等課程中,都包含漢文內容,教材有《增訂三字經》、《孝經》、四書等,並延聘受尊敬的書房教師及學者擔任教席;後將漢文獨立為一科,並改用總督府新編的漢文課本及新式教學方法,「選擇適合的日常生活事項,寫成符合兒童理解力,簡易明瞭的文字文章,以期兒童能實際應用。[58]」此立意雖佳,且較固守舊教材,以點讀、背誦、默寫為教學法,「簡直是漢文學者的養成機關……不是日常生活上必須的漢文的傳習所[59]」的書房更為進步。然而公學校的漢文教育一直不脫只是作為誘餌,吸引臺灣人子弟入公學校就讀,最終仍是要推廣日語的批評,究其因在實務教學上有許多為人非難之處。

　　其一為教材,1905 年版的《臺灣教科用書——漢文讀本》僅是日語課本的漢譯,內容有許多如「明治天皇」、「大日本帝國」、「臺灣神社」、「天長節」等,充滿大和思想的文章,實用性低。到了 1919 年重新出版《公學校用漢文讀本》,才大幅增加日常生活可用的實用文章;然而在教學法上,皆堅持以日語講解、說明漢學,令學生難以理解;其三為教師的漢學素質參差不齊,教學上常見錯誤。以至於學生學了六到八年漢文,畢業後能應世者寥寥無幾,甚至連封信都寫不來[60];亦有人認為「一輩青年,從學校出身,所學漢文,不求甚解,任意胡說,開口便錯。[61]」可見學習質量之低落。

　　但最重要的原因是第四點,亦即教學時數的一路縮減,1898 年漢文課納入讀書、習字、作文等課程中,每週有十二小時;1904 年漢文科獨立,每週改為五小時;1907 年五、六年級漢文課縮短為每週四小時;1912 年三、四年級漢文課也縮短為四小時;1918 年修訂公學校規則時,聲稱為減輕學生負

---

[58] 「臺灣公學校規則」所訂的漢文教則,見臺灣教育會:《臺灣教育沿革志》,臺北:臺灣教育會,1939:978。

[59] 〈公學校的漢文教授和舊式的臺灣書房〉,《臺灣民報》,1927-3-6。

[60] 吳文星:〈日據時代臺灣書房之研究〉,《思與言》,1978,16(3):264-91。

[61] 愚泉:〈洗耳小錄〉,《三六九小報》,1932-5-9。

擔，漢文課一律縮減為兩小時；1922 年藉口應對新「臺灣教育令」中，解除差別待遇、「日臺共學」的政策，將公學校獨有之漢文課改為每週兩小時的選修課，並授權地方視情況廢除漢文課程；1937 年實施皇民化政策，公學校漢文課完全廢止[62]。臺灣總督府花費數十年的時間，終將漢文教育完全自學校教育中排除。臺灣人面對漢文教育腹背受敵的情況，極為憂心。1922 年漢文課改為選修課，甚至有許多公學校借機停授漢文課，立刻群情譁然，家長們紛紛請願、陳情恢復漢文課，或於晚間另送子弟至書房學習漢文，以致一路下滑的書房數量，在這一年有了止跌並小幅回升的趨勢[63]（見圖 2-1）。

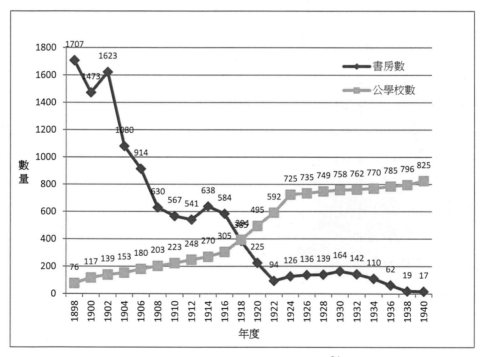

圖 2-1　書房、公學校數量消長圖[64]

[62] 轉引自王順隆：〈日治時期臺灣人「漢文教育」的時代意義〉，《臺灣風物》，1999，49(4)：107-27。
[63] 吳文星：〈日據時代臺灣書房之研究〉，《思與言》，1978，16(3)：264-91。
[64] 數據來源：吳文星：〈日據時代臺灣書房之研究〉，《思與言》，1978，16(3)：264-91。筆者製圖。

此外，更有一批受到中國五四運動影響的新知識分子，意識到漢文之所以衰微，來自總督府的壓制固然是主因，但傳統漢學的艱深難懂、脫離現代知識、無助於民眾生活，也是重要原因。於是這批以陳端明、張我軍、黃呈聰、蔡培火、林呈祿為首的文化界人士，紛紛在報刊等媒體上為文，除了要求公學校恢復漢文課之外，也嚴厲批評傳統書房的守舊與不思進步，大力鼓吹將漢文改革為簡易實用的現代白話文，最終形成了「漢文復興運動」的浪潮，各地紛紛設立漢文研究會，舉辦文化演講，以臺語推廣新知識等。

經過臺灣人的「自力救濟」，不但延長了漢文的存續，更賦予漢文新的生命，使之逐漸轉變為現代化的語言，對於 1920 年代現代知識在臺灣的傳播普及，有很大的幫助。同時，也象徵著日文與漢文的角力戰，正式從學校學生擴張到了社會民眾。

對於致力推廣日語的臺灣總督府而言，「國語普及率」超過 50%是一個重大的目標，若是完全依靠公學校畢業生的自然增加，實在難以達成，據第二次臨時臺灣戶口調查結果，據臺已達 20 年的 1915 年，臺灣人懂日語者僅占 1.63%[65]。因此，對於沒有機會接受學校教育，或已超出學齡的社會人士，總督府亦不曾放棄對他們的日語教育，大約從 1914 年開始，便向各地的成人團體教授日語，通常是在教師或警察主持的夜學進行[66]。1923 年總督府決定以補助經費，來獎勵支持日語和社會教育事業，要求全島的小區為未入學者設置日語課程和機構[67]。1931 年公佈「關於臺灣公立特殊教育設施令」，正式確立在市、街、庄成立「國語講習所」，對 12 歲以上 25 歲以下不懂日語者，施以一年一百天以上，以日語為中心的簡易國民教育；對務農者，也利用農閒時期，舉行三個月或六個月為一期的日語講習[68]。但是直到 1933 年，總督

[65] 吳文星：《日治時期臺灣的社會領導階層》，臺北：五南，2008：270。

[66] E. Patricia Tsurumi 著、林正芳譯：〈日本教育和臺灣人的生活〉，《臺灣風物》，1997，47(1)：55-93。

[67] 同上。

[68] 河原功：〈戰時下臺灣の文學と文化狀況〉，《 翻弄された臺灣文學──檢閱と抵抗の系譜》，東京：研文出版，2009：185-203。

府對日語的普及程度仍不滿意，於是制定「國語普及十年計劃」，目標是在
10 年內將臺灣人理解日語者的比例，提升至 50%以上。經過這些努力，「臺
灣人理解國語人口比例」果然自 1930 年代以後大幅增加。直至 1937 年，總
督府斷然施行皇民化政策，將國語普及運動推向了最高潮，廢止報紙漢文欄、
公學校漢文科及書房，推動國語運動，規定在公領域場合一律說日語，對於
放棄母語，全家整天使用日語交談者，給予「國語家庭」的榮譽，在戰時配
給制度下，享有食物配給的優惠等好處。上述「漢文復興運動」的研究會、
演講等諸多活動，也幾全停止。至此，日語、日文在臺灣快速普及，臺灣的
母語已退至家庭的一角，在各公開領域幾乎已見不到漢文、聽不到漢語，而
臺灣人理解日語者比例提前於 1941 年超越 50%，至 1944 年已高達 71%[69]。《新
臺灣》雜誌稱，當時臺灣 30 歲以上的知識份子，會讀與寫漢文的，百人中還
可找到一、二人，30 歲以下就極少見了[70]。前經濟部次長汪彝定在回憶錄中
曾說：「當民國 34 年冬收復臺灣時，臺灣事實上所有的知識分子都只會使用
日文。討論正式問題也必須使用日語，閩南語只有在家庭和鄉村地區使用。[71]」
臺灣人理解日語者的變遷，可以圖 2-2 表示。

---

[69] 王順隆：〈從近百年的臺灣閩南語教育探討臺灣的語言社會〉，《臺灣文獻》，1995，46(3)：109-72。

[70] 李西勳：〈臺灣光復初期推行國語運動情形〉，《臺灣文獻》，1995，46(3)：173-208。

[71] 轉引自王順隆：〈從近百年的臺灣閩南語教育探討臺灣的語言社會〉，《臺灣文獻》，1995，46(3)：109-72。

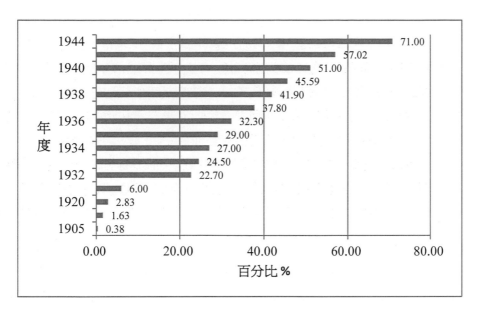

圖 2-2　日據時期臺灣人理解日語者比例[72]

　　從以上分析可知，整個日據時期日文教育與漢文教育的角力，在總督府以強大的行政力量為後盾之下，最終是日語占了上風（整理如表 2-2）。不過不可忽略的是，臺灣民眾一直不曾放棄努力抗衡，許多臺灣人為了保存漢學、延續漢人意識，仍堅持送子弟到書房就學，臺灣的書房因此分成「立案」與「未立案」兩種。立案者為在地仕紳向地方政府申請設置，例如鹿港文開書房；未立案者，或為文人名士在自宅所設，或為富戶所聘設立專館教授其子弟；亦有以詩書畫見長的傳統文人，在家設帳收徒；甚至在晚間由宿儒講授漢文，民間俗稱「暗學仔」。這類地下化的書房，在總督府的禁止之下，數量反增[73]。學者王順隆亦發現，依照《臺灣慣習記事》二卷十號的《全島書房近況》統計，1902 年全臺有 1,822 間書房，和總督府發表的數字 1,623 差距頗大，顯示有許多未登記的書房存在[74]。此外，依據學者許俊雅統計，1921

---

[72] 數據來源：同上，筆者製表。

[73] 黃震南：《臺灣傳統啟蒙教材研究》，臺北：臺灣師範大學，2011：34。

[74] 王順隆：〈從近百年的臺灣閩南語教育探討臺灣的語言社會〉，《臺灣文獻》，1995，46(3)：109-72。

到 1937 的 17 年間，是全臺詩社數目增加最多的階段，共計成立 159 個新詩社，占全臺社址、年代可考的 225 個詩社中的三分之二強。論者以為，這與書房的衰微有很大關係，傳統知識分子為維繫漢學於不墜，遂利用殖民政府的懷柔政策，轉移至詩社的文化活動上[75]。其他如 20 年代出現的「漢文復興運動」，乃是伴隨著啟蒙運動及反殖民統治體制的民族運動，希望藉由提倡白話文，作為社會教育的工具。這些數字未能表現的民間力量，讓漢學及漢文化依然深植於民眾之間，也培養了一定的漢學識字人口，成為支撐日據時期漢文圖書出版業的基礎。

表 2-2　臺灣總督府國語、漢文政策大事記[76]

年代	國語推廣措施	抑制漢文措施
1896	公佈「國語學校規則」，各地開設「國語學校」、「國語傳習所」，以教授臺灣民眾日文為主。	
1898	公佈「臺灣公學校令」，全臺設立 55 所專收臺灣子弟的公學校。最主要教育目的為普及日語。 公佈「書房・義塾相關規程」，規定在書房教育中加入國語與算術課程。	公佈「書房・義塾相關規程」，除舊有教材外，需使用臺灣總督府編撰的教科書。
1901		公佈「書房・義塾相關規定中改正」。
1905	各地公學校附設國語夜學校、國語普及會、國語練習會等設施，招募未入學民眾，義務實施日語教育。	出版《臺灣教科用書—漢文讀本》，取代三字經等舊教材，供書房及公學校使用，作為臺灣學童專用漢文課本。
1908	規定欲新設書房者，需聘用一名公學校畢業生，教授日語、算術課程。	鼓勵書房使用總督府編《漢文讀本》，但多數書房不予採用。
1911		公佈「有關書房義塾教科圖書使用法

---

[75] 黃美娥：〈日治時代臺灣詩社林立的社會考察〉，《古典臺灣：文學史、詩社、作家論》，臺北：國立編譯館，2003：183-227。

[76] 本表乃筆者綜合整理本節各篇參考文獻而成。

年代	國語推廣措施	抑制漢文措施
		取締」通告，禁止書房使用清廷出版的初等小學國文教科書，並開始取締不使用總督府教材的書房。
1913		廢止官廳命令、告示、諭告之漢譯。
1914	向各地的成人團體教授日語，通常是在教師或警察主持的夜學進行。	
1915	正式展開以民間團體為中心的「國語普及運動」，作為「始政 20 周年紀念事業」之一環。	
1918		修訂公學校規則，將漢文課一律縮減為兩小時。
1919		新版漢文教材《公學校用漢文讀本》出版。
1920	明文規定州、市、街、庄協議會員以日語為會議語言。亦即總督府擬通過立法規定日語為公用語言。	
1922		公佈新「臺灣教育令」，為應對「日臺共學」，將公學校每週兩小時的漢文課改為選修。
1923	總督府決定以補助經費，獎勵支持日語和社會教育事業，要求全島的小區為未入學者設置日語課程和機構。	
1927	訂定每年 6 月 26 日為國語日。	臺南市下令關閉市內 20 餘所漢文私塾。黃梨在彰化主持的漢文書房亦遭警察下令解散。
1931	公佈「關於臺灣公立特殊教育設施令」，正式確立在市、街、庄成立「國語講習所」，從此國語講習所制度成為公立特殊教育設施之一。	
1932		禁止新書房開設。
1933	制定「國語普及十年計劃」，目標是在 10 年內將臺灣人理解日語者的比例，提升至 50%以上。	

年代	國語推廣措施	抑制漢文措施
1937	施行皇民化政策，推動國語運動。	施行皇民化政策，廢止報紙漢文欄、公學校漢文科及書房。
1939		全面廢止書房。
1943	全面實施義務教育	公佈「廢止書房令」

三、現代社會轉型期

(一) 從農業社會到工業社會

　　精神力量的擴散，倚靠的是物質載體的傳佈，亦即文化的演進，除了學問、思想等內部動力的累積和創發，還需要外部動力的支撐，如各種建設、原料、機械等物質和技術條件，才有往外擴散或往下一時代流傳的所謂「發展」可言。而這些，可說都是由一個時代的經濟發展程度所決定的。日據時代臺灣的經濟，自然脫離不了近代殖民地的特徵，其大前提是一切都以日本的利益為依歸，而基本任務則是：1.為宗主國供給原料；2.替宗主國推銷商品；3.容納宗主國過剩的人口和資本[77]。明治維新後的日本，全力師法西方，急起直追，終於躋入資本主義國家之列，據臺之後，為達以上三點目的，亦將資本主義及先進的技術、設備帶進了臺灣，利用其專制集權的統治政策和行政力量，對臺灣進行改造。是以，臺灣在日據時期逐漸從傳統的舊社會，轉型為近代化的社會，農業有所改良、商業活動興盛、工業開始發展，支持農商工業發展所需的水利、電力、交通、金融、郵政系統開始建設，人口逐漸往城市移動，促進了城市化的發展及中產階級的出現。而出版業的技術層面，也在此背景下，從手工業的雕版印刷，走向近代化的活版機器印刷，造就了

---

[77] 周憲文：《日據時代臺灣經濟史》，臺北：臺灣銀行，1958：1。

「印刷資本主義」在臺灣出現。

　　日治前的臺灣，是一個以小農經濟和手工業為主的前資本主義社會，經濟處於生產方式古老，且幣制混亂，土地所有權不清，度量衡不統一，市場因分割而狹小的傳統狀態，加之如本章第一節所言，日本統治臺灣初期，遭遇到種種難題，因此不但無法從殖民地臺灣獲取利益，反倒需由國庫金援大筆統治經費。據臺之後的前三任總督，皆把施政的重心放在以軍事力量鎮壓反抗運動，維持治安上，直到 1898 年第四任總督兒玉源太郎上任，任用後藤新平為民政長官之後，情況才轉變，開始著手建立殖民經濟體系，做了許多基礎性的工作。首先，由於後藤主張在理解真實情況的基礎上，才能制定出切實合用的政策，因此進行了許多調查性的工作。包括：

1. 土地調查

　　要解決財務困境，促使臺灣經濟獨立，最快的方法便是增加地租，因此土地調查是總督府最急於進行的項目，自 1898 年始，至 1904 年告一段落。在土地測量方面採用的是當時最先進的「三角測量法」[78]，對土地面積及地形都得到更精確的史料，整理出不少隱田，增加了農地面積。在地籍調查方面，由於清朝遺留的大租、小租二重所有制，讓土地的所有權混亂，稅賦對象不清，藉此次地籍調查之便，總督府以臺灣事業公債作為補償，取消大租戶的權利，確定小租戶為業主及課稅的唯一對象，釐清了土地的權利義務關係。土地調查之外，又自 1910 之後五年間展開林野調查，確定是官有還是民有，根據 1895 年頒佈的「官有林野取締規則」第一條規定，凡無主地皆為國有，而根據林野調查結果，大部分都屬無主的國有地，等於總督府獲得了大筆可利用的土地。在土地及林野調查之後，地租的課稅面積自原來的 36.1407 甲，增至 77.7850 甲，稅基擴大一倍多；大租權廢除後，總督府又調高了稅率，地租年額更是激增，使得臺灣財政自 1905 年便能獨立[79]。另一方面，土

---

[78] 李筱峰、林呈蓉：《臺灣史》，臺北：華立圖書，2006：177。

[79] 陸靜：〈臺灣日治時期土地權演變的歷史考察及其評價〉，《東嶽論叢》，2007，28(6)：147-52。

地所有權明確，土地交易獲得法律的保障，安全性大為提高，排除了開發利用上的障礙，為資本家的投資增加很大的誘因，提供了資本主義發展的必要條件。正如竹越與三郎在《臺灣統治志》中所言：「內使田制安全，外使資本家安心，可以投資於田園，故其效果是無限的。[80]」

2. 舊慣調查

1899 年 12 月，臺灣總督府即已進行「舊慣調查事業」，由京都帝國大學教授岡松參太郎主持其事，到了 1901 年正式成立「臨時臺灣舊慣調查會」，對臺灣原有的法律規範進行調查。所謂「舊慣」的選列，是以民間社會是否普遍遵守為標準，而非依照官方明文的「大清律例」。該會分為三部，第一部設法制、經濟、行政、番族四科；第二部負責與華南地區經濟有關的調查；第三部則執掌各種法案的起草與審議[81]。調查會將調查成果集結成冊，陸續出版了《臺灣私法》13 冊及其《附錄參考書》7 冊，書中將臺灣舊慣分為「不動產」、「人事」、「動產」、「商事及債權」等四編[82]。這些史料當時是總督府制定殖民政策及法律規範的重要參考，時至今日，卻也成了瞭解清末臺灣社會實況的歷史資料。

3. 人口調查

日人在 1895 年佔據臺灣之後，就開始調查人口，1896 年就有全臺的人口數字，但不十分準確，到了 1905 年進行第一次人口普查之後，準確數字始告明朗。調查結果當時臺灣的總人口為 3,123,000 餘人，94%為臺灣本省籍人，0.26%為外省籍人，3.62%為高山族，1.90%為日本人[83]。十年後的 1915 年，進行第二次臨時戶口調查。此後則改為每五年一次的國勢調查，分別在1920、1925、1930、1935、1940 年進行。

---

[80] 轉引自周憲文：《日據時代臺灣經濟史》，臺北：臺灣銀行，1958：6。

[81] 同上：7-8。

[82] 陸靜：〈臺灣日治時期土地權演變的歷史考察及其評價〉，《東嶽論叢》，2007，28(6)：147-52。

[83] 陳紹馨：《臺灣的人口變遷與社會變遷》，臺北：聯經，1979：98。

　　「統一」是資本主義重要的特徵之一，矢內原忠雄說：「社會經濟資本主義化的前提，是生產物品的商品化；商品生產及交換，需要『每一商品之量的規定』，而這根據商品的二重性質：一為商品物理量（大小）的規定，二為物品價值量的規定。前者是度量衡，後者為貨幣。[84]」因此調查之外，總督府另一重要基礎工作即是度量衡及貨幣的統一。度量衡方面，1895 年開始引進及販賣日本式的度量衡器具，1900 年發佈「臺灣度量衡條例」，規定一律採用日本式度量衡，1906 年起，度量衡器具的製作、修理、批發，都歸官營。貨幣制度方面，1897 年日本國會通過「臺灣銀行法」，規定臺灣銀行的業務之一即是整理幣制；1899 年臺灣銀行正式創立，1904 年正式發行官方通行貨幣「臺灣銀行券」。臺銀通過整頓幣制，使臺灣的貨幣制度脫離中國的銀本位經濟體系，納入與日本相同的金本位經濟體系，在資本的流通上，與日本本國的關係轉為密切，更有利於日本資本的進入[85]。除了發行貨幣之外，臺灣銀行也擔任扶植日本本土企業的任務，藉由對重要物產之放款，協助日本資本掌握臺灣的產業，隨著以臺銀為中心的金融體系的整備，予日人資金融通的絕對優勢，使日人商業資本成為產業資本，更進而成為金融資本[86]。由上可知，臺灣銀行不但可說是臺灣殖民地的中央銀行，且已具有現代銀行金融的功能。而臺灣的度量衡與貨幣不但統一，且與日本制度完全一致，正是矢內原忠雄所說的：「殖民地在資本主義意義上成為本國的一部分，使本國及殖民地包括在同一經濟領土之內[87]」了。

　　在經濟的發展與建設上，臺灣經濟一直是日本的輔助或補充角色，其演變取決於日本資本主義發展的需要與設計，在「工業日本、農業臺灣」的殖民地政策下，臺灣總督府的產業政策自然以農業發展為中心，尤其是為了從

[84] 轉引自周憲文：《日據時代臺灣經濟史》，臺北：臺灣銀行，1958：8。

[85] 〈臺灣銀行與幣制整頓〉，歷史文化學習網 [EB/OL].(2004) [2013-2-23]
　　http://culture.edu.tw/history/smenu_photomenu.php?smenuid=99

[86] 黃瓊瑤：《日據時期的臺灣銀行》，臺北：臺灣師範大學，1991。

[87] 轉引自周憲文：《日據時代臺灣經濟史》，臺北：臺灣銀行，1958：8。

臺灣輸入稻米與蔗糖，總督府除了完成前述土地調查與改革，增加農地面積
與使用便利之外，也興建了一系列水利設施，最具代表性的是北部的桃園大
圳、南部的嘉南大圳，以及宜蘭第一公共埤圳工程[88]；在品種改良及革新工
業技術上也著力甚深。而跟隨在農業發展之後興辦的農產品加工業，使臺灣
工業得以起步開展，尤以製糖業為代表。1900 年創設的臺灣製糖株式會社是
第一家近代化製糖工廠，此後，又有多家新式大製糖工廠設立，製糖業由此
成為臺灣最重要的工業，而菠蘿罐頭加工業、蜜餞業、碾米業、麵粉業、釀
酒業、穀粉業和醬油業等，亦跟隨其後有不同程度的發展。第一次世界大戰
發生以後，西方列強從東方撤出，日本遂利用其在東亞的獨佔地位，擴大在
臺灣的企業投資，紡織業、金屬品、化學工業、機械工業、造紙工業在臺灣
相繼興起。1930 年代中期以後，尤其日本發動侵華戰爭及太平洋戰爭後，臺
灣作為日本的南進基地，戰略地位上升，乃在臺灣極力發展與戰爭相關的重
工業，至 1940 年代，重工業的產值已超過農業與輕工業[89]。與國防有密切關
聯的硫酸、造紙、紡織、鋼鐵、水泥、製冰、火柴、玻璃、銅及鋁精煉等近
代工業，更是獲得飛速發展，規模和產量成倍增長[90]。水電是工業發展重要
的動力，1919 年，總督府合併各公民營發電所，組成臺灣電力株式會社，並
在日月潭建構大規模的水力發電廠，1934 年竣工，成為當時亞州最大的發電
廠[91]，為臺灣工業發展供應了充足的動力。

至於支持農工業發展的交通運輸方面，也都多有建設。由於臺灣地形狹
長，南北向的五大山脈隔絕東西部，多條東西向的溪流又切割南北道路，是
以交通不便，各地多有隔閡。劉銘傳任臺灣巡撫時，建設了基隆到新竹的鐵
路，也是全中國第一條鐵路；1895 年第一任總督樺山資紀自基隆登陸之後，
即認為「當時急務，一在建設南北縱貫鐵道，二在基隆築港，三在道路開拓。

[88] 張立彬：《日據時期臺灣城市化進程研究》，吉林：東北師範大學，2004：7。
[89] 周翔鶴：〈日據時期臺灣工業化評析〉，《臺灣研究‧歷史文化》，2007(3)：58-63。
[90] 張立彬：《日據時期臺灣城市化進程研究》，吉林：東北師範大學，2004：9。
[91] 李筱峰、林呈蓉：《臺灣史》，臺北：華立圖書，2006：181-2。

92」兒玉總督上任後，決定了「鐵路國營」政策，於是自 1899 年起，從南北兩端同時動工，新竹以北僅在原來的基礎上加以改良，1908 年 4 月，長達 405 公里的縱貫線全線通車；其後又興建了淡水、宜蘭、臺中、潮洲、平溪線等支線。

公路方面，總督府於 1896 年陸續將軍用道路連接貫通，成為貫穿南北的主幹道；自 1900 年起，動員當地居民捐獻勞役、土地及材料，修建各城鎮、村莊間的道路；1905 年以後，總督府指定了多條重要路段，由官方補助一部分費用，當地人民加以修造。結合了國庫支付、人民直接負擔和補助與捐獻三種方式，臺灣的公路網逐漸建置完成，即使極偏僻的地方也有路可通，南北交通大有改善[93]。在海運方面，臺灣原已有基隆及高雄兩處港口，但吃水太淺，千噸輪船尚須停泊港外。1899 年興建南北縱貫鐵路的同時，為運兵急用，對基隆港進行擴建，1925 年初具規模；1908 年因臺灣糖業發展迅速，又開始建設高雄港[94]。最終，縱貫鐵路連接了北基隆、南高雄兩大港口，又與各地的支線鐵路和公路相互連接，形成了覆蓋全島的交通網，建立起商品的交易網絡。

受惠於交通運輸發達之利，與其互為表裡的郵政通信事業，也隨之開展。早在 1888 年劉銘傳任巡撫時，配合臺灣改設行省，成立「臺灣郵政局」，下轄 52 處郵站[95]，仿照西方發行郵票、收寄民間私人信件，開啟了臺灣新式郵政業務。1895 年日本據臺初期，郵政業務幾乎是為軍事需求而設，隸屬陸軍局的「野戰郵便局」隨著戰事活動的推進而擴展，1896 年 3 月幾乎已遍及全臺，其範圍北起基隆，南至恆春；4 月由臺灣總督府民政部通信課接管，1924 年配合臺灣總督府大規模的官制改革，將遞信局改為交通局，其下設遞信部

---

[92] 轉引自周憲文：《日據時代臺灣經濟史》，臺北：臺灣銀行，1958：9。
[93] 陳澤堯：〈臺灣殖民地經濟概論〉，《河南師範大學學報》(哲學社會科學版)，1997，24(1)：1-9。
[94] 曾潤梅：〈日據時期臺灣經濟發展爭議〉，《臺灣研究·歷史》，2000(4)：79-84。
[95] 轉引自管輝：〈光復初期的臺灣郵政略述〉，《南京郵電學院學報》(社會科學版)，2000，2(2)：22-6。

專掌郵政相關業務[96]。在總督府的規劃下，臺灣郵政制度和度量衡及貨幣制度一樣，主要是延續著日本國內郵政制度，力求兩地在郵政事務上能接軌。

　　除了制度面的規劃，為落實郵政制度在臺灣的發展，臺灣總督府主要自兩方面來著手：1.郵政遞送程序上的改善，包括拓展郵路里程數、降低郵政員工的罹病率、降低郵件的損害率、嚴格取締私信遞送工作、改善郵政員工的素質等。2.郵政普及使用上的推廣，包括陸續展開各式官方宣傳活動，如郵政法規譯文的編印、各地郵便局的參觀活動、通信展覽會的推廣，甚至於搭配始政紀念日或其他活動，於各會場開設臨時的郵便出張局，受理郵件或發行紀念郵物以資宣傳；並且長期且系統化的在教育場域中進行書信教育，以「資日常生活之用」與「實學」的因素，被納入臺灣的初等教育中[97]。至1937 年，全臺郵政機構已達 192 處[98]，且除了郵件遞送之外，日據時期的郵政營業項目，還拓展到了存款、劃撥、匯兌、電話、電報、簡易保險、郵便年金等，兼具了訊息傳遞、物品運送、金融流通等功能，呈現多元化及近代化的面貌，且與民眾的日常生活密切相關。就圖書出版業而言，最直接相關的就是支持了郵購業務的發展，擴而言之，亦即支持了文化的擴散、交流，以及文化事業的發展。

(二) 現代印刷事業的開展

　　隨著臺灣總體經濟往資本主義社會發展，工藝水平提升，臺灣的印刷技術也在時代的催化下逐漸轉變。日據之前，臺灣的印刷仍以雕版印刷為主，雖然 1881 年臺灣即接觸到新式的印刷技術，英國基督教長老教會傳教士馬雅各醫師（James Maxwell），為了傳教的目的，自英國募來全臺第一套活字印刷設備，包括手搖式凸版印刷機、檢字盤、油墨、英文鉛字、訂書機、切紙機等 11 箱印刷設備。同教會的巴克禮牧師（Thomas Barcly）趁返英休假之時，

---

[96]　陳怡芹：《日治時期臺灣郵政事業之研究(1895-1945)》，桃園：中央大學，2007：52。

[97]　陳郁欣：《日治前期臺灣郵政的建立(1895-1924)》，臺北：臺灣師範大學，2009：125。

[98]　陳怡芹：《日治時期臺灣郵政事業之研究(1895-1945)》，桃園：中央大學，2007：130。

到印刷公司學習檢字、排版和印刷技術，並於 1884 年回臺之後，成立臺灣第一家新式印刷機構「聚珍堂」（亦稱「新樓書房」），開始印製傳教出版物，並於 1885 年出版《臺灣府城教會報》第一號（今《臺灣教會公報》前身），成為臺灣現代印刷出版事業的濫觴[99]。然而這份刊物的文體是教會推行的白話字[100]，非一般臺灣人熟悉的方塊漢字，流通範圍僅限教會內部，雖然在臺灣印刷發展史上極具象徵意義，但對印刷實業界的影響不大。

　　雖然中國在宋仁宗時畢昇便發明了活字印刷，但一般採用方塊漢字的中文書籍，從雕版印刷過渡到完全活字印刷，卻歷經了非常漫長的時間，朱琴曾從「自身條件限制」和「外界環境影響」分析中國活字印刷發展遲緩的原因[101]，自身條件限制方面包括了活字製造困難、需要的整套活字數量龐大、工序多、操作繁瑣，前期的投資成本大增，加上印刷完後必須拆版，導致再版困難等等，所以除非印刷的數量龐大且不須再版，否則反不如雕版印刷經濟實惠。正如 19 世紀中葉，對中西印刷業都有一定瞭解的傳教士米憐（William Milne）曾說：

中國式印刷……不需要鑄字工廠，印刷和裝訂時不需要複雜的機器，不需要為印刷所租昂貴的房子。在小規模印刷中文書籍時，整個印刷過程中需要的每件工具（除了桌子和椅子）都能由一塊大手帕捲起，由工人隨手攜帶，所有的工作都能在地下室或閣樓的一個角落，由一個人獨自安靜地來完成。在大規模印刷書籍時，如果擺放整齊，一個普通的 4 英尺長、2.5 英尺寬的箱子就能裝下全部必需的工具。中國式印刷機（從他們印刷的方法而稱其為印刷機實在不恰當）無法印刷大面積印版的缺點，在某種程度上被其工具的簡易和低廉所抵

[99] 潘稀祺編著：《為愛航向福爾摩沙──巴克禮博士傳 》，臺南：人光，2003：60-1。
[100] 以羅馬字母拼寫的閩南語正字法，19 世紀時由基督教長老教會於福建廈門創設並推行。
[101] 朱琴：《金簡及其《武英殿聚珍版程序》》，蘇州：蘇州大學，2003：23-9。

消。[102]

　　而在外界環境影響方面，最主要是書籍的需求量有限，原因是社會的階級性造成了文化的階級性，培養讀書人已是不易，而科舉考試又限制了士子讀書的範圍，除應試所用四書五經外，需求不多，就從總體上影響了書籍印刷的數量，自然不利於印刷業的發展和印刷技術的革新。這些分析正足以說明清領時期臺灣的情況，因為文風不盛，臺灣的書籍一向仰賴從大陸內地的供給，道光年間進士施瓊芳替《增輯敬信錄》題序曾說：「臺地工料頗昂，所有風世諸書，多從內郡刷來。[103]」臺灣第一家私人印刷出版機構，據考是臺灣府六品銜職員盧崇玉在 1821 年開辦的雕版刻印坊「松雲軒」，主要業務是自刻自售「各款善書經文」，供應民間信仰的經典，也承辦代客雕版、印刷出版的服務，為舞文弄墨的宦遊人士，刊刷詩文別集；或是應對市場需求，印製童蒙課本，啟迪兒童教育[104]。《臺灣通史》作者連橫即曾於《小報‧雅言》說到：「活版未興以前，臺之印書多在泉廈刊行，府縣各志則募工來刻者，故版藏臺灣；臺南之松雲軒亦能雕鎸，餘有《海東校士錄》、《澄懷園唱和集》二書，則松雲軒之刻本也，紙墨俱佳，不遜泉廈。[105]」由此可看出當時臺灣是以人力資源要求少，設備簡單，投資成本不高，產量亦不大，屬前現代手工產業的雕版印刷技術，供應最基礎且固定的閱讀需求：啟蒙讀本、宗教善書，都是民間熟習常用的固有讀物，加上在文人圈中少量流傳的文人詩文集等。此種出版情況，到了日本佔據之後才有所改變。

　　中日兩國在活字印刷上有一個共同的難題，即是文字系統中的漢字。19世紀來華傳教士在中文活字的製作上貢獻了許多心力，任職美華書館的姜別利（William Gambel）發明電鑄法製作中文銅模，使字模製作工藝技術大為

---

[102] 轉引自許靜波：〈製版效率與近代上海印刷業鉛石之爭〉，《社會科學》，2010(12)：157-64。

[103] 轉引自楊永智：《明清時期臺南出版史》，臺北：學生書局，2007：317。

[104] 楊永智：〈臺郡松雲軒滄桑史〉，《臺灣傳統版畫展專刊》，彰化：淩漢，1998。

[105] 轉引自柯喬文：《《三六九小報》古典小說研究 》，嘉義：南華大學，2004：29。

提高。他製作出七種大小不同的鉛活字，能與洋活字一起混排印刷，美華書館大量製作出售這種鉛活字給上海各報館、北京總理通商各國事務衙門及日、英、法各國[106]。當時有「日本古登堡」之稱的本木昌造正為製作活字不得要領而苦惱，立即求教於姜別利。1869 年姜別利前往長崎停留兩週，傳授本木昌造電鍍法技術，此後日本的自製活字技術開始突飛猛進。1873 年本木的門人平野富二在東京築地開設東京築地活版所，1883 年築地活版所在上海設立分店修文印書局，此時日本的活字技術已經成熟，字體美觀而且種類齊全，距離本木習得電鍍法不過 10 年左右，修文印書局已能反向中國報館出售活字[107]。

　　當時也正是明治維新如火如荼開展之時，新學、新知等訊息傳播需求大增，促使了活版印刷時代來臨，根據日本社會史學家前田愛的研究，日本在1882-1887 年間發生由雕版到活版的印刷革命，原因就是書物印刷量已增加到每印三千冊的「木板印刷極限」[108]。除活版印刷以外，日本對其他新式印刷術也積極學習與嘗試，很快掌握了彩色石印、凹版和平版等等印刷技術，以及機械印刷機器等，1890 年日本印刷局輸入兩臺法國製捲筒紙輪轉印報機，每小時可印四頁份報紙一萬五千份左右，由東京朝日新聞社率先使用[109]。1897年成立的商務印書館之所以能在上海獨佔鰲頭，重要原因之一正是成立初期即收購了修文印書局的全部資產，而後又不斷聘請日本技師來華指導，或派人往日學習取經，故能在極短時間內掌握各種先進印製技術[110]。

　　日本據臺之後，殖民政府亟需大眾媒體擔任其傳聲筒，進行思想傳遞和

---

[106] 劉元滿：〈近代活字印刷在東方的傳播與發展〉，北京大學學報(哲學社會科學版)，2000(3)：151-7。

[107] 同上。

[108] 轉引自蘇碩斌：《日治時期臺灣文學的讀者想像——印刷資本主義作為空間想像機制的理論初探》，臺灣成功大學臺灣文學系，跨領域的臺灣文學研究學術研討會，臺南：國家臺灣文學館籌備處，2006：81-116。

[109] 徐郁縈：《日治前期漢文印刷報業研究(1895-1912) 》，雲林：雲林科技大學，2008：23。

[110] 洪九來：〈解讀清末民初商務印書館產業發展中的「日本」符號〉，《歷史上的中國出版與東亞文化交流》，上海：上海百家，2009：141-52。

統治命令，因此立即引進了報紙、期刊與廣播等，但報紙是採取許可制度，在嚴格的言論統制及檢閱制度之下，能夠得到出版許可的多是日人所主持的報紙。1896 年日籍退職官員田川大吉郎在臺北設立第一家日報《臺灣新報》，1897 年山下秀實經營《臺灣日報》，由於兩家報紙為爭奪臺灣輿論的主導地位，常在紙上針鋒相對，1898 年在總督府的命令下合併為《臺灣日日新報》，成為臺灣的第一大報[111]。新式的印刷機器及技術隨之引入臺灣，到了 1930 年，《臺灣日日新報》已經擁有完善的輪轉機、自動鑄字機、電器版寫真製版設備、石板機器，從排版、製版、印刷可謂流程一體[112]。

　　除了受官方資助，需要龐大資本的報社之外，民間也有許多將臺灣視為「金礦」而來淘金的日本人，主要以關西、九州的日本商人和退伍軍人為主，將包括活版印刷在內的多項新產業引入臺灣。根據 1902 年第 50 號《臺灣協會會報》的報導，臺灣至少有「臺一活版社」、「臺北活版社」、「印刷工廠」三家印刷工廠[113]，雖然資金皆不大，職工數也不多，但已可證明新式印刷業在臺灣的生根萌芽。由於日本人掌握了印刷的先進技術和機器，日據時期臺灣的印刷業幾乎為日本人所獨佔，尤其是各級政府機關、鐵道部和郵電局的印件，全部為日本印刷商所包辦。當時日本人在臺北開辦的印刷機構以服部、小塚、松浦屋、江里口、德丸、盛進、小川等最為著名。其中服部不僅有完備的活版印刷設備，還有數臺手搖平臺石印機，以及能承接彩色印刷品的數臺平版印刷機，具有使用平版、石版和凸版印刷的綜合印刷能力，人員多達近百人。還有一家「山崎」印刷行，專司表格印刷，幾乎壟斷了臺灣的表格印刷品[114]。

　　至於臺灣人開設的印刷廠，雖然規模不小，但設備與技術仍相對落後。與蘭記書局有密切合作關係的臺南鴻文活版社，創立於 1922 年，至今猶存（改

---

[111] 工藤折平：《臺灣出版警察の研究》，臺北：臺灣警察協會，1933：96。

[112] 轉引自柯喬文：《《三六九小報》古典小說研究》，嘉義：南華大學，2004：30。

[113] 周翔鶴：〈日據前期在臺灣日本人的工商業活動〉，《臺灣研究集刊》，2006(2)：48-56。

[114] 張樹棟、龐多益、鄭如斯等：《中華印刷通史》，臺北：興才文教基金會，2005：664-5。

組更名為「鴻辰印刷股份有限公司」），據第三代經營者黃作榮表示，日治時期鴻文員工達到上百人，可見其規模之一斑，堪稱「當時臺南市人所營最大印刷廠」。然其從技術到設備甚至消耗的油墨，都需向日本進口，「鴻文」第二代黃百寧、第三代黃作榮，甚至通過日籍友人作保，進入日本千葉大學印刷工學就讀[115]。

　　其餘由臺灣人開設較具規模的印刷廠，情況亦都類同，如臺北的光明社、清水商行、大明社。其中，大明社的印刷廠有工人近 120 人，擁有鑄字機、對開活版印刷機、菊半活版印刷機、四開機、平版印刷機、手搖石版機、裝訂機和一些相應的磨版、製版設備，規模雖大，但設備較為簡陋[116]。大明社創辦人鄧進益出生於 1910 年，14 歲進入活版廠擔任學徒，他回憶來臺設廠的日本人，許多是日本文官或警察，而他的老闆是日俄戰爭退役的軍人，支領優渥的「海外手當」（海外補貼），選擇來臺開印刷廠，招募年輕臺灣人當學徒[117]，很可以說明當時臺灣印刷業界起步緣由及人才養成的過程。

　　第二大城市臺中市從事鉛印、石印和金屬版平印的廠家共約三、四十家，規模較大者有以活版印刷為主的白雞堂，和以出版印刷佛經為主的瑞成印刷廠等[118]。1912 年成立的瑞成書局，自 1921 年開始自行印製出版物，1932 年購買機器正式成立瑞成印刷廠，重心逐漸轉往印刷業領域，其發展過程則是另一個具體而微的縮影。一開始只是創辦者許克綏在往大陸購書之時，對大陸書店的印刷業產生興趣，從旁學習許多印書技巧後，自行回臺嘗試，因此經歷過一段摸索的過程。先從簡單的木板印刷開始，印製如描紅簿和《三字經》等書籍。以手工印刷時所用的木版較厚，後來試著把木版放到機器上印，為了配合機器的規格，需將木版刨薄。之後進入彩色印刷階段，使用的是石版印刷技術，一開始也是用手工印製，印一張要花好幾分鐘的時間，後來想

---

[115] 柯喬文：《《三六九小報》古典小說研究》，嘉義：南華大學，2004：31。

[116] 張樹棟、龐多益、鄭如斯等：《中華印刷通史》，臺北：興才文教基金會，2005：665。

[117] 徐郁縈：《日治前期漢文印刷報業研究(1895-1912)》，雲林：雲林科技大學，2008：51。

[118] 張樹棟、龐多益、鄭如斯等：《中華印刷通史》，臺北：興才文教基金會，2005：665。

到把石版裝在印刷機上，可惜速度也不夠快。直到後來到日本考察，知道平版印刷是未來趨勢，決定朝平版印刷發展，並從海德堡進口當時最新、在臺灣也很少有出版同業使用的彩色平版印刷機，從此才建立了書局印刷品質量的口碑[119]。

四、本章小結

日據時期臺灣社會處於劇烈變動的時期，本章從經濟及印刷技術發展、教育及語言變遷、殖民地文化出版政策等，三個與圖書出版業發展關係最密切的方面切入分析，旨在探討日據時期臺灣漢文書店出現的原因及所處的背景環境。

當時臺灣的一切改變之源，都是因為成為日本殖民地。在同化臺灣人成為日本帝國忠良臣民，以竭其所能、傾其所有為宗主國利益提供服務的目標下，臺灣總督府利用行政、立法、司法、軍事集於一身的專制獨裁權力，對臺灣進行改造。經濟方面，統一了混亂的幣制、度量衡和土地所有權制度，建立了經濟秩序，完善了交通、郵政、電信、水利、電力等基礎設施。並以專賣制度和引進日本產業資本，實行壟斷的經濟體制。陸續實施的專賣項目有鴉片、食鹽、樟腦、菸草、酒類、度量衡、火柴、石油等，讓官營資本可以獨佔臺灣經濟資源；同時通過資本援助、確保原料供應與保證市場三個方面，大力發展米糖經濟，扶植日本糖業公司，並以製糖業為首，逐漸發展其他農產品加工業。進入太平洋戰爭期間，則是強力發展與戰爭相關的重工業，使臺灣成為供應軍需物資的軍事工業基地。

總體而言，臺灣在日據時期是處於農業經濟大幅度發展，以及從農業社會逐漸轉變為工業社會的狀態。生產力的轉移造成城市化社會產生，日據時

---

[119] 賴崇仁：《臺中瑞成書局及其歌仔冊研究》，臺中：逢甲大學，2005：17。

期臺灣西部平原已經形成了以基隆、臺北、新竹、臺中、彰化、臺南、高雄、嘉義等為中心的城市帶。這些城市基本上是等間距發展，並且城市所在地也逐漸由沿海向山區推進，促成了內陸小城鎮的興起。東部臺灣由於地理環境因素的影響，發展條件雖然不及西部有利，但在東西橫貫公路、鐵路及環島航運開通後，也得到了比較快速的開發，舊有的宜蘭、花蓮、蘇澳等城市也先後發展起來了。各城市中漸次有了銀行、新式學校和工廠廠房等現代建築物，寬廣的街道、上下水道、自來水、郵局、公園等公用設施也出現了[120]。最重要的是城市化孕生知識程度較高的市民階層，不論是基於求知還是休閒，都有較高的閱讀需求，是近代出版業發展的基礎。

　　為了應對臺灣殖民經濟工、商部門急速成長的人力需求，充分供應技術勞工，總督府在臺灣開始建立新式教育。由於主事者在考察列強殖民地情況之後，認為教育殖民地人民是危險的，因此初期採取以初等教育為主且緩慢擴張的政策，以勸誘中上階級子弟進入初等教育機構公學校為主，並不急於普及於一般平民子弟，且中等以上教育設施極不完備，目的在盡可能防止臺灣人產生接受較高的教育、較優越的社會地位及較好的就業機會等需求，只希望公學校畢業生仍追隨父兄務農或經商，或成為新工業的半技術工人。故此時的公學校入學率長期不高，至 1915 年度仍只 9.6%[121]，仍有許多人將子弟送往傳統的書房讀書。

　　到了同化政策時期，日本政府為懷柔、籠絡臺灣人，緩和政治社會運動，以「內地延長主義」為號召，高唱「內臺如一」、「日臺共學」等等，頒佈「臺灣教育令」，強調以普及教育、提高臺灣文化為首務，並逐漸增設了公學校之上的教育機構；1937 年推動皇民化運動後，實施義務教育，學齡兒童的就學率快速提高，至 1943 年已達 71.3%[122]。總體說來，雖然整個日據時期，臺灣人與日本人在教育上的差別待遇一直存在，前期採取不同學制，完全隔

---

[120] 張立彬：《日據時期臺灣城市化進程研究》，吉林：東北師範大學，2004：29。

[121] 吳文星：《日治時期臺灣的社會領導階層》，臺北：五南，2008：85-7。

[122] 李筱峰、林呈蓉：《臺灣史》，臺北：華立圖書，2006：185。

離，後期所謂的「共學」徒具虛名，反讓中等以上教育機會大部分為日本人所佔據[123]。然因為初等教育就學率的提升，臺灣人普遍有接受現代教育的機會。且自 20 年代漢文復興運動展開後，有識之士起而提倡漢文平民教育，設立漢文書房或夜學會，藉以補公學校漢文教育之不足，並教育失學民眾以應社會需求[124]，凡此都提升了臺灣民眾的識字率及知識水準。

經濟發達讓民眾消費能力增加、閱讀需求出現，並可支持印刷資本主義的發展，使臺灣步入機械複製時代，大量生產報刊書籍。教育普及使識字率提升，培養出大批閱讀人口，都是文化事業發展的有利因素。奈何總督府最擔心的就是臺灣人民的民族意識和反抗精神，因此不遺餘力地嚴格控制思想和統制言論，頒佈了「臺灣新聞紙令」、「臺灣出版規則」等法令，對報紙實行許可制度，創辦新報須事先獲得許可並繳交保證金；文書圖畫採申請制，發行之前須送交納本檢查。並且利用出版警察進行出版檢閱，對違反了出版禁止事項者施以行政處分及司法處分，前者的處分目標是「物」，也就是出版物禁止發賣頒佈以及扣押；後者的處分目標是「人」，對犯行者施以罰金或禁錮。總督府以此方式確保大量的印刷傳媒，都在其掌控之中，成為為其宣傳服務的工具，然其對言論自由之戕害，不言可喻。

在一般性的言論統制之外，漢文圖書還面臨了更為嚴酷的考驗，亦即總督府希冀藉由推廣國語、消滅漢語以同化、征服臺灣人的精神。在日本據臺的五十年間，總督府利用其龐大的行政力量，讓漢文逐漸自官方教育系統中消失，惟賴民間力量與其抗衡。或私下送子弟到書房學習漢文，或利用總督府的懷柔政策，成立詩社延續漢文命脈。更有一批新知識分子，大力鼓吹將漢文改革為簡易實用的現代白話文，不但延長了漢文的存續，更賦予漢文新的生命。漢文在打壓下艱辛求生，漢文圖書的出版環境亦隨之極為不利，然而它又是民眾在正式教育體制之外，自學漢文以及獲取新知的管道，肩負極

---

[123] 吳文星：《日治時期臺灣的社會領導階層》，臺北：五南，2008：88-9。
[124] 同上：283。

為重要的任務。在有心人的努力之下，漢文圖書在日據時期臺灣依然佔有一席之地。

　　下一章就將探討，在這些有利及不利因素交錯之中，漢文書店呈現如何的面貌，以及蘭記書局是如何誕生和發展。

第三章　蘭記書局的創立與沿革

　　蘭記書局自 1919 年創立，至 2004 年走入歷史，亦即從日本據臺 20 多年後開始，延續至光復後約 60 年。經歷過漢文書店業者黃春成所說的日據時代漢文書店四階段：黑暗期、黎明期、全盛期、衰退期；也經歷了光復後「漢文書店」特殊角色消失，出版業分工細化，書店業態往商業化轉型，大型連鎖書店興起的階段。跟隨其發展歷程走去，即可一窺日據時期臺灣漢文圖書出版業的變化過程。

一、草創初期

　　1908 年 3 月 3 日的《臺灣日日新報》，有一篇若水生所寫〈本島人的讀書界〉，全文翻譯如下：

　　　　本島人受以中華文化自豪的清國人崇文思想的影響，對讀書家的尊敬超乎想像，然而讀書人數量之少也超乎想像。這是難解文字太多，讀書人名不符實，只想汲汲營營於現實利益的自然結果，以致本島人讀書界的現況冷清非常。若問在科舉考試中獲得秀才以上科名者，其造詣如何，則不自覺慚愧者幾何，果真好學的斯文之士宛如曉天之星。沽名釣譽的偽學者所藏之書，不是應付科舉一時需要的俗書，就是淺薄嗜好所喜之稗史小說，偶有先人遺愛之良書，是否日夜翻閱，令人懷疑。讀書界現況之冷清，一窺本島人所開書肆之情況即可確知，現

即介紹位於臺北三處市街的書肆現況,其餘讀者可想像而知。

　　本島人的書肆,不過有大稻埕建芳、彩文齋、苑芳三家;艋舺的瑞芳、德芳兩家;以及販賣上海出版活字本的王恒(字跡不清,猜測為「恒」)德號等共六家。前五家販賣最多的是在福州以木版粗製的書籍,需求最大的是書房學生的讀本,從《三字經》、《千字文》、四書五經、《幼學瓊林》,到《左傳》、《古文折義》。當時在八股文的指引下,各種書籍深埋塵埃之下,無人問津,只有中藥醫書偶能賣出一、二部,或詩書偶得文士一顧,小說類則以《三國史》、《東周列傳》、第幾才子書著稱的知名文章,是稍有讀書能力人士必得一冊以做消閒之用,而能在各書肆店頭得見,其餘百分之九十的小說,皆是內容卑穢,趣味低級,道聽途說,恐會壞亂風俗者,數量可達三百種以上,可見本島人之愛讀此類書籍。

　　這一篇文章不長,僅短短數百字而已,卻描繪出日據初期漢文圖書出版界的幾個重要現象。首先,臺灣雖自 1895 年即割讓予日本,然清廷仍准許臺灣人參加科舉考試,直到 1906 年廢除科舉為止,因此讀書人追求功名之風仍盛。同時間,如第二章第二節所分析,殖民政府雖自 1898 年即在臺灣設立專供臺灣人學齡兒童就讀的新式學校「公學校」,但初期擴張緩慢,且是以普及國語為教育目標,和臺灣人希望學習漢文,以應付日常生活、商務、工作的需求不同,因此公學校入學率一直不高,仍有許多臺灣人選擇將子弟送往書房讀書。而書房則是因循舊習,以教授傳統啟蒙書籍為主,因此漢文讀書風氣就出現了文中所說的「冷清非常」之狀,讀書者既少,所讀之書又限於功利目的的科舉應試之書,或是消閒趣味的稗史小說之類。此外,在 1916 年 7 月 28 日《臺灣日日新報》的〈臺灣的讀書界〉報導中,亦出現了「時常聽聞,同樣是殖民地,但臺北人不若大連人愛讀書,證明了臺灣的氣候的確不適合讀書」等語。雖其中不無偏見,但至少顯示了長期以來,臺灣人的讀書風氣一直予人有待加強的印象。

其次，影響所及，販賣漢文書籍的書店亦極少，最大的城市臺北，較具知名度的也不過五、六家之數。讀者既少，書店更少，本地出版業自無蓬勃發展的利基，以致販賣的書籍也非本地印製，而是大陸內地進口之書，多數仍是雕版印刷的書籍，來自福州，少數是活版印刷書籍，來自中國出版最發達的上海；書籍的種類也局限在傳統舊書。黃春成在臺灣光復後回憶漢文書店黑暗期（1895 年日本據臺~1921 年文化協會成立）的書鋪時，也有相同看法：

> 三十餘年前，在臺北較有名的書鋪，如大稻埕中街的苑芳、振芳、玉芳；和南街的建芳，要購《古文辭類纂》、《昭明文選》、《資治通鑑》、李杜的全集，就有點難了。稍進一步，如王充的《論衡》、劉向的《說苑》、陸贄的《翰苑集》、顧亭林的《日知錄》，以及《世說新語》、《荀子》、《墨子》、《韓非子》、《淮南子》、許叔重的《說文》，不客氣的話，請你免開尊口！如真需要時，他可以代辦，但代辦也是極靠不住的，書價任他大開虎口，尚在其次，辦到的書，多是上海三、四流書局出版的廉價品，版紙既劣，頁數雜屢，減頁減文，毫不奇怪，祇求掃葉山房，和千頃堂出版的書，就不易得了。

> 他們除批發演義體的章回小說，和閩南一帶所流行的陳三五娘、雪文思君……「歌仔書」及山醫命卜相和曆書（曆書是秘密出售的，銷路廣，利潤厚，日人禁止發售），其次就是售於書塾用的《三字經》、《千家詩》、《千字文》、《千金譜》、《百家姓》、《昔時賢文》、《朱子家訓》、《唐詩三百首》、《古唐詩合解》、幼學群芳和瓊林、四書、五經、古文釋義、指南尺牘、秋水軒、隨園尺牘、曾國藩的家書、香草箋、《綱鑑易知錄》……不外三五十種。他們在開張時，也號為書店，後來售書的範圍日狹，反將作副業的紙、帳簿為本業，而將本業的圖書，當作副業，所以一般的人，不稱他為書店，而稱紙店了。[1]

---

[1] 春丞：〈日據時期之中文書局〉，《連雅堂先生相關論著選集》（上），南投：臺灣省文獻委員會，1992：23-53。

　　書店多為副業或兼營性質，是第三個特點，除了上文提到的臺北幾家書店，是從販書轉為販賣文具紙張為主，更有甚者，書籍僅是附屬的商品。根據《臺灣商工人名錄》，當時登錄許可販賣書籍的地方，包含日文與漢文，全臺僅 22 店/人，且非以專門書店型態存在，而是書房、商店、新聞店、出版部、勸工場等兼營，乃至以個人姓名做為招牌[2]。1912 年成立的臺中瑞成書局，創辦人許克綏一開始的正業，是在臺中第一市場中開設「瑞成種子部」，只將店面稍作擴充，兼營漢文書籍的販賣。最早的書籍向彰化批貨，多為《三字經》、《幼學瓊林》、《百家姓》及勸善書籍等，等到對批貨的門路熟悉之後，即自行向北部批發商進書，最後親自至廈門、上海等地購書回臺販賣。根據第二代許炎墩的回憶，彰化的漢文書籍批發商之一王成源，同時販賣茶葉和書籍，其他如嘉義的捷發、新竹的徐泉馨，亦是如此[3]。又如創立於 1916 年的臺南興文齋，創辦人林占鼇原以刻印維生，刻印、販書之外，營業項目尚有製墨等[4]，也是一例。

　　綜合日據初期漢文書店的幾點特色：書店數量不多、多為兼營性質，所售書籍量少質差，以傳統舊籍如章回小說、歌仔書、曆書、醫術卜卦算命，及私塾的讀本等為主，且多為大陸內地進口而來；讀者則局限於傳統文人與書房學生等。可以得知當時的臺灣，所謂漢文圖書出版業是呈現停滯落後的狀態，社會整體教育水平低落，知識與閱讀的需求既少，就無法帶動供應鏈的起步發展，創作端沒有消費市場支撐，新書面市者少，進步的印刷技術亦無用武之地，甚至沒有正規專業的銷售管道，商人兼營的書鋪經營保守而粗率。蘭記書局在此環境背景中成立，一開始也無法突破此種格局，而呈現典型的漢文書鋪型態。

[2] 柯喬文：〈漢文知識的建置：臺南州內的書局發展〉，《臺南大學人文研究學報》，2008，42(1)：67-88。

[3] 賴崇仁：《臺中瑞成書局及其歌仔冊研究》，臺中：逢甲大學，2005：38。

[4] 柯喬文：〈漢文知識的建置：臺南州內的書局發展〉，《臺南大學人文研究學報》，2008，42(1)：67-88。

　　蘭記書局的創辦人，也是實際負責營運的靈魂人物黃茂盛[5]，日本據臺六年後的 1901 年出生於雲林斗六，五歲時舉家遷居嘉義街北門外百 20 番地之一，七歲在書房學習漢文，1908 年進入嘉義公學校（今崇文小學）就讀，1914年成為該校第 11 屆畢業生。畢業後因家貧無力升學，經服務銀行界之舅父楊象庵介紹，1916 年進入嘉義信用組合（戰後第二信用合作社，今誠泰銀行嘉義分行）服務，任職書記。

　　但黃茂盛生性好學，又受姨丈林玉書（字臥雲，業醫、書法家）薰陶影響，經常手不釋卷，博讀漢文書籍，甚且下班後還向親朋好友借書閱讀至深夜而毫無倦容。不多久親友的書都已看完，正陷於無書可讀的困境時，靈機想起所讀書籍卷末，多附印上海商務印書館、鴻文新記書局及千頃堂等出版之好書介紹，乃興購讀意念。惟當時家貧書價又昂貴，乃懇請母親應允自微薄二十圓月薪中，挪出部分購書。從此即託旅居日本遠親，代向上海郵購轉寄來臺。俟收到訂書，則如獲至寶，日夜捧讀幾至廢寢忘食。然因生性善良又慷慨，每於讀畢後分借漢學同好共享。惟書多在轉借傳閱後，終不知去向而從此散失，直令他心痛不已。後來有好友建議，不如將已看過而不欲留藏者，以舊書價割讓，既可分享眾人，又可得款再購書。黃氏以為此說有理，乃徵得上司同意，於任職的合作社正門門柱旁倚放舊門板，擺上舊書。因其素愛蘭花，便在攤上書一橫幅「蘭記圖書部舊書廉讓」，這塊舊門板就是日後「蘭記書局」的濫觴。

　　關於蘭記書局的創立時間，各研究者有不同看法，黃美娥提出的時間最

---

[5] 黃茂盛生平及創辦蘭記書局過程，參閱以下文章：林景淵：〈嘉義蘭記書局創業者黃茂盛〉，《印刷人》，1998(121)：108-13。黃陳瑞珠著;陳昆堂整理：〈蘭記書局創辦人黃茂盛的故事〉，文訊雜誌社。《記憶裡的幽香──嘉義蘭記書局史料論文集》，臺北：文訊雜誌社，2007：3-8。《嘉義市志・卷七・人物志》，嘉義：嘉義市政府，2004。《黃茂盛先生傳》，《祝皇紀貳千六百年彰化崇文社紀念詩集》，彰化：彰化崇文社，昭和 15 年。江林信：〈漢文知識的散播者──記蘭記經營者黃茂盛〉，文訊雜誌社，《記憶裡的幽香──嘉義蘭記書局史料論文集》，臺北：文訊雜誌社，2007：9-17。

早，約在 1916 年[6]；林景淵以為在 1917 年[7]，辛廣偉在《臺灣出版史》中從之[8]；柯喬文[9]及日本研究者河原功[10]、島崎英威[11]認為是 1922 年；簡瑞榮認為是 1923 年[12]；蘇全正以為是「漢籍流通會」成立的 1924 年[13]；而根據 1936 年嘉義市勸業課編纂的《嘉義商工人名錄》，蘭記書局是 1925 年 9 月 1 日，以「蘭記書局」名義成立。本研究認為，黃茂盛 1922 年結婚之前（詳見後文），在舊門板上販賣二手書之時，已有掛牌、營業之實，應可視為創業之始，且根據蘭記書局 1995 年出版的《蘭記臺語字典》中，「嘉義蘭記書局創業七十六周年紀念」廣告所示，推論創立時間應在 1919 年。

　　黃茂盛初入教授漢文為主的書房，奠下日後自學漢文、自讀漢文書籍的基礎，加之生性好學，出社會工作之後依然勤讀不輟，必然培養出相當的漢文程度。後入教授日語為主的公學校，當時總督府對臺灣普通教育的目標在於教育中上階層子弟，公學校入學率不高，畢業者更少，因此 1903-1910 年間擔任學務課長的持地六三郎即明確表示，臺灣的初等教育即為精英教育。據基督長老教會傳教士甘為霖（William Campbell）觀察，當時公學校畢業生即可在殖民政府找到雇員及通譯等工作[14]；黃茂盛公學校畢業即可進入銀行業擔任書記一職，也是一例，日語嫻熟可以想見。從黃茂盛與中、日友人的

[6] 黃美娥：〈文學現代性的移植與傳播——臺灣傳統文人對世界文學的接受、翻譯與摹寫〉，《重層現代性鏡像——日治時代臺灣傳統文人的文化視域與文學想像》，臺北：麥田出版，2004：285-342。

[7] 林景淵：〈嘉義蘭記書局創業者黃茂盛〉，《印刷人》，1998 (121)：108-13。

[8] 辛廣偉：《臺灣出版史》，石家莊：河北教育出版社，2001：17。

[9] 柯喬文：〈漢文知識的建置：臺南州內的書局發展〉，《臺南大學人文研究學報》，2008，42(1)：67-88。

[10] 河原功：〈臺灣出版會與蘭記書局〉，文訊雜誌社。《記憶裡的幽香——嘉義蘭記書局史料論文集》，臺北：文訊雜誌社，2007：55-71。

[11] 島崎英威：《中國‧臺灣の出版事情》，市川：出版メディアパル，2007：99。

[12] 簡瑞榮編纂：《嘉義市志‧卷九‧藝術文化志》，嘉義：嘉義市政府，2002：225。

[13] 蘇全正：〈日治時代臺灣漢文讀本的出版與流通——以嘉義蘭記圖書部為例〉，顏尚文：《嘉義研究：社會、文化專輯》，嘉義：中正大學臺灣人文研究中心，2008：303-78。

[14] 吳文星：《日治時期臺灣的社會領導階層》，臺北：五南，2008：87。

來往書信中，亦可確知他擁有漢文、日文雙語言能力，使他日後不管是與詩社、文社等傳統文人交遊，或是與日本官員的公務往來，都遊刃有餘，加上在銀行業中接觸習得的金融知識，對其事業經營必有一定的幫助。然而促使其走上自行開設書店的遠因，竟是因為無書可讀，一方面可見當時讀書風氣不盛，一般家庭藏書無多之狀，一方面也可知臺灣出版業之乏善可陳，欲得新書必得遠從上海郵購。蘭記舊書鋪開張之後，「愛書者趨之若鶩，所擺書籍頃刻間竟被一掃而空，還有遠道聞風者不少因遲來撲空，只得怏怏而回。[15]」潛在的閱讀與購書需求在此略顯端倪，應是鼓勵黃茂盛從小資本兼營舊書鋪，繼續往專門書店發展的原因。

　　一面工作一面從事二手書買賣的情況，維持到 1922 年與吳金（畢業於嘉義女子公學校）結婚之後。黃茂盛得賢內助之助，在西市場旁總爺街 31 號租屋，正式開設書店「蘭記圖書部」，白天由吳氏掌理店面，黃氏則於晚間處理帳目等事宜。1924 年 4 月 3 日[16]成立「漢籍流通會」，附設「小說流通會」，類似現在租書店與讀書俱樂部的混和體，採取會員制，入會繳納保證金及會費後，即可免費觀覽該會所備書籍（詳見第四章第三節）。這在當時是一種新型的書籍流通方式，從連續幾則《漢文臺灣日日新報》的相關報導，可以看出其會務發展的狀況：

　　1924 年 3 月 28 日：「嘉義信用組合書記黃茂盛氏為鼓吹讀書趣味。促進社會文明。創設小說流通會。書庫置於總爺街茗春店跡蘭記書局號內。購置古今詩文善書稗史小說月刊雜誌之類二千餘種。以供會員攜歸觀覽。會費一年三圓六十錢。半年二圓。三個月一圓二十錢。

[15] 黃陳瑞珠著、陳昆堂整理：〈蘭記書局創辦人黃茂盛的故事〉，文訊雜誌社。《記憶裡的幽香──嘉義蘭記書局史料論文集》，臺北：文訊雜誌社，2007：3-8。
[16] 關於小說流通會的成立日期，根據黃茂盛 1924 年 4 月 26 日寄給《臺南新報》漢文部的信函，自述成立於 4 月 3 日，但 1924 年 3 月 28 日《漢文臺灣日日新報》已有小說流通會的會員招募訊息，並謂「入會者已有數十名」，可見當時會務運作已經展開。

以為圖書耗損償卻之資。非營利也。市外會友。郵費自辦。即為寄呈。現已購到千餘部。備有會章書目。希望入會者。函索即寄。目下入會者已有數十名云。」

1924 年 4 月 14 日：「嘉義街黃茂盛氏。所創小說流通會。近日已由上海配到詩文小說雜誌千餘種。汗牛充棟。而入會借覽圖書者。已達百餘名。」

1924 年 8 月 13 日：「嘉義總爺街黃茂盛氏。創設小說流通會。為日雖淺。而各地加入者已達二百多名。」

1924 年 9 月 28 日：「嘉義總爺街小說流通會黃茂盛氏。鑒世風日下。道德淪亡。出為提倡創設小說流通會。現加入會員二百數十名。」

1925 年 6 月 21 日：「嘉義街黃茂盛氏。自客年創設漢籍流通會。成績良好。會員尤多。者番為宣傳孔教起見。將赴屏東分社支部。託洪和尚氏辦理云。」

1925 年 8 月 10 日：「嘉義總爺街黃茂盛氏創該漢籍流通會。成績良好。會員日多。購備書籍有三千餘種。惟場所頗狹隘。者番因得屏東馮安德援資。遂將場所移轉西門外臺銀支店前之橫街云。」

另據創辦一年後的 1925 年 8 月，自行編印發行之《圖書目錄》稱：「現加入者經達四百餘名。更有蒸蒸日上之概」、「上自經史子集。下及古今名作詩賦歌詞。綱不籌備。更就所剩諸小說善書。拔其菁萃有益人世者。匯齊約有五千部。」[17]

漢籍流通會成立約一年之後，會員數達四百餘名，所備書籍三千冊左右，因為場所不敷使用，不得不搬遷擴張，甚至至屏東設立分部，在在顯示了此種另闢蹊徑的知識傳播方式，甚獲讀書人歡迎。除了招募會員之外，另一特別值得注意之事，是黃茂盛特別著重善書的贈送，從創立漢籍流通會之始，即另有一附設單位「善書流通會」，備置大量善書免費贈送。最早在上文 1924

---

[17] 然實際出現在《圖書目錄》上的為 2,778 種。

年 4 月 14 日《漢文臺灣日日新報》的同一則報導中，已有贈送善書消息：「氏鑒世風日下。道德淪亡。為挽回風化。補救人心。特辦名人格言。遷善改過諸善書類數十種。欲為贈送一般。不取分文。」幾與漢籍流通會的成立同時。此外，從《漢文臺灣日日新報》陸續的報導，可以得知其贈書數量之一斑。如：

> 1924 年 9 月 28 日：「嘉義總爺街小說流通會黃茂盛氏。鑒世風日下。道德淪亡。出為提倡創設小說流通會。現加入會員二百數十名。備書籍五百餘部。此回又購入三種。欲贈送各位。其名如下。（覺悟良友、福壽寶鑒、青年進德錄）各一千冊。有希望好讀者可給郵便切手二錢。於流通會。隨即贈送云。」

1925 年 3 月 27 日：「嘉義街小說流通會，今回承屏東郡長興庄馮安德氏委購善書，昨日寄到，有益世良歌、醒世言、明心寶鑒、家庭講話及戒淫格言、挽世舟、八字歌等計千餘冊，欲贈各界。」

1925 年 5 月 13 日：「嘉義總爺街黃茂盛氏，為頒佈聖道，以重綱常，出資添印愛國報一千冊，欲贈與島內人士。」

招募會員與贈送善書，讓蘭記書局呈現出和傳統書鋪較為不同的面貌，雖然在多處的文宣上，都強調會員是「借閱觀覽」、創設目的「非為營利」；善書贈送更是「不取分文」、「函索即寄」，但其更大的意義應在於藉由此法，讓漢文讀者浮現和聚集。但是這些贈送的善書數量頗大，動輒千冊以上，又遠自上海進口，想非剛剛起步的小書店所能負擔。因此報導中常見屏東郡長興庄馮安德之名，或出資添購圖書，或援資搬遷營業場所，更有甚者如 1925 年 6 月 9 日《漢文臺灣日日新報》之報導：

> 嘉義總爺街蘭記圖書部黃茂盛氏。創設漢籍流通會。藉以鼓吹文化。又備尊崇聖道、勸善懲淫雜誌、善書數十種。無料贈送。所費不

賫。世道人心。大有裨益。者番屏東郡長興庄馮安德氏。深贊是舉。
特購三世因果戒淫文輯證、醒世言、文武二帝救劫經、青年必讀各五
千部。寄存該鋪囑為代贈。希望者函索即寄。且慮黃氏獨力難支。願
貼五百金。俾流通會得以廣辦善書。以供一般觀覽。或此會得以維持
長久。則每年欲津貼一百二十金。借充善書贈送費之一部。若馮黃二
氏。熱心教化如此。洵不可多覯也。

　　馮安德因為認同黃茂盛的理念，慷慨贊助，無條件贈金五百元，往後每
年津貼一百二十元，是蘭記書局初期業務得以擴展的一大助力。另外亦獲得
臺南陳江山捐贈一千元[18]，且日後陳江山所著，由蘭記書局出版發行之《精
神錄》，讓蘭記書局聲望及業務達於頂峰。馮、陳二氏可謂蘭記書局得以站穩
根基，徐圖發展最重要的功臣，使其可以再做多方業務嘗試，如為方便花蓮、
臺東、澎湖等偏遠地區讀者購書，設立了函購部。

　　四百名會員代表的穩定潛在市場，以及隨著會務推廣而逐漸為人知曉的
蘭記書局名聲，讓黃茂盛終能放心辭去合作社工作，全職經營書店。根據 1936
年嘉義市勸業課編纂的《嘉義商工人名錄》，蘭記書局是 1925 年 9 月 1 日，
以「蘭記書局」名義成立，地址位在榮町二丁目 70 番地[19]，或為其決定全力
投入而正式登記的日期。然而就在黃茂盛全力投入蘭記書局經營之後，卻在
1927 年面臨了第一個重大危機。

　　事情緣起於黃茂盛計劃引進上海商務印書館發行之漢文教科書《最新國
文教科書》一至八冊[20]。如第二章第一節所述，依據「臺灣出版規則」規定，
不論是島內出版或外地進口文書圖畫，皆實行申請制度，然而進口漢文教科

---

[18] 黃陳瑞珠著、陳昆堂整理：〈蘭記書局創辦人黃茂盛的故事〉，文訊雜誌社。《記憶裡的幽香——
　　 嘉義蘭記書局史料論文集》，臺北：文訊雜誌社，2007：3-8。

[19] 嘉義市勸業課編纂：《嘉義商工人名錄》，嘉義：嘉義市役所，1926：120。

[20] 商務印書館出版之《最新國文教科書》分初等小學堂用十冊，高等小學堂用八冊。蘭記欲進口者
　　 為八冊，應為高等小學堂用。

書顯然與總督府推行國語、抑制漢文的殖民政策相抵觸，因此其申請屢被駁回。經過不斷申請與陳情，最後以其長年在嘉義文化界樹立之良好信譽與佳評，並有日本人為其保證之下，終於獲准[21]。孰料首批進口的一至八冊各二百本，共一千六百冊書籍，卻在嚴格的審閱制度之下，悉數遭到沒收，其原因為：1.非日本國語文，書名卻為「國文」；2.內容全為有關中國之歷史、文化、教育、思想等，違反日本國策[22]。

正值事業起步之時，遭到此精神與金錢的雙重損失，打擊不可謂不大。然而正如同漢籍流通會屏東支部負責人洪和尚寄黃茂盛慰問信所言：

> 對被收沒書籍受意外之損失，三復之下大為婉（惋）惜，然天心不測，最能磨勵英雄，又曰有福傷財，又曰散財是功德，況先生心存利濟，潛世人之愚迷，故設流通會利國利人，其功莫大，此番之傷財大有因緣，在希能放懷是禱。[23]

「此番之傷財大有因緣」，蘭記書局這次的書籍被沒收事件，果然反成了促使它步入高峰的契機。

二、邁入高峰

蘭記書局力求發展的 1920-30 年代，正值臺灣社會的變動期。正如第二章第一節所述，1919 年之後，總督府對臺灣的殖民政策進入了「同化時期」，此乃源於以 1917 年俄國的二月革命、十月革命為首，整個亞洲都步入了「覺

---

[21] 黃陳瑞珠著、陳昆堂整理：〈蘭記書局創辦人黃茂盛的故事〉，文訊雜誌社。《記憶裡的幽香──嘉義蘭記書局史料論文集》，臺北：文訊雜誌社，2007：3-8。
[22] 同上。
[23] 洪和尚致黃茂盛信，1927-6-6，蘭記書局史料。

醒」階段；而 1918 年第一次世界大戰結束後，美國總統威爾遜（T. W. Wilson）
發表的「十四點宣言」中的「民族自決」原則，更給予全球被殖民的弱小民
族莫大的鼓舞，國際上瀰漫著民主自決及民族思潮，伊朗、土耳其爆發了反
封建專制革命；印度、阿富汗、印度尼西亞、越南等國，則發生了民族獨立
運動。日本國內受此影響，也興起了社會主義與自由民權的思潮和運動，加
上日本另一殖民地朝鮮，於 1919 年三月發生「三一獨立運動」；四月中國發
生「五四運動」，都讓當時留學日本的臺灣學生深受衝擊與啟發，民族意識逐
漸覺醒，對於自身所受不平等待遇漸感不滿，開始挺身而出，掀起一波波非
武裝抗日的民族運動與社會運動，迫使日本憲政史上第一個具真正意義的政
黨內閣原敬內閣，改採同化主義殖民政策，以懷柔、籠絡臺灣人，緩和政治
社會運動。

　　最早登高一呼，組織臺灣留學生的是臺中清水人蔡惠如，他聚集了一百
多位知識青年，於 1920 年 1 月在東京成立「新民會」，以臺中霧峰望族林獻
堂為會長，試圖通過組織的運作，改革臺灣的政治與社會。新民會最主要的
努力方向是政治改革，主張在臺灣的特殊性的基礎上，設置屬自己的議會，
因此展開了長達 14 年的「臺灣議會設置請願運動」。更重要的是，新民會在
東京發起的議會設置運動，刺激了在臺北大稻埕開設大安醫院的醫師蔣渭
水，他於 1921 年 10 月 17 日另在臺北靜修女學校大禮堂成立了「臺灣文化協
會」（簡稱「文協」），這個團體可說是日據時代臺灣社會運動的核心團體，它
容納了新民會的主要幹部如林獻堂（任總理）、蔡培火（任專務理事）、蔡惠
如（任理事）、林呈祿（任理事）等人，成立時會員有一千餘人，大多數是知
識分子和青年學生，還有一部分是工人、農民和其他勞動群眾，幾乎可以看
成是其後諸多民族運動、社會運動的大本營，也是許多社運團體的「母體」[24]，
20 年代臺灣風起雲湧的政治、農工、婦女或新文學運動，莫不與它息息相關，
而蔣渭水也因而被譽為「臺灣的孫中山」。

---

[24] 李筱峰、林呈蓉：《臺灣史》，臺北：華立圖書，2006：196。

　　蔣渭水在文化協會的成立大會上報告創立宗旨和經過，即清楚揭示了文協純為文化運動團體，不做任何政治活動[25]。他發表的著名的《臨床講義》，把臺灣比喻為一名病患，自己則以「民族運動的醫師」自居，開出的五味處方：正規學校教育、補習教育、幼兒園、圖書館，讀報社，都是屬文化與知識的提升方式。

　　　　臺灣人現在有病了……我診斷臺灣人所患的病，是知識的營養不良症，除非服下知識的營養品，是萬萬不能癒的，文化運動是對這病唯一的原因療法，文化協會，就是專門講究並施行原因療法的機關。[26]

　　據此理念，文化協會開始在全島推動一系列社會教育工作，包括成立讀報社，舉辦通俗講習會、高等漢文講習會、通俗學術講座、文化講演會、夏季學校，創辦雜誌和設立書局等等，受到極熱烈的歡迎。據統計，1925、1926兩年之中，在全島各地舉辦的演講會聽眾人數，達 23 萬人之多[27]（根據 1925年國勢調查，當時臺灣總人口約只 400 萬人[28]），在臺灣掀起了文化啟蒙運動，對民眾產生了深刻的影響，社會風氣為之一變。1925 年秋，臺灣文化協會於臺中市召開大會，有會員倡議籌辦文化服務機關，通過新知識、新學問的傳輸，使臺胞水準向上提升，於是北部由蔣渭水獨資開辦文化書局，中部則糾集仕紳名流，以募股方式成立中央書局。自 1926 年文化書局成立之後，直接或間接受文協影響而成立的漢文書店，就有臺中中央書局、臺北雅堂書局、臺北國際書局、臺南興文齋等，可以說進入了漢文書店開設的高峰期。以下就分別對其做簡要介紹。

---

[25]　戴月芳：《臺灣文化協會》，臺中：莎士比亞文化事業，2007：20。

[26]　蔣渭水：〈臨床講義〉，《會報》，1921-11-28。

[27]　李筱峰、林呈蓉：《臺灣史》，臺北：華立圖書，2006：197。

[28]　臺灣省行政長官公署統計室：《臺灣省五十一年來統計提要》，南投：臺灣省政府，1946：102-3。

(一) 文化書局

　　文化書局是蔣渭水於 1926 年 6 月所開辦，有兩則刊載於《臺灣民報》的啟事，清楚說明了蔣氏開辦文化書局的動機與目的。第一則刊登於 1926 年 6 月 6 日《臺灣民報》：

> 　　臺北為臺灣之首府、為全島民眾聚會之區、而至今尚未有本島人經營之書店、為臺灣文化向上計、甚為遺憾、特以中國出版之漢文新式書籍、在臺北則全無人採辦。近來臺島同胞、非常覺醒、故要需用新出版之漢文書籍、若大旱之望雲霓、而在臺北缺少此種提供新式漢文書籍之機關、於臺灣文化之進步、大有阻礙。今次蔣渭水氏、有鑒於茲、特地出來創辦一新式書店、言曰文化書局、專賣和漢文新式書籍、將於六月中開幕、店設在臺北市太平町三丁目大安醫院鄰、元本社支局舊址、此乃讀書人士之福音也。

　　另一則則是文化書局刊登於 1926 年 7 月 11 日《臺灣民報》上的開業廣告：

> 　　全島同胞諸君公鑒：同人為應時勢之要求，創設本局，漢文則專以介紹中國名著，兼普及平民教育；和文則專辦勞働問題、農民問題諸書，以資同胞之需。萬望諸君特別愛顧擁護，俾本局得盡新文化介紹機關之使命，則本局幸甚，臺灣幸甚。
>
> 　　　　　　　　　　　　　　　　　　　　　　文化書局總經理蔣渭水啟

　　雖「至今尚未有本島人經營之書店」一語，未免失之武斷，然如本章第一節之說明，當時所謂漢文書店大都是販賣傳統線裝書的舊書鋪，規模既小、書種又少，實無法滿足當時社會爆發的旺盛求知欲望。相較於當時日本人所

開設的日文書店，如規模最大的新高堂，在 1915 年時就已是紅磚建造的三層樓建築，面積達 270 坪（約 890 平方公尺），一樓陳列雜誌、二樓陳列圖書、三樓供集會娛樂[29]，更顯得落後不堪。因此文化書局自我定位為「提供新式漢文書籍之機關」、「新文化介紹機關」，強調「專賣和漢文新式書籍」，其亟欲與舊時代切割，以求文明進步之心甚明。

其刊登於 1927 年 10 月 16 日《臺灣民報》的開業一周年大減價活動廣告，稱其：「專辦順應世界思潮之要求，適合臺灣社會之需要」的書籍，再整理其至 1926 年底，在《臺灣民報》上刊登的廣告，可將其銷售書籍略分為五大類：1.關於孫中山者；2.關於中國國民革命者；3.關於政治社會經濟者；4.中國學者之論著；5.關於平民教育者[30]；也可見其特別關注中國國民革命的發展，以及希望與五四後新文化運動接續，遙相呼應的企圖。直至 1930 年 11 月 22 日，文化協會在《臺灣新民報》登載的「文化書局創業六周年[31]紀念大廉賣」廣告，字典、政治經濟、社會科學、歷史、哲學、心理學、文集、婦女性愛、新小說、文學等各類書籍，可見其依然以種類繁多、有系統，保持著漢文中西專業圖書經銷龍頭的地位[32]。漢文書店在文化書局的領頭突破之下，開始有了不同的形態，就如黃春成所說，文化書局是「以革新的姿態，鳴鑼搥鼓，向暮氣沉沉的書業界裡頭，劃出黎明曙光，使不會日文的民眾，也得領略新文化之滋味，首倡之功，是不可沒的！[33]」

---

[29] 蔡盛琦：〈新高堂書店：日治時期臺灣最大的書店〉，《國立中央圖書館臺灣分館館刊》，2003，9(4)：36-42。

[30] 林柏維：《臺灣文化協會滄桑》，臺北：臺原，1993：165。

[31] 但以 1926 年開業推算，其時應為創業滿四週年。

[32] 柳書琴：〈通俗作為一種位置：《三六九小報》與 1930 年代臺灣的讀書市場〉，《中外文學》，2004，33(7)：19-55。

[33] 春丞：〈日據時期之中文書局〉，《連雅堂先生相關論著選集》（上），南投：臺灣省文獻委員會，1992：23-53。

(二) 中央書局

　　成立中央書局，是文化協會會員莊垂勝的構想，他於 1925 年 11 月 10 日發表〈創立趣意書〉中說到：

　　　夫社會生活之向上，有賴偕同互助之社交的訓練，而普及健實之新智識學問，啟發高尚的新生活興味，尤為目下之急務。同仁等有鑒於時勢之要求，想在臺中市籌辦一俱樂部，內部（設）簡素食堂，靜雅客室，供清潔之茶食冰果等，為往來人士會談安息之所。加以普及良書，便利學徒的趣旨，置圖書部，分售國文書籍而外，並為不通國文或慣講中文的朋友便宜計，特為介紹中文書報。（另）置講堂、娛樂室、談話室等，時開各種講習、講演、音樂、演劇、影戲等會，藉以增益學識品性，啟發高尚的生活興味，訓練協衷和樂的社交德性，而於花天酒地之外，別建崇美健實之文化的歡樂世界，或兼營精雅合用的中外文房具、運動具、其他諸學用品，以適應社會之新需要，刺戟活動好學之美風。[34]

　　由此《趣意書》可知，莊垂勝最初構想的文化設施，遠不只書局一項，而是結合了餐廳、講堂、旅舍、娛樂室、談話室、會議室、圖書部，以舉辦各式講習、演講、音樂會、戲劇表演活動的綜合性文化俱樂部。他以株式會社（股份有限公司）中央俱樂部為名發起募股，獲得張浚哲、張煥珪兄弟，以及中部仕紳名流支持，順利募得四萬元資金，1926 年 6 月 30 日成立株式會社，1927 年 1 月 3 日率先成立中央書局於臺中市寶町三丁目[35]。其他項目

---

[34] 轉引自莊永明：〈中部地區新文化的催生者莊垂勝〉，《臺灣近代名人志》（第四冊），臺北：自立晚報，1987：137-51。

[35] 張靜茹：《以林癡仙、連雅堂、洪棄生、周定山的上海經驗論其身分認同的追尋》，臺北：臺灣師範大學，2002：46。

則因場地難覓與文化協會陷入路線之爭而分裂等種種因素，俱未能開辦，致使中央書局竟成為中央俱樂部唯一付諸實現的文化事業。

　　莊垂勝對書店事業的興趣，起因於 1924 年日本明治大學畢業後遊滬的經驗。是時的上海，正是出版業最蓬勃的時候，讓莊垂勝心生羨慕，認為如果能引介這些書籍到臺灣，對臺灣文化的提升，必然幫助匪淺，於是留滬期間，他特別觀察書局的經營情況，並且和幾家大書局如商務印書館等接洽[36]。書局開辦以後，由中國大陸及日本採辦來的書刊共有三千餘種，如經濟、政治、社會學、思想、哲學、科學、戲劇、醫學、地理、歷史、小說、雜誌之類，無不悉數羅列。其外如各種教科書、字典、尺牘、書畫字帖、名畫匾聯，各種筆墨文具俱備。中央書局與同時期其他以販賣中文書為主的漢文書店不同之處，若就販賣的書種而論，在於他也很重視日文書籍，慧眼獨具的代銷東京岩波書店、京都弘文堂等一流書店，知識性、學術性的高品質書刊，因此就連日本人也趨之若鶩[37]。若就經營層面而論，當是他以營利公司的型態而非個人之力經營書店，因此創辦時資金就最為雄厚，且不乏學者、理財專家等的參與，因此當陸續發生 1931 年九一八事變、1937 年七七事變，政治壓力日益沉重，社會風氣日非，其他同類型書店都結束營業之際，他尚能苟延殘喘，保持待機；甚至臺灣光復後仍能幾番增資，力圖轉型振作，成立出版部門，嘗試出版教科書等等，雖然終不敵時代潮流之變化，但已堪稱不易。

(三) 雅堂書局

　　雅堂書店的創辦者連橫（號雅堂），是臺灣著名的歷史學家及詩人，也是《臺灣通史》的作者。文化協會於全臺各地大力舉辦文化提升活動時，連雅堂以其深厚的史學和漢學修養，擔任過第一回短期講習會（1923 年 9 月 11

[36] 莊永明：〈中部地區新文化的催生者莊垂勝〉，《臺灣近代名人志》（第四冊），臺北：自立晚報，1987：137-51。

[37] 洪炎秋：〈懷益友莊垂勝兄〉，《傳記文學》，1976，29(4)：80-7。

日-9 月 24 日，共 14 天）、高等漢文講習會、第一回夏季學校的講師[38]，雙方可謂關係深厚。1927 年 7 月連雅堂與友人黃春成合作開辦了雅堂書局，據黃春成的回憶，其開辦的動機是認為，當時雖已有了文化書局，但古籍方面尚付闕如，且提倡文化的事業是多多益善的，於是決定兩人各出資一半合營書局，對營業之利益，只求能維持經費，不敢奢望發財[39]。

從連雅堂的背景及創辦動機，可知雅堂書局與文化、中央不同之處，就在其更偏向舊學經典的引進，於保存漢學的目的上用力更深，故店內經史子集等線裝書的選擇，由連雅堂親任，成為雅堂書店的最大特色，不論質、量都無出其右；政治、經濟則由時在日本慶應大學經濟科就讀的連震東（連雅堂之子）負責，另由張維賢負責哲學、劇本，並共同決定思想方面及小說方技雜書等。主要採購對象同樣為上海的各大書局，如掃葉山房、千頃堂、商務、中華、北新、民智、泰東、世界等[40]。

為求拓展營業額，雅堂書店也兼售湖筆、徽墨、杭扇、宣箋等。不論是書籍或文房具，雅堂書局最為自豪者，乃是店內「清一色的國貨」（蔣渭水語），不售日文書籍，不賣日製的文房具。然而弔詭的是，雅堂書局原欲以舊學書籍為號召，吸引臺灣人共同復興漢學，因此連雅堂選書對象設定為本地的詩翁、文伯，豈料「事與心違」，日人的購買力反而強於臺胞，臺大和高校的教師每到書局都購買好幾部，數量多的，甚至需雇車運歸，或請書局代送[41]。因為觀書者多購書者少，生意冷清，加上庫存資金加壓過多，1929 年年底雅堂書局便結束營業，距開幕僅兩年有餘。

---

[38] 戴月芳：《臺灣文化協會》，臺中：莎士比亞文化事業，2007：26-8。

[39] 春丞：〈日據時期之中文書局〉，《連雅堂先生相關論著選集》（上），南投：臺灣省文獻委員會，1992：23-53。

[40] 張維賢：〈懷雅堂書局〉，《傳記文學》，1977，30(4)：24。

[41] 春丞：〈日據時期之中文書局〉，《連雅堂先生相關論著選集》（上），南投：臺灣省文獻委員會，1992：23-53。

(四) 國際書局

在 1920 年代出現的書局中，由謝雪紅創立的國際書局，是較為特殊的一個，它所販賣的書籍都是從日本訂購，所以雖是臺灣人所辦，卻是一家日文書店。謝雪紅的一生頗具傳奇性，出身窮苦工人家庭，1923 年在臺中加入文化協會，1928 年 4 月 15 日「日本共產黨臺灣民族支部」（舊臺共）在上海法租界召開成立大會，謝雪紅當選候補中央委員。然而「舊臺共」建立僅 10 天，謝雪紅等人便被日本領事館便衣警察秘密逮捕，隨後押往臺灣。由於證據不足，謝雪紅等人很快被釋放，獲釋不久的謝雪紅決定和楊克培、林日高，在臺北主持開設國際書局，作為共產黨的秘密聯絡機關[42]。

1929 年 2 月 5 日書局正式開業，地點就位在太平町文化書局的對面，雖然成立的目的是為掩護黨的活動，方便進行地下工作，但是招牌上一顆大大的紅星，卻又頗清楚地揭示了主事者的思想理念，以及書店肩負的特殊任務。書店標榜專門販賣進步的社會科學書籍，可是為了生存需要，後來也賣一些普通的社會科學圖書和一般資產階級觀點的雜誌，以及臺北醫專學校學生用的醫學書籍[43]。除開意識型態問題不談，從現今的角度觀之，這是一家定位清楚、走向明確的書店，通過引介社會主義思想，試圖提供另一條解決臺灣痛苦的思路和方法，是一家理想性格極高的書店。然而這正觸犯了總督府的大忌，因此從一開業就經常遭到搜查，書籍被沒收。1931 年 6 月，舊臺共機關遭日本警察破壞，謝雪紅、楊克煌等人在國際書局被捕，主持者既已入獄，書店自然也結束了其階段性的任務。

(五) 興文齋

臺南興文齋的創辦（1916）雖然早於文化協會的創立，但卻是另一家深

---

[42] 夏明星、蘇振蘭：〈首任臺盟中央主席謝雪紅〉，《黨史文苑》（紀實版），2006(5)：41-3。

[43] 謝雪紅口述、楊克煌筆錄：《我的半生記》，臺北：楊翠華，1997：292。

受文化協會理念影響，而決心以文化抗日，並積極參與左翼活動的書局。創辦人林占鰲在恩師蔡培火的介紹之下加入文化協會，立刻成為臺南地區的積極分子，位於臺南本町的興文齋也成為文協會員的聚會場所，以及新思想的傳播站。又因他想效法甘地的「不合作精神」，故以「五不主義」對抗日本的同化政策，亦即：一、不穿日本和服；二、不講日本話；三、不讀日本書；四、不改用日式名字；五、不經售日文書刊[44]，因此他的書局便成為一家專門販賣新思潮書刊的純漢文書店。

　　林占鰲因父母早亡，只念到公學校五年級便輟學，所以極為認同無產階級的運動，1929 年林占鰲支持「赤崁勞動青年會」發起的「反對中元普渡」革除陋習運動，收集了有關反對普渡、破除迷信的文章，並向全島徵稿，編印成《反普特刊》，由興文齋於 1930 年 9 月 4 日發行，以十五錢的低價銷售[45]。同年，興文齋書局又創辦了《赤道報》旬刊，以大眾文藝、左翼思潮、提倡女學為主，與臺灣社會的弱勢者、農民、勞工結合。發行的六期當中，就有 2、5 兩期，為日警檢肅查禁，中止發行[46]。《反普特刊》、《赤道報》都是日據時期臺灣少數左翼刊物，也樹立了興文齋不同於其他漢文書店的鮮明特色。

　　一直到光復之後，興文齋仍持續營業。1979 年林占鰲去世，1986 年林占鰲長媳謝淑貞將興文齋書局原址改為興文齋幼稚園[47]，七十年歷史的興文齋書局至此走入歷史。

　　對於文化書局和中央書局的設立，總督府警務局自始即採取警戒的態

---

[44] 夏文學：〈從臺灣甘地到現代武訓──林占鰲長老〉，基督教人物 [EB/OL]. [2012-5-30] http://www.pct.org.tw/article_peop.aspx?strBlockID=B00007&strContentID=C2007061400023&strDesc=&strSiteID=S001&strCTID=CT0005&strASP=article_peop.

[45] 柯喬文：〈漢文知識的建置：臺南州內的書局發展〉，《臺南大學人文研究學報》，2008，42(1)：67-88。

[46] 同上。

[47] 〈興文齋一路走來〉，塔普思酷魔力教育網，[EB/OL].[2016-12-12] http://www.topschool.com.tw/PopularSchool/PopularSchool_03_1.aspx?SC=200604120003&TYPE=school/

度，在《臺灣總督府警察沿革志》中即記載：「此等設施明顯以作為藉書籍、新聞、雜誌從事啟蒙運動的機關為目的，其所販賣、訂購的書籍，亦以中國出版有關思想、政治及社會問題者占大部分。[48]」那麼，1920 年代中期以後出現的啟蒙運動以及漢文書店熱潮，對蘭記書局是否產生影響？前一節提到1927 年蘭記書局欲引進商務印書館的國文教科書，卻慘遭沒收，似乎已側面回答了這個問題。

　　1901 年，清廷終於認知改革之必須與迫切，下詔設立新式學堂，並頒佈學堂章程，一時之間新式學堂紛起並立，一個足以決定出版社成敗的巨大教科書市場也隨之出現。各出版社為了站穩一席之地，莫不投入最佳資源，編纂各科新式教科書。到了 1919 年五四運動之後，在強大的新文化思潮推動之下，教育內涵更是為之丕變，文言文的教科書逐漸退場，代之而起的是以白話文為表達形式，以合乎科學和民主精神的知識為內容的教科書。這些完全不同於傳統蒙學教材的教科書，成為當時中國各大出版社的出書主體之一，而隨著新文化思潮跨海而來，在臺灣引發啟蒙運動、漢文復興運動。這些精心編纂的教科書，因為內容由淺入深、題材新穎、包羅萬象，成為當時民眾自學的最佳入門教材，因而大受歡迎。正如第二章第二節所言，臺灣當時的漢文教育，在官方公學校備受打壓，在民間書房又墨守傳統，因此當時的新知識分子普遍認為，只能通過新式教材，解決這個問題。如新文學運動健將黃朝琴即不斷建議有心研究者：「寄幾角錢到上海商務印書局買本教科書看看……保管他不久的中間，可以自由下筆，所煩惱的漢文，亦就通曉了。[49]」因此當以文化書局為首的漢文書店出現之時，教科書便成為重點銷售項目，市場需求亦大。從以下這則出現在 1924 年 11 月 30 日《漢文臺灣日日新報》的報導，略可見其一斑。

---

[48] 轉引自河原功作、黃英哲譯：〈戰前臺灣的日本書籍流通(上)──以三省堂為中心〉，《文學臺灣》，1998(27)：253-64。

[49] 黃朝琴：〈續漢文改革論──倡設臺灣白話文講習會〉，《臺灣》，1923，4(2)：21-8。

　　焚書冊數　一時盛由對岸輸入之上海及廈門地方所出版之小說、歷史物，及教科書類為主，書籍至昨今有相當之收入，然因稅關之檢閱嚴重，用小包郵便者著為減少，其他用汽船戎克船輸入者，亦多被禁止沒收，故到者漸稀。為是稅關係官之煩雜手數。近來稍減。此等書籍之出版來頭上海則廣益書局。商務書館。錦章圖書書房。廈門則會文堂。其種類頗多。其被禁止輸入充官燒却者。以壞亂風俗為第一位。次則有害於治安妨害。安寧秩序。其次則有妨害於治安者。寄自本年至最近燒却之數計二千七百餘圓。內教科書最多云。

　　此即為蘭記書局不斷陳情以圖進口商務《最新國文教科書》之背景，亦可見黃茂盛雖非文化協會會員，然社會潮流之所趨，亦難避免受新式漢文書店之影響。

　　黃茂盛在弄清問題的癥結後，遂參考大陸教科書，著手自行編撰適合本地需求及規定的《初學必需漢文讀本》，合計八冊。文字由淺而深，又附插圖，經審查再三屢受波折後，終在將第三冊第一課文改編為「天長節」（即日皇誕辰紀念日，時為昭和天皇，天長節為 4 月 29 日）之後，獲得出版許可。此書於 1928 年 9 月 30 日由蘭記圖書部發行，上海中正書局印刷，出版後極短時間內銷售一空，很快再版，其間甚至趁便將「天長節」一課偷偷抽掉，換成「讀書」[50]。《初學必需漢文讀本》的成功給予黃茂盛很大的信心，遂再接再厲，以黃松軒之名編纂《中學程度高級漢文讀本》，同樣共八冊，於 1930 年 4 月由蘭記圖書部發行，上海中正書局印刷。

　　進口教科書既困難重重，本土出版的自然大受歡迎，《初學必需漢文讀本》與《中學程度高級漢文讀本》可謂蘭記書局的奠基之作，出版後都多次再刷及重訂，不但讓蘭記書局聲名大噪，有了穩定的財務基礎，甚至引起他人覬覦、仿冒。1936 年 6 月 25 日《漢文臺灣日日新報》報導：

---

[50] 但 1937 年蔡哲人校正版本中，又改為「天長節」（詳見第五章第一節）。

　　嘉義市榮町蘭記圖書局黃茂盛。所有著作之初等實用漢文讀本。今回發覺被臺中市曙町六丁目四番地瑞成商店。以其店員許深溪之名義。作為自己之版權。複印成數千部。黃氏既託辯護士。於去二十二日。對嘉義署。告訴許深溪。以侵冒其著作之版權云。[51]

　　除了瑞成書局之外，目前可見尚有另一仿冒版本，是 1930 年由泉州石獅王源順發行的《共和新撰漢文教科書》。據蘭記書局第二代實際經營者黃陳瑞珠所述，黃茂盛曾為書店經營訂下三項原則：1.不賣盜版書或仿冒品；2.不賣黃色書刊；3.顧客至上，童叟無欺。可見黃茂盛已有強烈的著作權觀念，不但自己遵行，對於他人的侵權行為同樣不予寬貸，此堅持在當時殊為難得。至於第二項原則，蘭記書局開業初期，或因亟欲開拓市場、招徠讀者，而有媚世從俗之舉，但很快的黃茂盛便決定修正此項偏差，而在 1925 年 8 月蘭記書局自行編印發行之《圖書目錄》中刊登附告（一）云：

　　　本會從來備置諸小說中，不少風流豔籍，雖措辭細膩、用意纏棉，足供吾人消遣或添興趣，究其底蘊，多屬空中樓閣，哄動世人。際此文明世界、競爭時代，似不宜閱此無益之書，消費貴重時間，本會有鑒及此，又值開業一周，特將從前所備諸小說中，凡涉香豔猥褻者，一律刪除，易以益世善書參考良本，以應加入者高覽。想亦諸君子所贊同，特此奉告，並望此後索書，可依本目錄所載名目指下，當即如命寄呈。[52]

---

[51] 瑞成書局於 1934 年出版《初等實用漢文讀本》，1935 年出版《中學程度高等漢文讀本》，其冊數、內容、編排與蘭記書局版完全相同，僅校正目錄錯字。許深溪為瑞成書局創辦人許克綏堂弟。參見賴崇仁：《臺中瑞成書局及其歌仔冊研究》，臺中：逢甲大學，2005。第二章附錄。蘇全正：〈日治時代臺灣漢文讀本的出版與流通──以嘉義蘭記圖書部為例〉，顏尚文：《嘉義研究：社會、文化專輯》，嘉義：中正大學臺灣人文研究中心，2008：303-78。

[52] 〈附告(一)〉，《圖書目錄》，嘉義：蘭記圖書部，1925：41。

　　繼 1928 年《初學必需漢文讀本》的成功，在蘭記書局發展初期，多次捐贈善書請漢籍流通會代為贈送，也多次金援蘭記書局的陳江山，1929 年為重整道德、勸人為善，自行著作《精神錄》一書，並捐資委由蘭記書局印發免費贈送，第一版即印行 5,000 本。結果此書大受歡迎，經由免費贈送樹立了口碑，主動索取者亦甚多。1934 年第四版書後黃茂盛說：「行世以來，未及周星，而索閱者已達三千餘人。居島內者固勿論，更有遠自南洋暹羅，英領之香港；中國之安徽、湖南、江蘇、上海、汕頭、廈門等處，亦有函索者。[53]」《精神錄》是非賣品，印行量全靠理念相同者捐資助印或大量購買再轉贈，如黃茂盛本人第二版印贈 2,000 部、第四版印贈 1,000 部、第六版印贈 1,000 部；或如第三版是由上海沈樂記印贈 1,000 部，中國良心崇善會印贈 500 部[54]；又如福建陳常堅來信曰：「貴局陳江山先生所著精神錄一書，閱之真令人愛不忍釋，茲欲先向尊處購買貳百冊……」。在《祝皇紀貳千六百年彰化崇文社紀念詩集》有《陳江山先生傳》，談及此書稱：「手著一書。名曰精神錄。自己先後印送八千兩百部風行海內外。致書稱讚者三千餘通。聲明提出印刷費者。其部數一萬八千八百部。合計兩萬七千部。[55]」

---

[53] 黃茂盛：〈書後〉，《精神錄》(四版)，嘉義：蘭記圖書部，1934：48。

[54] 依照第四版書後《精神錄印贈者芳名》的統計，圖 3-1 應為第四版助印名單。

[55] 〈陳江山先生傳〉，《祝皇紀貳千六百年彰化崇文社紀念詩集》，彰化：彰化崇文社，1940：2-3。

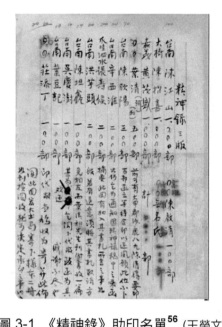

圖 3-1　《精神錄》助印名單[56] (王榮文提供)

　　根據臺南縣李勝峰 1999 年印贈的第九版紀錄，此書共印行了 62,600 部，但蘭記書局史料所藏第六版的版權頁上，另寫有黃振文、黃振火各捐贈 500 本的紀錄，因此合計 70 年來共發行 63,600 本，有譽其為「臺灣第一本暢銷書」者[57]。但除蘭記書局版本之外，在版權頁「歡迎複印」的宣告下，亦有不少自行翻印贈送者，如光復後的 1977 年 6 月，屏東市劉鴻模委由太陽城出版社印刷 2,000 冊，其在書前〈本書翻印簡介〉中說明：

　　「本『精神錄』原系臺南陳江山（岷源）先生所作，值得人人深省之良書，日據時期有一段時日不許閱讀漢文（即今之國文），當時余密藏作為做人做事之南針，鑒於目前世道炎涼，道德倫常之風日下，但因財力有限，茲僅翻印 2 千部贈送，原版尚存，歡迎翻印，以廣流

---

[56]　蘭記書局史料。

[57]　簡瑞榮編纂：《嘉義市志‧ 卷九‧藝術文化志》，嘉義：嘉義市政府，2002：225。

傳、功德當遺於子孫也。[58]」

　　可見此書影響深植人心，歷時不衰，對宣揚道德積善貢獻之大。而加入這些自行翻印者，《精神錄》的確切發行量將更為可觀。

　　蘭記書局作為《精神錄》的出版者，書後皆附加蘭記書局圖書廣告，隨著此書發行數量不斷增加，流通範圍廣達中國大陸各地，甚至南洋地區，蘭記書局名聲事業也達到顛峰鼎盛期。當大陸貨品運到，嘉義郵局之送貨卡車整日往返奔波，裝箱之圖書、文具、圖片等等鑲銅邊的木箱，除自家店面外，更堆滿左鄰右舍的騎樓，讓一帶店家之顧客步履維艱，幾位店員為避免妨害左右店家白天的生意，常徹夜分裝批發忙到清晨[59]。

表 3-1 《精神錄》再版一覽表[60]

	版次	出版時間	部數	印贈者
蘭記書局版本	一	1929.1.15	5,000	陳江山
	二	1930.6.25	8,000	屏東王加志等 19 人
	三	1934.4.4	1,500	上海沈樂記 中國良心崇善會
	四	1934.12.10	5,800	大樹陳招喜等 14 人
	五	1937.2.28	6,700	鬥南葉清河等 26 人
	六	1961.12.30	17,100	嘉義陳玉珍等 23 人
	七	1977.6[61]	8,500	鹽水李看等 11 人

---

[58] 劉鴻模：〈本書翻印簡介〉，陳江山《精神錄》，屏東：太陽城，1977：1。

[59] 黃陳瑞珠著、陳昆堂整理：〈蘭記書局創辦人黃茂盛的故事〉，文訊雜誌社。《記憶裡的幽香——嘉義蘭記書局史料論文集》，臺北：文訊雜誌社，2007：3-8。

[60] 筆者根據《精神錄》各版本整理製表。

[61] 《精神錄》第七版時間，依據第九版版權頁所示為 1977.6，但書前由黃茂盛於「民國甲辰（1964）」所撰的《陳江山先生略傳》，內已有「民國十八年。手著《精神錄》。印送海內外。再版七次。計達五萬餘部。」之語，似又應在 1964 年之前。

版次	出版時間	部數	印贈者
八	未標示	5,000	歸仁李勝峰
	1993	500	嘉義黃振文
	1994	500	中壢黃振火
九	1999.8	5,000	歸仁李勝峰
其他知見版本	1960		出版地出版者不詳
	1975.8		天恩堂
	1977.6	2,000	屏東市劉鴻模
	1990[62]	2,000	陳河海等 24 人
	未標示	未標示	版存大高雄佛教文物中心

　　此時期的蘭記書局業務項目也不斷擴張，除了銷售圖書及自行出版外，陸續成為多本雜誌報刊的經銷商，包括：1930 年 12 月 26 日成為通俗文藝雜誌《三六九小報》的經銷商、1931 年 5 月 15 日成為《詩報》經銷商、1932年成為帶有臺灣地方自治聯盟色彩的中文半月刊《南音》的販賣所、1936 年成為全島性文藝組織臺灣文藝聯盟機關刊物《臺灣文藝》的代銷處。但就在業務蒸蒸日上之時，蘭記書局卻面臨了第二次的重大危機。1934 年 2 月 10日，嘉義市發生火災，大火延燒五個小時以上，大約有 30 餘間店鋪、住家遭到焚毀，蘭記書局也被波及（榮町一丁目 71 號）。此次大火災情之慘重，為嘉義地區少見，因此各報皆有大篇幅報導，《漢文臺灣日日新報》更自 2 月11 日起，接連三天都有後續報導。2 月 13 日《漢文臺灣日日新報》報導形容其慘狀：「此番火災。稱 27 年來未有大火。且古曆年關在即。地租納期。被害者中。或因殘品不能搬出。目擊心傷暈倒現場。幸被救起者。或夫婦子女。相抱呼號者。為狀至慘。令人不忍仰視。」並詳列出各受害店家的損失金額，其中蘭記書局為：「蘭記圖書部。書籍一萬五千圓。家具三千圓。保險一萬圓。一說被害額過多。」相較於其他諸店家，蘭記書局受害極為嚴重，也因

---

[62] 筆者所見已是該版本的第四版。

此引發損失金額過多的疑慮，幸得曾投保千代田火災險一萬元，多少降低了一些金錢損失。然而黃茂盛因年少失學，深知其苦，曾立志設立「蘭記圖書館」，供民眾自修、研讀之用，於是自早期便將蘭記書局發行或經售之書籍每種留下一冊，蓋上「私立蘭記圖書館藏書」印並編號，交代店員整理、收藏，以備日後之用[63]。但這番大火卻將歷來所藏之書燒燬殆盡，此種金錢無法彌補的損失更為巨大，更令人惋惜。

圖 3-2 「私立蘭記圖書館藏書」印[64] (王榮文提供)

遭逢巨變的黃茂盛，雖曾有放棄繼續經營蘭記書局的念頭，但蘭記書局遭祝融之災的消息傳出後，包括林夢庚、蔡哲人、林媽鉗、高壽峰、趙劍泉、張淑子、陳裕益、李青山、黃臥松、黃茂源，甚至日人清水三郎等各地友人，紛紛致信黃茂盛慰問鼓勵，甚至繼續向其訂購圖書，因此黃茂盛很快便決定復業。2 月 23 日黃茂盛寫給上海某書局文彬先生的信中說到：

---

[63] 黃陳瑞珠著、陳昆堂整理：〈蘭記書局創辦人黃茂盛的故事〉，文訊雜誌社。《記憶裡的幽香——嘉義蘭記書局史料論文集》，臺北：文訊雜誌社，2007：3-8。

[64] 蘭記書局史料。

　　不意禍從天降，本月十日鄰家失火延燒敝局，萬餘金之商品盡付一炬，痛恨奚如。本欲從此罷業，弟念十數年苦心經營，基礎已固，且各方面期望方殷，實屬可惜，因決定繼續營業。[65]

另如 2 月 26 日寫給大東南書局啟文先生的信中稱：

　　不意本月十日禍從天降，因鄰家失火敝號累燒竟盡，損失約有萬金，十數載苦心經營一旦付之烏有，徒喚奈何。本欲從此罷業，乃承諸同志慫恿，需再繼續維持文化於不墜，且各方面逐日函購書籍者源源不絕，情不可卻，已決定三月中旬再行繼續開業。[66]

　　決定復業的黃茂盛首先另租了大通路羅山館跡作為臨時營業場所，一年之後的 1935 年 3 月 29 日，《三六九小報》頭版上就出現了蘭記書局「新築落成紀念」的廣告，地址是「榮町大通臺灣銀行前」。蘭記書局以新築落成為由，大打特價廣告：「新式標點書……特售三折；著名新小說……特售四折」，期間延續到同年 8 月 9 日，長達近半年，可見其頗具商業操作之手段。至於遭焚燬的書籍如何與出版社結算，似可分為兩種情況，一是蘭記書局主動訂購者，如 2 月 23 日致文斌先生信中，黃茂盛僅請求重新整理帳目，將欠款金額算清記載，往後發貨就當重新往來，並已匯五百大洋訂購新品。但也不忘請同業資助重新開業之所需：「此次敝號損失之巨，倘蒙俯賜同情，乞以另紙記載貴局出版書約百八十元之貨惠下，以資補助，即感載隆情不忘。」第二種是對方自行寄來託售之書，則另有一番處置，如上述 2 月 26 日寄大東南書局信中，對於對方催還帳款，黃茂盛先是表明貨品並非蘭記書局訂貨，而是對方自行寄來託售，銷量不佳，本欲寄還，豈料發生火災，全遭焚燬，因此：

[65] 〈黃茂盛致文斌先生信〉，1934-2-23，蘭記書局史料。
[66] 〈黃茂盛致大東南書局啟文先生信〉，1934-2-26，蘭記書局史料。

……以上情形倘蒙先生鑒諒，賜與同情，望將前帳做完，勿再提起。此後重新交易，定有利潤，亦可取償也。試問此區區之款，敝號當時豈無利可完乎？實因來貨非敝號所添，乃尊處自配者，敝不能墊款故耳，否即迭承催討，對於良心亦過意不去也。[67]

後於 6 月 20 日寄上海久義書局的信件中也說：

關於尊處寄來連環圖書，因不合敝號銷途，本欲寄回，礙於郵費非少，故暫存收樓上，候示轉交他家發售……尊貨被焚既屬不可抗力，敝原無負責之必要……第念貴局深信敝號，寄貨託售無非冀獲利益，今歸烏有亦復可憐同情者，故願支出三十元，藉資補貼成本之半，尊意如何乞即示覆。倘不以為然，即聽之法律可也。彼此同業互相體貼，來日方長，若有合銷之出版物，大宗添配未必無可相補也……。[68]

由此兩信可知黃茂盛處理託售書籍方式頗為一致，一方面強硬表明書籍並非蘭記書局所訂，且銷路不佳，本不欲再賣，不幸被焚也非自己責任，希望前帳就此結清；一方面以軟性要求，請對方體諒其遭遇困境，將希望寄託於未來長久的合作。可謂「軟硬兼施」、「不卑不亢」，讓人很難不接受。從此可以看出，黃茂盛處理蘭記書局大火危機相當明快，該認之帳款全部認下，不該認之帳款，請對方共體時艱，各退一步認賠；以現金新訂書籍之外，也請對方免費提供一定金額書籍、略作貼補贊助；店面重建完成後，進行長時間的打折促銷活動，吸引顧客回籠，也增加營業額。凡此種種顯示了黃茂盛堅持文化理念之外，亦富有精明的商業頭腦及過人的談判能力。因此大火之後的蘭記書局不但能維持局面，甚至繼續擴大營業，在 1935 年 10 月 27 日《漢

[67] 〈黃茂盛致大東南書局啟文先生信〉，1934-2-26，蘭記書局史料。
[68] 〈黃茂盛致上海久義書局信〉，1934-6-20，蘭記書局史料。

文臺灣日日新報》「贈送善書」消息欄中，出現了蘭記書局在臺北市太平町三丁目大世界戲院對面新設出張所（營業處）的訊息，而 1935 年 10 月 12 日到 11 月 30 日舉行的「臺南興文齋書局暨嘉義蘭記書局聯合大廉賣」，便是在此舉行。可見以往偏重南部地區活動的蘭記書局，也開始往北部地區發展。

　　然而，個人的戮力維持，實在難與大局走勢違抗。進入 30 年代之後，受到中日兩國交戰影響，臺灣自大陸輸入的書籍出版物逐年減少，1930 年仍有 209 萬餘冊，1932 年上海事變之後，驟減至不及 77 萬冊，1934 年後已經不到 60 萬冊[69]。以販賣大陸進口書籍為最大宗業務的蘭記書局，也不得不於 1937 年 8 月 25 日發出一則公告：

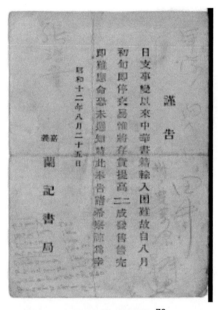

謹　　告

　　日支事變以來，中華書籍輸入困難，故自八月初旬即停交易，惟將存貨提高二三成發售，售完即難應命。恐未週知，特此奉告，諸希察諒為幸。

昭和十二年八月二十五日

嘉義蘭記書局

圖 3-3　蘭記書局謹告[70]（王榮文提供）

---

[69] 井出季和太：《臺灣治績志》，臺北：南天，1997：81。

[70] 蘭記書局史料。

　　「輸入困難」可能原因有二，一是交通斷絕，一是總督府禁止。無論如何，銷售大陸進口漢文圖書是蘭記書局最主要的業務，如今被迫停止，對其影響可想而知。另一方面，總督府殖民政策進入皇民化時期，強力推行國語運動，禁止漢文，本土的漢文圖書出版也幾乎陷入停滯的谷底狀態。如第二章第一節所述，此時期日本政府一方面加強思想控制，從內容上進行嚴密控管；一方面從物資供應及出版體制兩方面，緊縮言論自由。跟隨日本內地的統制措施，臺灣也於 1942 年成立「臺灣出版協會」，會員 64 名，獲得出版用紙的統制權；1943 年「臺灣出版協會」升高等級為「臺灣出版會」。為趁機統整出版業者，臺灣出版會嚴格審查入會資格，12 月 18 日召開創立大會，後經一次會員增補，最終共有第一種會員（出版業者）69 名，第二種會員（出版相關團體，主要為官方周邊團體）26 名。在第一種 69 名會員中，日本人占 50 名，臺灣人僅占 19 名，蘭記書局即為其中之一[71]。依據當時出版物版權頁標示，蘭記書局在臺灣出版會的會員編號為 23 號。蘭記書局能通過嚴格的審查成為「臺灣出版會」會員，確保了在戰爭時期能繼續出版業務的資格，相較於積極申請入會卻未能獲准的嘉義捷發書局，可謂幸運。亦可見其平日之作為，應屬守法穩重之輩，才能獲得日方之信任。不僅如此，從中越榮二[72]使用臺灣出版會信箋寫給黃茂盛的信中，可以看出臺灣出版會頗倚重黃茂盛在南部地區的聲望，希望他能擔任日、臺間協調者的角色。

　　蘭記書局大鑒
　　　　此前之貴寶地出差備受關照，感激萬分，特別是您在百忙之中出

---

[71] 河原功：〈臺灣出版會與蘭記書局〉，文訊雜誌社。《記憶裡的幽香——嘉義蘭記書局史料論文集》，臺北：文訊雜誌社，2007：55-71。

[72] 據河原功調查，1944 年版的《臺灣總督府及所屬官署職員錄》中記載，中越榮二一開始任職於交通局遞信部監理課，兼任於情報課，其後是否至情報課專任則不明。詳見河原功：〈臺灣出版會與蘭記書局〉，文訊雜誌社。《記憶裡的幽香——嘉義蘭記書局史料論文集》，臺北：文訊雜誌社，2007：55-71。

示種種珍品，鑒賞之樂自不待言。回程前未及道謝深感遺憾，在此謹再度致上誠摯謝意。

　　信封中的十七圓三十錢，是之前預付的車資，請還給許應元之子。

　　另外，捷發申請入會案，請您代為說明以下理由：

　　一、開始整理出版業是未來方針。

　　二、將來勢必無法允許不諳國語者經營出版業。

　　三、即使許應元能獲准入會，但漢文出版物的審查十分嚴格，大抵皆不獲許可，入會意義不大。

　　四、雖然十分同情許應元氏的立場，但如上所述，希望他能暫待時機行事。

　　另外，可考慮對臺南以及嘉義市內的出版業者（如人數過少，可將書籍零售業也列入）召開懇談會。會中希望能談及與日配間的交涉、零售業同業公會間的商議等。還有，麻煩您關照玉珍書局了，關於玉珍的業務，還請您給予他們充分的指導。

六月十九日

臺北市大安十二甲二七七

中越榮二

　　從這封信中可看出：其一，兩人素有交情，平日即保持良好關係；其二，從「無法允許不諳國語者經營出版業」、「對於漢文出版物的審查十分嚴格，大抵皆不獲許可」的原則，蘭記書局的漢文出版業務亦必受到壓制；其三，蘭記書局顯然被官方視為南部地區的領導角色，賦予其勸解捷發、輔導玉珍、召開出版業者的懇談會的任務，皆顯示了日方對蘭記書局的信任及對其能力的肯定。

　　除此之外，臺灣出版界於 1943 年 2 月 20 日，基於「本島一般出版物定期刊物的著作、編輯與發行，以及出版文化的研究調查和與其普及相關事業」

三、衰退與結束

　　1945 年 8 月 14 日正午，日本裕仁天皇通過廣播發表「停戰詔書」，8 月 15 日，日本政府宣佈無條件投降；10 月 25 日，中國戰區臺灣省受降儀式在臺北市公會堂（今中山堂）舉行。日本原臺灣總督兼第十方面軍司令官安藤利吉向臺灣受降主官陳儀遞呈投降書，然後陳儀發佈廣播演說，宣佈「從今天起，臺灣及其附屬島嶼及澎湖列島正式重入中國版圖，所有一切土地人民政事，皆已置於中華民國國民政府主權之下。這種具有歷史意義的事實，本人特報告給中國全體同胞及世界周知」[75]。臺灣五十年的殖民歷史，到此正式結束。

　　重回中國懷抱的臺灣民眾，遇到了再一次的語言衝擊。經過殖民政府 50 年來不懈怠的推行國語運動，光復初期臺灣年輕一輩幾乎只會說日語，知識分子討論正式問題時也必須使用日語的情況，已如第二章第二節所述。因此 1945 年 9 月 4 日由國民政府主席蔣中正，對臺灣民眾發佈的「國民政府佈告」，竟是以日文書寫，似也不足為奇了。

圖 3-5　國民政府佈告[76]（王榮文提供）

---

[75] 張瑞成：《光復臺灣之籌劃與受降接收》，臺北：國民黨黨史會，1990：201-2

[76] 蘭記書局史料。

　　然而，臺灣光復伊始，政府就已決意在臺灣推行國語教育，此時所謂「國語」，乃指「北京語」，和臺灣人習用的閩南語、客家話、原住民語等，屬不同的語系。國民政府的用意，無非是希望已受 50 年殖民統治的臺灣人，能藉由和中央一致的語言文化，成為一個實質上也統一的國家。對臺灣民眾而言，廢除日語之後，並非恢復父祖輩使用的母語，而是學習一種幾乎全新的語言，只是和被迫學習日語，心態上截然不同。事實上，早在日本政府宣佈投降，而中央政府接收人員還未抵臺的時候，全臺灣就已掀起一股學習國語的熱潮，到處掛著補習國語的招牌。1937 年即由中國來臺，在臺北帝國大學醫學部及其他學校教授中國語文的「北京先生」徐征，光復後的國語課更受歡迎，堂堂爆滿，當時永樂座戲院老闆甚至開放戲院作為教室，讓徐征授課[77]。只是當時島中如徐征般真正熟諳標準國語者不多，因而也產生許多亂象，傳授國語的人形形色色，所用教材和教法五花八門，有些以訛傳訛，不知誰是誰非，讓學習的人有無所適從的疑惑[78]。即連學校中的老師們也是「上午批來下午賣」（臺語俗諺，現學現賣之意），每天早上跟著廣播教學節目學國語，轉身再到學校教給學生[79]。就在這人人學國語的熱潮和混亂中，蘭記書局又迎來了另一個高峰。

　　光復後成立的臺灣行政長官公署，確立了「行政不中斷、工廠不停工、學校不停課」的基本原則，所以 8 月 15 日以後，所有學校仍在原有制度下繼續教學活動。然而日文教科書已經停用，國語教科書又準備不及，於是蘭記書局在日據時期出版的《初學必需漢文讀本》，就在此時獲各地教育會議決採用為小學代用教科書。據蘭記書局 1945 年 12 月發佈的徵訂啟示，《初學必需

---

[77] 〈228 教育界受難者紀念展開展　外省受難教師家屬感性憶往〉，台北市文化局，[EB/OL].
[2016-12-12]
https://www.culture.gov.taipei/frontsite/cms/newsAction.do?method=viewContentDetail&iscancel=true
&contentId=OTEzMQ==&subMenuId=603

[78] 李西勳：〈臺灣光復初期推行國語運動情形〉，《臺灣文獻》，1995，46(3)：173-208。

[79] 張良澤：〈臺灣光復初期的小學國語教本——兼談當時臺胞的「國語熱」〉，《中國時報》，1977-10-26。

繪圖國文讀本》「自民國十七年（昭和三年，1928）發行以來，年銷數萬部，再版十數次。」而此次則「趕印十萬部，以應學校之教讀」。

圖 3-6　《初學必需繪圖國文讀本》
徵訂啟示[80]（王榮文提供）

　　但十萬部之數顯然仍不敷全島學校所需，以及民間熱切學習國語而出現的新一波國語教科書市場，各種盜印仿冒版本紛紛出現。杜建坊收藏有多種此時出現在坊間的「國文讀本」版本，內文完全一致，只是編排方式略有不同，出版社遍及臺灣北中南部[81]。甚至連隸屬政府的臺灣新生教育會[82]也抄襲出版了《初等國文》。其中尤鏡明編輯的《初學必由國文讀本》（屏東市，源勝制材所，1945）《自序》中即坦言：

　　　　然大東亞戰爭一告終焉，我臺灣意皈還祖國，而五十年不曾問及

---

[80] 蘭記書局史料。

[81] 王順隆：〈從近百年的臺灣閩南語教育探討臺灣的語言社會〉，《臺灣文獻》，1995，46(3)：109-72。

[82] 「臺灣教育新生會」是政權移交過渡時期的組織，為期僅八個月。參見李永志：〈臺灣教育會史的轉折──臺灣新生教育會與杜聰明的故事〉，《臺灣教育》，2012(674)：81-4。

漢文之青年男女，如聞青天霹靂，無不痛感不識漢字之非，頓生加速研究之熱。於是乎四處搜求良書而不獲見之形影，咸正渴望良書及早出現，以為初學者指南針也。僕有見及此，爰不殫煩，由劫餘鄰架中搜出《初學必需漢文讀本》一部，乃為檢點……僕不敏，以為有此良書不可自私，且思為我民族、民生計，爰撥冗代為謄寫付梓，使於漢文普及上、民族教化上，稍有貢獻則幸甚矣。[83]

　　或許正因其出發點為「為我民族、民生計」之「不可自私」之心，也或許單憑蘭記書局之力的確供不應求，無力他顧，曾在1936年堅持對瑞成許深溪提出侵冒著作版權之訴的黃茂盛，此次並不計較，版權任由侵害翻印也不追究，以求釋解教科書欠缺情形[84]。

　　1939年出生的張良澤，1946年（光復一年後）入小學就讀，所用教科書便是蘭記書局出版的《初級漢文讀本》。據其回憶，當時的老師們「懂北京官話的便以國語教，懂閩南話的便以閩南音念，客屬則以粵語讀。[85]」雖然張良澤只讀完第一冊，二年級時就改換正式課本，然而他在四十五歲出版的自傳中曾提到，到當時他還能用臺語背誦第一冊第一課的課文：「人。人有二手，一手五指，兩手十指。指有節，能伸屈…。[86]」臺灣省教育處編印的正式課本《國民學校暫用國語課本甲篇》，於1946年2月開始交付學校使用，但因為經費不足，遲至1948年春季之後，所有的學校才取得新式的國定課本[87]。蘭記書局的《初級漢文讀本》在這段期間填補了國語教科書的空白，其意義早已超越了龐大的印行量，而在歷史上留下一頁。

---

[83] 轉引自蘇全正：〈蘭記編印之漢文讀本的出版與流通〉，文訊雜誌社。《記憶裡的幽香——嘉義蘭記書局史料論文集》，臺北：文訊雜誌社，2007：149-77。

[84] 黃陳瑞珠著、陳昆堂整理：〈蘭記書局創辦人黃茂盛的故事〉，文訊雜誌社。《記憶裡的幽香——嘉義蘭記書局史料論文集》，臺北：文訊雜誌社，2007：3-8。

[85] 張良澤：〈臺灣光復初期的小學國語教本——兼談當時臺胞的「國語熱」〉，《中國時報》，1977-10-26。

[86] 張良澤：《四十五自述：我的文學歷程》，臺北：前衛，1988：14。

[87] 王順隆：〈從近百年的臺灣閩南語教育探討臺灣的語言社會〉，《臺灣文獻》，1995，46(3)：109-72。

　　蘭記書局雖然在光復之初，因為教科書轉換的斷層而得到一時繁榮，但這特殊狀態並未維持太久，蘭記書局接下來面對的考驗，是源於政權交替而丕變的出版環境。光復初期圖書出版環境惡劣，最大原因自然是戰爭中損傷過重，物資缺乏，戰爭後百業待舉，社會情形又受大陸局勢影響，一直處於動盪不安的狀態。但是對於日據時期的「漢文書店」，其最大的危機尚不在此，而是隱藏於漢文圖書解禁的背景之下。表面上，日據時期加諸漢文書店的種種不利因素，如漢文的壓抑禁止、漢文圖書的出版檢閱、進口漢文圖書的審查，一夕之間都消失了，且人人陷入學習漢文的狂熱之中，似乎正是漢文書店可以大展抱負之時。但事實上，它面臨的卻是因為種種限制而形成的，非常集中且明確的小眾市場，因為開放而被完全稀釋。日據時期因為日、漢兩種語言並行，而有了「日文書店／漢文書店」，「日文出版／漢文出版」兩個並行的領域，雖不至於涇渭分明到對立的狀態，但在強勢的日文環境中「維繫漢學命脈」，的確是漢文書店向來高舉的旗幟。如連橫的雅堂書局、林占鼇的興文齋，甚至以「絕不販賣日文書」為標榜。即如蘭記書局，雖亦兼出版及販賣日文書，但其最被清楚指認的形象仍是「經售中華全國古今書籍」、「專辦中華各種書籍」，非常清晰的定位及訴求，且正因漢文書店數量稀少，對讀者來說選擇少，對書店而言競爭對手少，足以吸引及培養一群忠誠的顧客；加上其掌握了從大陸進口書籍的管道，擔任在臺灣批發的角色，故而可以形成一個供需穩定的系統，力求發展。然而臺灣光復之後，這個系統立即解體，主要是產生了兩個強勁的對手。

　　首先，日本戰敗之後，原來由日本人經營的日文書店，為避免被國民政府接收，紛紛改店名為中國名、經營權讓渡給臺灣人、出版中文書。例如規模最大的新高堂，1945 年 12 月更名為「東方出版社」，一度為臺北市長游彌堅派人租下，1951 年由林呈祿繼任董事長，以出版兒童讀物為主，延續至今[88]。

---

[88] 蔡盛琦：〈新高堂書店：日治時期臺灣最大的書店〉，《國立中央圖書館臺灣分館館刊》，2003，9(4)：36-42。

又如東都書籍臺北支店改登記在黃廷富名下，店名改為「東寧書店」，並應對新時代需要，出版蔣中正《新生活運動綱要》、孫文《三民主義研究》、《孫中山先生傳》、《初級華語會話》等書[89]。這些一流的日文書店經營方向改弦更張之後，不但立刻讓日據時期的「漢文」書店，失去特殊地位，且因其原本規模龐大、資金雄厚，又多位於政經中心臺北，實非蘭記書局等個人資本的小型書局可以望其項背。

其二，日據時期與蘭記書局合作的老字號大陸出版社，紛紛來臺設立分店，1947 年由商務印書館、中華書局打頭陣，1948 年啟明書局隨之，1949 年世界書局、正中書局都在臺北設立了分支機構。之後國民政府遷臺，這些分店也脫離總館，開始在臺灣獨立運作，蘭記書局因此完全失去其在臺代理商的功能，而退化成銷售端點之一。對那些未能來臺的出版社，因為兩岸交通徹底斷絕，蘭記書局也無法再行進口。就書籍的銷售業務而言，蘭記書局除了自己的出版物之外，已無法獲得特殊的貨源，而只能和其他出版社一樣，銷售島內出版社出版的書籍。簡言之，管制解除後的蘭記書局，在群起的新競爭者之中，反而失去其獨特性及利基。而讀者們雖然日益增加，但隨處可見且販賣內容大同小異的書店，讓原先固定的顧客群也失去忠誠的理由，會以地利之便作為購書的首要考慮。因此，蘭記書局光復後業務範圍縮減，退回地區性質書店，亦是時代變遷中無可奈何之事。

1947 年蘭記書局地址從日據時代的「榮町二丁目 70 番地」更名為光復後的「中山路 213 號」，具體標誌了一個時代的轉換。1952 年，黃茂盛 52 歲時決定退出蘭記書局經營，理由是 1.次子振文（1927 年生）學成返鄉，才識頗堪重任，而年輕一代嶄新的經營方式頗適合時代需要，是以安心交棒；2.母親年事已高，為奉養其安度餘年，決定退休，早晚隨侍在側[90]。1955 年黃

---

[89] 河原功作、黃英哲譯：〈戰前臺灣的日本書籍流通(下)——以三省堂為中心〉，《文學臺灣》，1999(29)：206-25。

[90] 黃陳瑞珠著、陳昆堂整理：〈蘭記書局創辦人黃茂盛的故事〉，文訊雜誌社。《記憶裡的幽香——嘉義蘭記書局史料論文集》，臺北：文訊雜誌社，2007：3-8。

振文與陳瑞珠結婚，婚後陳瑞珠逐漸接手蘭記書局經營，成為第三任經營者。雖然黃茂盛交棒時已體認到新時代需要新的經營方式，但是第二代接手之後，蘭記書局反而越趨保守，已不見在報刊雜誌刊登廣告等積極的行銷作為；亦不見黃茂盛時代與文化界人士密切交遊，開拓人脈與新書稿源等事，故此後蘭記書局新出版圖書只有 1958 年文心的《千歲檜》一書。文心本名許炳成（1930-1987），嘉義市人，其父在嘉義市經營「逢源印刷所」，是戰後第一代小說家兼電視劇作家，1958 年小說《生死戀》獲得《自由談》雜誌元旦徵文第一名後，以獎金自費出版了小說《千歲檜》，並獲得臺北西區扶輪社第四屆文學獎[91]。從文心與蘭記書局經營者為同鄉、同業，且係自費出版此書看來，蘭記書局當時似乎已無一般出版社爭取作家、經銷發行的常態運作能力，而只是代友人將文稿製作成書的單一事件而已。

　　所幸此時書局的經營情形尚佳，因為蘭記書局所在位置，靠近嘉義火車站，自日據時期就是最繁華的路段（「大通」即為最大的馬路之意），毀於戰火的店面，戰後迅速重建為三層樓建築，一樓店面，二樓住家，三樓存放書籍，是當時嘉義市規模最大的書店；且黃陳瑞珠經營書店十分盡心，只要是顧客託蘭記書局代找的書，她一定盡力，故嘉義人買書、找書，幾乎都會想到蘭記書局。嗣後又因文具禮品銷路較佳，隔出一半店面專賣文具禮品，嘉義美軍招待所的美軍回國前，常來光顧、選購禮品[92]。因此，蘭記書局的店面生意在戰後仍維持了一段不錯的時光，最多時曾雇請了四名店員，謝炳榮 16 歲起便在蘭記書局幫忙，73 歲因病去世，奉獻了 53 年以上的歲月予蘭記書局；另一位王天生也在蘭記書局工作 38 年以上[93]；加上兩位女性店員，共同維持蘭記書局的日常運作。只不過此時的蘭記書局僅是守成而已，再無力開拓新局了。

---

[91] 吳佳容：《文心（許炳成）生平及其作品研究》，嘉義：中正大學，2004：14-7。

[92] 蔡盛琦：〈黃陳瑞珠女士與蘭記書局——訪談吳明淳女士〉，文訊雜誌社。《記憶裡的幽香——嘉義蘭記書局史料論文集》，臺北：文訊雜誌社，2007：19-25。

[93] 柯喬文：《《三六九小報》古典小說研究》，嘉義：南華大學，2004：258。

　　1978 年 11 月 3 日，蘭記書局創辦人黃茂盛逝世，享年 77 歲。他的去世，象徵著一種典型的消逝，也象徵著時間之輪從不停頓，只會開啟又一個的新時代。經過 20 餘年的準備期，70 年代開始，臺灣社會產生了很大的變化。最重要的是在經濟上，臺灣在 1973 年從事工業的就業人口（33.7%），首度超越了農業（30.5%），邁入工業社會之列，並在 80 年代以後轉化為大眾社會[94]。大眾社會的特徵包括：1.國民所得增加；2.社會流動性更頻繁；3.閒暇時間增多；4.財富分配及各種機會平等化；5.傳播、教育、交通等的發展；6.職業專門化及個性所能發揮的領域縮小化等等[95]。此外在教育上，臺灣政府自 1968 年起實施九年國民義務教育，成果在 70 年代以後逐漸浮現，教育水平快速且大幅度提高，1979 年全國 6 歲以上人口的識字率為 89.26%，1989 年更提高為 92.9%，其中受過中等教育者大幅提高，1979 年占 35.74%，1989 年占 44.85%，成為多數[96]。在此環境之下，圖書出版業最大的改變在於：1.從出版業者端來說，本身趨向專業分工，編輯、行銷、設計、發行都成為專精領域，吸引很多資金以及專業人才加入，不管是出版社、經銷商、直銷公司、郵購公司，或是書店，都往企業規模及型態發展，傳統小資本、家族式、手工業規模的業者，已不具競爭力；2.從讀者端來說，總人口及受教育人口比例的雙重增長，且讀者可分配財富增加，餘暇也增多，閱讀市場一直不斷地擴大。總體而言，這些有利因素讓臺灣的出版業開始蓬勃的發展。

　　生氣勃勃的出版環境，讓蘭記書局面對了新一波的競爭對手：連鎖書店。1983 年 1 月，由高砂紡織投資成立的金石堂臺北市汀州店開幕，標誌著臺灣書店業進入嶄新的時代，1989 年誠品臺北市仁愛路店開幕，以其人文、藝術的經營風格震驚臺灣文化界，多年來已發展成為臺灣的形象標誌之一。餘如新學友、敦煌、墊腳石等等，皆以連鎖書店型態經營。大型連鎖書店具

---

[94] 杭之：〈從大眾文化觀點看三十年來暢銷書〉，《從《藍與黑》到《暗夜》》，臺北：久大，1987：68。

[95] 宋明順：《大眾社會理論》，臺北：師大書苑，1988：161。

[96] 《教育統計指標》，臺北：教育部，1999。

有規模優勢，以大量進書壓低進貨成本，再提供讀者低折扣，大打價格戰；又利用新式計算機管理進出貨及庫存，快速、準確、書種齊全；賣場空間則以明亮、寬敞、舒適，分類及標示清楚取勝；另外也以發行書訊刊物（如金石堂的《出版情報》、誠品的《好讀》等）、舉辦作家簽名會、演講等等活動服務讀者，凝聚讀者的向心力，凡此種種都是小型獨立書店做不到的。自從連鎖書店出現之後，獨立書店的生存空間就被嚴重壓縮，而出現了所謂「倒閉潮」，甚至是著名的臺北市重慶南路書街沒落等現象。

　　不進則退，同樣適用在事業經營上，守成的蘭記書局在不斷前進的時代潮流中，只能逐漸黯淡，終至滅頂。1992 年 10 月金石堂在嘉義市的第一家門市中山店開幕，蘭記書局的生意就明顯下滑，黃陳瑞珠雖也曾希望轉型，無奈年事已高，第三代又無人願意接手，終於決定結束書店業務[97]。黃陳瑞珠將中山路店面出售後，移轉至興中街 98 號，在這裡，基於本身專長及興趣[98]，黃陳瑞珠將晚年精力投注於臺語字典、教材的編輯、出版工作，並以「蘭記出版社」的名義出版了「蘭記臺語叢書」共五冊，並特別強調「本出版社所出版之臺語叢書，皆以臺語ㄅ、ㄆ、ㄇ或羅馬字為注音」。所謂「臺語ㄅㄆㄇ注音法」，是黃陳瑞珠研究改良「ㄅㄆㄇ注音法」而發展出的臺語標音符號，可以彌補某些臺語音無法用注音符號或羅馬拼音拼出的困境[99]。根據書中廣告，「蘭記臺語叢書」分別是：

　　1.《臺語三字經》，此書筆者目前未見，無法確知新版出版時間，但據溫如梅所見，初版時間為 1934 年 9 月[100]，列入蘭記臺語叢書的應是舊書的重新

---

[97] 蔡盛琦：〈黃陳瑞珠女士與蘭記書局──訪談吳明淳女士〉，文訊雜誌社。《記憶裡的幽香──嘉義蘭記書局史料論文集》，臺北：文訊雜誌社，2007：19-25。

[98] 黃陳瑞珠對語言頗有天分及興趣，畢業於靜宜女子英語專科學校（現靜宜大學），蘭記書局結束營業後，曾至嘉義華南商職教授臺語課程。參見上注。

[99] 蔡盛琦：〈黃陳瑞珠女士與蘭記書局──訪談吳明淳女士〉，文訊雜誌社。《記憶裡的幽香──嘉義蘭記書局史料論文集》，臺北：文訊雜誌社，2007：19-25。

[100] 溫如梅：《近代蒙學的蛻變與傳播》，花蓮：花蓮師範學院，2004：239。

改版。

　　2.《初級臺語讀本》(一)(二),1994年4月10日出版。依據書前說明,此書其實就是蘭記書局1928年出版的奠基之作《初學必需漢文讀本》,內容未更動,而由黃陳瑞珠重新改訂為臺語注音版。且「初學適用臺語讀本分為1至8冊,每頁插圖,由淺而深,詳加編輯,適合初學者及兒童學習臺語之用。[101]」可知黃陳瑞珠原意是將全套八冊全部改訂,只可惜已無完工之日了。

　　3.《閩南語發音手冊》,1994年7月27日出版,由黃陳瑞珠獨立編寫完成。此書詳細介紹了黃陳瑞珠自行研發的臺語ㄅㄆㄇ注音法,以及臺語羅馬字拼音法。

　　4.《蘭記臺語字典》,1995年5月29日出版。此書原是蘭記書局1946年12月5日出版發行的《國臺音萬字典》,原編者為二樹庵、詹鎮卿(後《蘭記臺語字典》標為「詹德卿」)。〈序〉中言,因原書是在光復初期趕創,漏誤之處不少,因此由黃陳瑞珠在釋義方面做部分修訂或加添語詞,此外,保留羅馬字注臺音之外,以臺語ㄅㄆㄇ注音取代國語注音,成為臺語雙注音字典[102]。

　　5.《蘭記臺語手冊》,1995年5月出版,由黃陳瑞珠獨力編寫。內容共有十項:(1)說明如何以臺語ㄅㄆㄇ為臺語發音與注音;(2)臺語發音字典;(3)常用國臺音對照;(4)以音查字;(5)讀音與語音對照;(6)漳音與泉音對照;(7)臺語常用詞;(8)臺語常用成語;(9)新聞社會用語集;(10)相對字,相反詞。本書頗有「臺語萬用手冊」的功能,反映作者對臺語實用功能及語言體用的掌握,可謂達到黃陳瑞珠個人學術成就的頂峰[103]。

　　以個人之力編寫教材十分辛苦與不易,非有過人的意志力與耐心不能成功。在黃陳瑞珠的努力之下,這套「蘭記臺語叢書」成為蘭記書局最美麗的句點。2004年黃陳瑞珠在家中跌倒,送醫不治,享年71歲;歷經85年歲月

---

[101] 黃陳瑞珠(臺語注音):《初級臺語讀本第一冊》,嘉義:蘭記出版社,1994。

[102] 黃陳瑞珠修訂:〈序〉,《蘭記臺語字典》,嘉義:蘭記出版社,1995。

[103] 姚榮松:〈從蘭記的語文圖書看光復初期雙語並存的榮景〉,文訊雜誌社。《記憶裡的幽香——嘉義蘭記書局史料論文集》,臺北:文訊雜誌社,2007:179-94。

的蘭記書局，也隨之正式走入歷史。

四、本章小結

本章將蘭記書局從 1919 年創立到 2004 年結束的過程，做了歷史回顧，旁及漢文書店業的演變。通過對照個體在時代變遷中的應變，更可分析出其成敗之因。

縱觀蘭記書局 85 年的歷史，可以臺灣光復為界，區分為前後兩個時期，受時代環境影響的特徵十分明顯。臺灣光復之後，蘭記書局面對社會文化環境從「強勢日文」到「完全漢文」的轉換，日據時期「在異國統治下維繫母國文化」的努力目標驟然消失，雖然黃茂盛交棒給次子黃振文夫婦時，是冀望新的一代能以新的經營方式，開拓出新的局面，但顯然事與願違。最主要的問題在於，第二代的經營者未能體察到新時代的閱讀需求，替蘭記書局找出新的獨特定位與利基。出版業務方面，不但未能再產出風行一時的暢銷書籍，更可說幾乎已完全停頓，直到蘭記書店業務結束後，黃陳瑞珠才於 1994、1995 年間出版了一套臺語叢書。事實上，臺灣自 1980 年代中期之後，深感本土文化嚴重流失，母語運動開始萌芽並快速展開，除了在小學開始母語教育課程，坊間亦出現了各式各樣的臺語字辭典及教材。這套蘭記臺語叢書可說適逢其盛，若能善加規畫推廣，未必不能創造好的成績。只可惜缺乏專業人才的協助，單憑黃陳瑞珠一人之力，也只能徒呼負負。

在書店業務方面，光復後的蘭記書局在日文書店全部轉型為中文書店，以及上海老字號出版社紛紛來臺設立分店的「夾殺」之下，失去特殊的進書管道及貨源，成為全臺成千上萬家大同小異的書店之一，被動等待讀者上門尋書。及至大型連鎖書店風潮出現，維持傳統經營方式的蘭記書局，更是只能黯然退場。但是，就在蘭記書局生意受連鎖書店影響而明顯下滑之時，卻有很多人從外地遠赴嘉義，或託人至店中，尋找市面上已不再版的，早期出

版的堪輿、風水類書籍，以及蘭記書局過去出的臺語書，原本的庫存，反而成了此時期蘭記書局最大的特色[104]。此事再度證明了，獨特性對文化出版事業之重要，唯有建立起自己的不可取代性，永續經營才有可能。

對比之下，前期處於日本殖民時期的蘭記書局，在創辦人黃茂盛理念與方法兼具的戮力經營下，成為當時臺灣頗具代表性的漢文書店，無疑是蘭記書局發光發熱的黃金時期。從理念來看，基於黃茂盛對漢學的喜愛與興趣，以及在殖民統治下保存漢學的使命感，蘭記書局一開始便鎖定藉由漢文書刊的推廣與傳播，維繫漢學於不墜。這在當時是一條不易行的路，因為與殖民政府壓制漢文，推廣日語的政策相抵觸，因而受到種種限制，包括法令上嚴格的檢閱制度、漢文閱讀人口的逐漸減少等等，使得「漢文書店」維持不易，本身就是書店業者中的少數。艱困中求生，方法更為重要，黃茂盛在不利因素下，除了堅持初衷，也展現了靈活的商業頭腦和經營手段，從以下數端可略見其能。

20年代臺灣在文化協會推動之下，興起文化啟蒙運動，蘭記書局看準當時對大陸教科書的需求，大批進口商務版教科書，未料卻遭扣押沒收。黃茂盛立刻改弦易轍，參考各家教科書版本，自行編纂，一年後出版《初學必需漢文讀本》，三年後出版《中學程度高級漢文讀本》兩套漢文教材各8冊，應變快，效率亦高。這套漢文教材除當時成為自學漢文者或書房採用的教材，光復初期國語教科書青黃不接時，也發揮代用課本之功，至90年代又由黃陳瑞珠改編為臺語讀本，歷經時代而未被淘汰，亦可見其內容質量之精。黃茂盛遇到挫折時的明快決斷，在店面毀於大火時也見展現，對帳款未結清卻遭焚之書，該還、該消、該請求資助，說情講理，但態度堅決明確，業務很快重建。

黃茂盛圓融的處世能力與廣闊的人脈，亦是其長處之一。其與當時文化

---

[104] 蔡盛琦：〈黃陳瑞珠女士與蘭記書局──訪談吳明淳女士〉，文訊雜誌社。《記憶裡的幽香──嘉義蘭記書局史料論文集》，臺北：文訊雜誌社，2007：19-25。

界人士交遊密切，對文化社團也多有贊助，更重要的是，雖然黃茂盛經營日人不甚樂見的漢文書店，但並不與日人站在對立面，頗諳和平保存之道。公學校畢業的學歷讓其具備無礙的日文溝通能力，蘭記書局業務中亦有少量的日文書籍出版及販賣（詳見附錄二），即使進口書籍亦皆經過當局核准，因此頗得日人之信任。這一點在日據後期，進入戰爭體制時更顯重要，使蘭記書局得以通過嚴格的審核，加入以日人為主導的「臺灣出版會」，成為少數的臺灣人會員之一，至少保住了繼續營業與獲得印刷用紙等物資配給的資格。目前蘭記書局史料中尚保存著黃茂盛與臺灣出版協會理事、臺灣出版文化株式會社社長田中一二，以及臺灣出版會中越榮二等的來往信函，可為明證。

其創新能力則表現在創設「漢籍流通會」上，以「免費觀覽」、「贈送善書」為招徠，既提倡善行理念、加速漢文知識流通，亦凝聚漢文讀者；既得其名，亦得其利，一舉兩得，實為前所未見之法。其他行銷方式尚有發佈圖書目錄、刊登廣告、打折促銷、提供郵購等等，亦為當代之少見。前述蘭記書局曾與興文齋於蘭記書局臺北出張所連手舉行中華圖書特賣，包括《歷朝通俗演義》《辯駁大全》等，以及甫出版的《臺灣詩醇》（賴子清）[105]，顯見其心胸開闊，不拘泥於門戶之見的行銷理念。

下一章就將針對蘭記書局最鼎盛的日據時期，各項業務內容進行分析，希能一窺當時圖書出版業的活動情況。

---

[105] 柯喬文：〈漢文知識的建置：臺南州內的書局發展〉，《臺南大學人文研究學報》，2008，42(1)：67-88。

第四章　蘭記書局的業務

　　日據時期臺灣的出版業，即使到了 30 年代，同業工會中亦僅見以批發零售書店為對象的「臺灣書籍雜誌商零售組合」，而未見以出版商為對象的「臺灣出版組合」，可見當時出版社與零售書店並未細化分工，出版業處於尚未成熟的時代。從蘭記書局的業務項目，亦可見到此項特徵，具體分析可分為以下數端：1.經銷各類書籍雜誌；2.出版圖書；3.漢籍流通會；4.助印及贈送善書；5.舊書買賣。以下就分別探討其內容。

一、經銷各類書籍、雜誌

　　銷售書籍雜誌，是一般書店最基本的業務。日據時期在漢文與日文、本島與島外兩個分析軸線交叉下，漢文書店銷售的刊物內容可分為以下六種。

表 4-1　漢文書店銷售書刊分類（筆者製表）

	漢文	日文
本島	蘭記書局本版書	蘭記書局本版書
	島內外版書	島內外版書
島外	中國大陸進口書籍	日本進口書籍

　　其中，從中國大陸進口的漢文書，在當時本島出版能力薄弱，臺灣人理解日語者比例又不高，必須經由漢文書刊獲得知識的情況下，可以說是當時漢文書店最主要的業務和最重要的任務。根據《臺灣出版警察報》「支那（1930年 11 月起改稱中華民國）出版物取扱件數調」的統計，1930 年 1-12 月份從

中國輸入新聞雜誌數是 132,488 件，出版物輸入數是 2,092,173 件；1931 年
1-12 月，新聞雜誌輸入數是 295,197 件，出版物是 1,923,081 件，1932 年 1-5
月，新聞雜誌輸入數是 41,007 件，出版物是 239,606 件[1]。而根據 1930 年國
勢調查，當時臺灣人數僅 4,313,681 人[2]，再扣除漢文程度不佳者，進口中文
書的數量不可謂不多。蘭記書局一開始在舊門板上擺放的舊書，就是黃茂盛
託旅居日本的遠親，輾轉向上海郵購，再轉寄臺灣的漢文書[3]。正式成立書局
之後，對外廣告皆以「中華書籍」為訴求，如：

　　　本圖書部專辦中華各種書
籍，如經史子集、詩文筆記、論
說尺牘、字典辭源、畫譜、法帖、
善書、佛經、卜易星象、堪輿地
理、醫學用書、社會交際、農產
商學、畜養園藝諸參考書，暨古
今小說、紙筆墨硯、美術圖畫，
種類繁多、應有盡有，選貨精
良，定價從廉，備有詳細目錄以
便遠方人士通信選購，如　承函
索立即寄贈。

圖 4-1　蘭記圖書部廣告[4]
(王榮文提供)

---

[1] 〈臺灣總督府警務局保安課圖書掛〉，《復刻版臺灣出版警察報》，東京： 不二出版，2001。筆
　　者加總。

[2] 河原功：《臺灣出版會與蘭記書局》，文訊雜誌社。《記憶裡的幽香——嘉義蘭記書局史料論文集》，
　　臺北：文訊雜誌社，2007： 55-71。

[3] 黃陳瑞珠著、陳昆堂整理：《蘭記書局創辦人黃茂盛的故事》，《記憶裡的幽香——嘉義蘭記書局
　　史料論文集》，臺北：文訊雜誌社，2007： 3-8。

[4] 刊登於如 1928 年出版《鳴鼓集初續集》等書之內頁空白。

　　在《三六九小報》刊登的形象廣告，也強調「經售中華全國古今書籍，定價從廉，備有詳細圖書目錄贈閱，函索即寄」。即連臺灣光復後的 1948 年 4 月 20 日，蘭記書局也同時印行了「經售上海雜誌目錄」、「經售上海書帖目錄」、「經售連環圖畫新書目錄」、「經售上海美術畫片目錄」，共四份上海出版物的相關目錄，直到 1949 年後，兩岸交通完全斷絕為止。

　　中文書籍來源主要是上海各大出版社，也有少部分來自其他城市，如廣州醉經書局、杭州小報館等，蘭記書局史料中都曾見到詢價、訂貨等往來紀錄。上海自從 1844 年五口通商開埠之後，受西方傳教士引進之惠，立刻成為近代西洋先進印刷、出版業的登陸之地；之後在各方有利因素配合之下，到了 20 世紀初葉，其出版事業之發展已然登於頂峰，成為全中國的出版中心。探討上海出版事業的論文甚多，在此不擬贅述，唯從對臺灣出版業之影響來看，上海的中心地位，實代表著先進「知識、思想」，藉由「物質」的流通，向全中國輻射傳佈，即連海峽相隔的「外國」臺灣，也不免以其馬首是瞻。東西文化在上海交會，舊學新知在此地融合，現代知識分子通過出版事業，施展其才華與抱負於載體之上，而臺灣則通過大量引進上海書刊，既與傳統文化承接，又窺看到進步的新世界。此外，從物質層面來說，上海擁有最先進的東西洋印刷機器和技術、最專業優秀的人才，也是印刷設備如油墨、紙漿原料等的集散地，可以低成本印刷出高質量的出版物，因此也成為蘭記書局委託印刷之地。上海作為漢文知識的輸出重地，本節將從幾個方面探討蘭記書局與當地出版社的合作模式。

(一) 出版訊息的獲取

　　黃茂盛最初閱讀的上海書籍，是從書後的廣告得知出版訊息，「託旅居日本的遠親，輾轉向中國上海郵購，再轉寄臺灣」而來，已如前述。但當時中、臺間航路順暢，郵務亦通，黃茂盛為何不直接向上海書店郵購，卻要採取如此迂迴、多費郵資、曠日廢時之法，雖已無確實證據可考，但黃春丞回憶雅堂書局販賣禁書的過程，或可做側面的說明。據黃春丞回憶，當時臺灣

管理中國圖書甚嚴,但日本國內則毫不介意,由中國寄日本的圖書全不檢查,日本寄臺灣的郵件和貨物,因屬同一國土也無須檢查。這就產生了可鑽的漏洞,此後雅堂書局易銷的禁書和被沒收須補足者,都由上海寄往時在日本留學的連震東處,再由連震東轉寄臺灣[5]。由此推想,黃茂盛或許也是為了規避中國書籍的審閱,才做此舉。但此方法數量少時尚可應付,要供應書店銷售所需則必定不足,於是不可避免地須由蘭記書局與出版社直接往來。

蘭記書局如何獲取上海出版社的出版訊息?現存蘭記書局史料中共有27件各大書局圖書目錄,包括上海大中華書局、長沙集古書局、上海徐勝記美術畫片總發行所、新文化書社、上海交通書局、上海大方書局、兒童書局、上海中亞書局、神州國光社、大眾書局、上海會文堂、上海陳正泰圖畫印刷廠、有文書局、上海文瑞樓書局等等,應是蘭記書局選書、訂書的參考。定時更新、內容詳盡的圖書目錄,是當時最重要的選書憑據。

此外,黃茂盛也親赴上海選書,1928 年 10 月 20 日《漢文臺灣日日新報》夕刊人士欄裡有一則消息:「嘉義街蘭記圖書部黃茂盛氏。此回欲視察上海各埠風景。並購善書。去十八日搭夜行車北上。赴基隆之便船出發。」到了11 月 20 日又有一則後續的「贈送善書」消息:「嘉義街西門外蘭記圖書部黃茂盛氏。於客月中旬。赴上海各埠視察。日前歸來。有購買善書數種。欲贈送各界。其書之種目有(格言精粹、青年鏡、三聖經)等。希望者可函索之云。」書店經營者赴上海選購書籍消息也披露報端,顯見其為慎重之事,而近一個月的時間,足以挑選大批圖書,絕不僅贈送的三種善書。親赴上海選購書籍,可即時掌握當地的出版趨勢,較之從發行目錄中挑選更具時效性,亦可實際判斷書籍內容、紙張、印刷、裝幀各方面之精粗優劣,實為必要。而黃茂盛因此也與上海各書局十分熟稔,此由 1931 年 6 月 23 日,在蘭記書局成立初期曾大力出資援助的馮安德,曾寄一信拜託黃茂盛,為其同庄青年

---

[5] 春丞:〈日據時期之中文書局〉,《連雅堂先生相關論著選集》(上),南投: 臺灣省文獻委員會,
　　1992: 23-53。

在上海介紹書局工作之事可以看出。雙方關係既佳，生意往來中獲得較佳條件或服務可以想見，此亦可視為耗費時間金錢，親赴上海選購書籍利益之一。

(二) 合作模式

　　當時出版社與書店之間，或是書店與書店之間，最一般的就是以「委託銷售」的模式運作。亦即由客戶方挑選、訂購若干圖書，供貨商提供書籍，到得結帳之日，客戶結算售出之書款，匯款給供貨商，未售出之書則作為庫存續售，或退還供貨商。如獨立出版社臺灣分社即曾寄結算通知予蘭記書局：「敬啟者：現屆年終結算，希將實銷書籍、什志，及盤存數量作詳細之填報，並請將售款統乞匯下，以便年結為禱。[6]」又據黃春丞回憶，當時上海各書局放帳頗寬，對於熟悉顧客是信到配貨，每年以三節結帳為原則（端午、中秋、年末），但到年終，如可還十之七八就算好主顧，未還殘帳則滾入次年帳內[7]。如此看來，委託銷售關係中供貨商實冒著極大的風險，即使書籍售出，顧客也不一定如實、及時匯去書款，遇上書籍滯銷，則雙方間爭議更大。尤其是未獲訂單而主動寄去託售的書籍，書店寄回還需多付運費，自然不願，最大可能便是如黃茂盛寄上海久義書店信中所言：「暫存收樓上，候示轉交他家發售」，形同「賴帳」，讓供貨商落得「書財兩失」的結果。此種情形並不罕見，前述蘭記書局火災後 2 月 26 日寄給大東南書局信中，即談到收帳困難的情形：

　　　　鄙人鑒於近來書業競爭無利可圖，同業批發尤覺危險，因收帳為難也。數年來如鳳山（元設屏東）黎明書局、臺中共榮圖書公司、彰化陳記書店、臺南同復書局、臺北雅堂、三春兩書局、基隆生記書局

---

[6] 蘭記書局史料。

[7] 春丞：〈日據時期之中文書局〉，《連雅堂先生相關論著選集》（上），南投： 臺灣省文獻委員會，1992： 23-53。

等，所欠不少，一文亦難以回收。間有收歇者固勿論，若黎明書局之
尚在活動者亦不處理，亦無可如何者……況尊貨乃自行寄來託售，並
非敝號去信添配者，故貨款遲遲而未匯奉……黎明書局之款，敝號斷
定難收，臺北勝華早已倒閉，貴局損失實亦不少，良堪同情。但亦先
生放帳太濫所致，且自寄貨色之舉最為不宜，敝當初已為先生慮及矣。
設欲寄回，其寄費不如上海寄臺灣之便宜也，約在兩倍，誠多費耳。
然尤勝於無，乞致函黎明書局，囑其寄回可也，但恐其不願支出寄費，
即又無望，亦徒喚奈何。[8]

　　日據時代為應對臺灣與中國間郵件往來密切，總督府已在兩岸間郵件遞
送的步驟與費用上進行調整。例如臺灣寄中國郵件，本來依照外國郵便為一
封十錢，但在 1898 年日本於廈門設置帝國郵便局後，便改為與國內相同的三
錢郵資[9]，然而仍是中國寄來的兩倍。退書成本太高，勢必成為書店的一大負
擔。值得深思的是，實際上委託銷售者也不願書店將書退回。如杭州毛雲翹
曾寄明信片予黃茂盛云：「弟自己之各種書籍，早已遵命停寄，惟已在 尊處
之書，可否請求情銷，千萬不要退下，萬一不允所請，亦乞不必寄還，存售 尊
處可也，書費一層悉聽 尊口而已。[10]」另一位陳姓作者因信件往來時間差誤，
多寄了新書給黃茂盛，事後請求他接收代為銷售的信件，態度更為懇切，近
乎哀求：

　　是以此際唯求 先生大施鴻恩大德，惠鑒歷來委細情形之苦衷，宥
恕鄙人延誤之罪，而將該書物全數查收，大為推廣，銷路出則殊使鄙
人感戴 先生鴻大之恩德，至死不能忘焉……況且該書之內容質量，實
有凌駕上海版多矣，而價錢之廉於上海版亦遠矣，以 先生之手腕與推

8 〈黃茂盛致大東南書局啟文先生信〉，1934-2-26，蘭記書局史料。
9 陳郁欣：《日治前期臺灣郵政的建立(1895-1924)》，臺北：臺灣師範大學，2009：114。
10 毛雲翹致黃茂盛明信片，日期不明，蘭記書局史料。

廣，何患不能銷售此小部數乎。[11]

即連雅堂書局開幕時，聲言欲將掃葉山房多配的圖書退還時，掃葉山房也覆信說：請代極力推銷，如果真售不出，待年終結帳時再議[12]。現時出版界常以退書率之高低，判斷利潤之高低。原因之一即是退書會耗費人力成本、物流成本、造成書籍損耗；原因之二則如出版界人士所戲稱，圖書雖為有價之物，但若存於倉庫中，則價值比原料還不如。書店為第一線通路，只要能在此保持與讀者接觸機會，還有售出的可能，否則與廢紙無異。既然出版社與通路雙方都不願退書發生，所以印量多少？發書多少？進書多少？實為考驗著每一代出版人的大難題。

先貨後款的委託銷售風險高，所以亦有書局採用先款後貨的「買斷」方式。如江慕雲來函答覆黃茂盛書籍折扣問題時說：

> 貴局願為拙作「為臺灣說話」銷售貳佰冊，至感至謝。拙作初版業已售罄，再版增訂本決於周內出版，惟以物價波動劇烈，該書定價若干，尚未決定，但批發價決予八折優待，郵費另加。待價格決定後即行奉告，希將該款匯來後當即照數奉上不誤。[13]

匯去款項後才寄來書籍，銀貨兩訖之後自然無法再退。且此情況似乎並非限於與單一書籍的作者之間，如蘭記書局於寄文彬先生信中提到：「茲先由美東公司匯上大洋五百元，託辦另單各貨。[14]」寄大東南書局的信中最後言到：「貴局有無下列存貨或別種便宜貨，乞示價目與部數，如能合銷者，自

---

[11]　〈陳姓作者致黃茂盛信〉，某年-8-17，蘭記書局史料。

[12]　春丞：〈日據時期之中文書局〉，《連雅堂先生相關論著選集》（上），南投：臺灣省文獻委員會，1992：23-53。

[13]　〈江慕雲致黃茂盛信〉，1948-11-19，蘭記書局史料。

[14]　〈黃茂盛致文彬先生信〉，1934-2-23，蘭記書局史料。

當匯款託配。[15]」寄興文齋林占鼇信云：「茲附上大洋五十元，到請領收，倘有公餘四種卅部、易經精華廿、書經精華廿，煩為買寄，否即作罷，若有餘款暫存貴處可也。[16]」可見買斷情況亦不少見。

(三) 金流匯款

至於匯款方式，有通過公營金融機構如銀行、郵局，或傳統中國式的民間金融機構如匯單館、錢莊，蘭記書局史料中有多張 1937 年末到 1938 年初的「外國郵便為替金受領證書」，亦即通過郵局匯款至上海各出版社、書局的收據，匯款對象包括上海世界、新華、啟新、大東等書局，應是年末結算的帳款，惟匯款金額都不多，少只 2（日）圓，多亦只 22 圓。黃茂盛曾致函商務印書館，提到：「本日由臺灣銀行匯呈規銀六三折□□寄購東方文庫百冊」[17]。至於民間管道，如上文提及黃茂盛通過「美東公司」匯給文彬先生五百大洋；另有上海鴻文新記書局周豐材寄黃茂盛，年代不明之信曰：「大箚藉悉所前由裕成公司匯票洋□元，小記已於本月收到。[18]」而黃茂盛寄給青坡先生信中提到：「昨由□艮匯奉一千零四十五元，抵還代匯上海之款，想□收□可卜也。茲欲匯寄福州林占鼇君洋五十元，祈將匯票擲下為禱。今日接上海文瑞樓來信云，上海錢莊因銀根不到，不肯交款，區區百元之數往支數次而不給，實感不便…。[19]」可見當時臺灣書局通過民間匯單館、錢莊，和中國進行金錢往來情形非常普遍，且金額較大，但亦有不如銀行、郵局穩當之處。

(四) 物流運送

物流方面，兩岸以海相隔，貨物只能以航運遞送。廣州醉經書局在回覆

---

[15] 〈黃茂盛致大東南書局啟文先生信〉，1934-2-26，蘭記書局史料。

[16] 〈黃茂盛致林占鼇信〉，1934-6-22，蘭記書局史料。

[17] 〈黃茂盛致商務印書館信〉，1938-1-21，蘭記書局史料。

[18] 〈周豐材致黃茂盛信〉，年代不明，蘭記書局史料。

[19] 〈黃茂盛致青坡先生信〉，1934-6-20，蘭記書局史料。

蘭記書局詢價的信中，曾提及運送方法及價格：「郵寄包裹，可以，每包五公斤，約銀貳元；裝箱，每箱約□□斤，運費約五元一角港幣，比較以裝箱相宜多，以上定價均為港幣計算。[20]」裝箱配送費用較廉，但郵件檢查期間較快，故圖書冊數不多，而顧客又急於需要的時候，才利用郵局掛號郵遞[21]。上海中亞書局的「大廉價批發簡章」中，有一條關於運送方式及郵費的規定：「全國各省市除少數特殊地區外，印刷郵件及圖書小包均暢無阻，惟運輸方法之繁簡不同，故寄費參差不一，均按郵局定章為標準，寄費歸貴客自理，暫加一成半，多還少補。[22]」可見當時以郵寄最為常用，郵費由購買者負擔也是常例。

　　有一名在上海的陳姓作者曾與黃茂盛討論信函郵寄時間：「初十夜所寫，十一早郵寄，而赴十二日正午滬戶出帆之郵船，若於航海中無遇風颱，則於十五日至十六日便可著臺。[23]」可見當時臺、滬間一般郵件僅需五、六日可達；而蘭記書局則向讀者承諾：「惠顧之書倘遇售缺時，立即添辦，最緩二十天一定交書不誤，期無負所望。[24]」即使以今日眼光，特地從海外進口之書，從訂購到交書僅需二十天，確實十分迅速。可見當時通信、郵務、貨運事業均甚發達通暢，其意義不僅在商業上漢文書籍的交易流通藉此開展，更是文化意義上漢文知識的傳佈，臺灣與上海因此可以做到亦步亦趨，不致產生太大斷層。但是順暢的交通仍不敵政治上的審閱制度，黃茂盛曾因書籍被海關延誤之事，與上海書局商討應變之法：

　　　　一月十八日承寄警鐘醒夢百部，延至二月廿一日尚未接到，迭成

[20] 〈醉經書局致蘭記書局信〉，年代不明，蘭記書局史料。
[21] 春丞：〈日據時期之中文書局〉，《連雅堂先生相關論著選集》（上），南投：臺灣省文獻委員會，1992：23-53。
[22] 蘭記書局史料。
[23] 〈陳姓作者致黃茂盛信〉，某年-8-17，蘭記書局史料。
[24] 〈緒言〉，《圖書目錄》，嘉義：蘭記圖書部，1925：4。

印主同善社催迫，且聲言過期不受，敝因此北上基隆局查詢，乃悉各
家配貨甚多（因準備新春開學所需），而檢察官只有二名，每日檢閱不
過數包，固爾遲遲不能早日配達，憾如何之。但因期限（年底交貨）
經過，欲商請減收印費之舉，故前日曾託另寫附票一紙加開二成，以
做商量之用，未卜已抄寄在途乎？[25]

　　當時人員貨物來往中國大陸幾乎都從基隆進出，黃茂盛親赴上海購書也
從基隆出發，已如前述；《臺灣出版警察報》的「支那出版物取扱件數調」，
是基隆、臺北、臺南、高雄四地郵局的輸入數分別統計，1930 年 1 月出版物
的數字為，基隆：146,297、臺北：25、臺南：75、高雄：209；1932 年 5 月
出版物輸入數字為，基隆：90,901、臺北：87、臺南：4,825、高雄：508，基
隆都占了絕大多數，也因此只要在此設關審閱，即形同控制中文書籍輸入管
道的咽喉。黃茂盛委託上海某書局印刷《警鐘醒夢》一千本，第一批一百本
因為海關審閱進度緩慢，超過約定交貨期間，印主（委託人）聲言不受，蘭
記書局很可能因此血本無歸，只好請上海書局幫忙，重新開立發票，將費用
提高兩成，再以此與印主協商，希望只是減收而非退貨，以減少損失。從此
信中可以充分得見黃茂盛作為一名漢文書店經營者，在令人無奈的政治環境
中，不得不精明算計以保生存的一面。

(五) 售價與折扣

　　進口圖書的售價，在當時以進口圖書為大宗的臺灣，是個重要問題。日
本內地自 1919 年即開始實施書籍的「再販賣價格維持制度」，亦即由出版者
訂定書籍的零售價格，並和經銷商、零售商簽訂合同，維持此零售價格，不
得變動。所謂不得變動，其實包含兩層意義，一是不能低於該價格，以防止
惡性的削價競爭；一是不得高於該價格，以防止消費者付出更高的成本。但

---

[25]　〈黃茂盛致文彬先生信〉，1934-2-23，蘭記書局史料。

是對於在臺灣販賣日文書籍的書店而言，若遵照此制度以定價銷售，將無甚
利潤可言，因為裝船的運費約為定價的 5-7%（雜誌則為 2%左右），這些全由
零售書店負擔，而且賣剩的書亦幾乎是零售書店自行處理，因此 1921 年成立
的「臺灣書籍商組合」，在翌年通過了「普通書籍的臺灣價格應為定價加一成」
的決定[26]。

　　但從中國大陸進口的漢文書籍則完全無法適用，一方面是中國本身並無
「再販賣價格維持制度」，書籍的售價一直頗為「自由」，另一方面臺灣的漢
文書店沒有類似「臺灣書籍商組合」的組織，所以也無法做到此種「聯合壟
斷」的行為。中國書標示定價使用的是洋銀，而臺灣使用的是臺灣金票，從
蘭記書局廣告觀之，滬版書與臺版書常混同出現同一廣告當中，偶爾會注明
價格為「（大）洋~元」或「（臺）金~圓」，但大部分並未標明幣種，推測進
口書價目並未換算成臺金，而仍以洋銀為標示[27]。又從廣告中可知，蘭記書
局販賣中國大陸圖書不但未加價，反而常以打折特價為招徠，如此蘭記書局
的利潤何在？

　　黃茂盛曾致函群學書社，爭取更低的進貨折扣，信中提到：「近來各家
出版社新式標點書賤價批售，如文化書社實售一折三五扣，是誠空前之廉價
也，益新書社、大達書局等又為翻印各種小說，仍售一折，同業批售利益甚
豐。貴局出版書向批六折七八扣，成本所關實難與爭，未卜能否降價乎？[28]」
之後 1935 年 3 月 29 日，蘭記書局的「新築落成」特價活動內容，即是「新
式標點書……特售三折；著名新小說……特售四折」，對照上信時間點，想
來即是文化、益新、大達等出版社的一折低價品，若以此為判斷標準可知，

---

[26] 河原功作、黃英哲譯：〈戰前臺灣的日本書籍流通(中)──以三省堂為中心〉，《文學臺灣》，
1998(28)：285-302。

[27] 此問題筆者曾以電郵請教臺中瑞成書局第二代許炎墩，對方於 2013-3-8 及 2013-3-19 電郵回復表
示，臺灣匯錢到上海，是用臺金結算，上海出版社收到的是大洋；在臺灣販售中國大陸進口書時，
依匯率換算後再重新標價。此說可供參考。

[28] 〈黃茂盛致函群學書社信〉，1934-6-19，蘭記書局史料。

售價與進價的落差需在兩折以上，書店方可有利潤。

　　再以商務印書館 1915 年出版的《辭源》為例，該書甲種十二冊定價二十元，丁種二冊定價七元，蘭記書局在 1931 年《三六九小報》刊登的廣告上，標示售價甲種十七元、丁種五元六角，大約為八折左右。而從 1938 年 1 月 21 日黃茂盛致函商務印書館信中可知，蘭記書局購進商務書籍折扣為六三折，差價大約也為兩折左右。由此可以推論，蘭記書局的中國大陸書籍售價，大約都在進價折扣再加價兩至三成。而上海各出版社給予的折扣都不同，最低者如上述的一折，最常見的是六折至六五折，如上述群學書社「向批六折七八扣」；臺灣文化協進會回復蘭記書局詢價，是「批價如下：100 本以下定價之打六五折、100 本以上定價之打六折。[29]」而最高折扣則有至八折者，如上述《為臺灣說話》，且郵費尚須另加，餘書又不退，除非在臺灣銷售時提高售價，否則即使完銷也難有利潤，蘭記書局為其經銷的可能性很低。

　　但是當時中國與臺灣兩地畢竟分屬不同國家，尚有匯率換算問題。1934 年蘭記書局發行一份「圖書目錄摘要」，標示為「4 月改正」，有一小段改正附告如下：

　　　　金輸出禁止以來，匯水倍騰，書價增加實非得已，爰將常用書籍重訂價目，寄呈公鑒，其餘各書未載本目錄者，亦以實價發售（去年定價今已無效），特此附告。

　　　　金輸出禁止前，臺灣金票一圓可兌上海洋銀二元四角；現時臺金一圓僅值洋銀八角零而已，差額將即三倍已。[30]

　　「金輸出禁止」（禁止黃金輸出）是日本犬養內閣於 1931 年 12 月 13 日宣佈的財經政策，用意在切斷黃金和通貨之間的聯繫，讓財政、金融當局可

---

[29]　〈臺灣文化協進會致蘭記書局信〉，1947-7-8，蘭記書局史料。

[30]　蘭記書局史料。

以任意發行通貨，導致幣值大跌。該圖書目錄最後的「購書手續」欄亦有「敝號書目遂期改訂，價目亦有隨時漲跌，其定價概照新出書目為準」之語，可知蘭記書局販賣的中國大陸圖書價格，的確會受到兩地匯率變動的影響而改變。

(六) 促銷

　　為增加書籍之銷售，黃茂盛採取的多種行銷手法，於今看來也十分活潑具創意。減價是最尋常可見的，附加贈品也是常用手法，例如 1930 年初版的《中學程度高級漢文讀本》第五冊封底廣告：「嘉義羅峻明先生楷書《朱子格言》中堂一幅，定價一圓，凡向蘭記圖書部購書滿十元者贈送一幅，不取分文。」第六冊封底，印有照片三幀，附記「嘉義羅峻明先生楷書《陶朱公理財十二則》，每幅訂價五角，嘉義蘭記圖書部購書滿五元奉贈一幅。」、「嘉義蘇孝德先生如意，每幅訂價五角，如向嘉義蘭記圖書部購書滿五元者奉贈一幅。」[31]又如 1931 年 2 月 19 日《三六九小報》的蘭記書局書籍廣告，購買《白光電球奇術》，就隨書附贈電球一個。

　　出版之前特價預約，不但可以促銷，亦可精確估計印量，一舉兩得。鹿港陳懷澄《吉光集》、《媼解集》出版時，蘭記書局就為其進行預約活動，原價一冊五角，預約只收半價[32]。出版之後則印樣張提供讀者試讀，顯示出版者的信心，也增加讀者購買信心，黃森峰的《國音標注中華大字典》出版廣告就注明「特印樣張贈閱函索即寄」[33]。這兩種方式都是現時出版業常用手法，而其實在日據時期就已被嫻熟運用。

　　另如 1929 年 8 月，與《和譯支那語交際會話》作者張會（前北京中外新報社記者）合作，開辦中國官話的研究會，招收學員之外，賣書也是重點，

[31] 楊永智：〈蘭香書氣本相融——追溯蘭記書局在臺灣出版史（1915～1954）的軌跡〉，文訊雜誌社。
　　《記憶裡的幽香——嘉義蘭記書局史料論文集》，臺北：文訊雜誌社，2007：99-131。
[32] 《蘭記書局書目錄要》，1934，蘭記書局史料。
[33] 《蘭記書局書目》，1946-7-10 改訂，蘭記書局史料。

「書亦願以原價八角分讓好者」[34]。又如舉辦徵文，贈送優勝者書券，鼓勵購書。1929 年 5 月 4 日蘭記書局在《漢文臺灣日日新報》刊登徵文消息：

> 嘉義街西門外黃茂盛氏。數年來經營蘭記書局圖書販賣部。者番特將蘭記書局二字。廣徵聯文願如左。一、蘭記書局。鶴頂自七字至十五字為限。題旨。須含有圖書意義。二、期限。五月末日截收。三、詞宗。未定。四、交卷。嘉義街西門外蘭記圖書部黃茂盛處。五、贈品。二十名內均有薄贈。但是第一名贈書券金額十元。第二名五元。第三名三元。自第四名至二十名按額遞減。三名內書籍聽中選者自由選擇。附此聲明。

此徵文鏈接「蘭記」、「圖書」意象作為主題，製造一個具有新聞價值，可以引起關注的事件，可強化讀者印象、提升知名度，達到廣告效果；優勝者贈以書券，鼓勵讀書風氣之外，又可促進書籍銷售，實現行銷目標，實為一極佳的事件行銷（Event Marketing）方式。

二、自行出版書籍

單純的進書銷售之外，蘭記書局也從事出版業務。不過當時臺灣出版產業鏈的發展尚未如今日的完整和成熟，作者、出版者、印刷者、發行者、經銷者彼此間有各種不同的合作分工方式，今日在出版活動中掌控主導權的出版社，在當時反而面目模糊，隱身在後。目前筆者知見的蘭記書局出版物，共有 104 種（147 冊，詳見附錄二），雖不一定標示蘭記書局為出版者，但本研究將其全納入「蘭記書局出版物」的範圍加以討論，可看出當時知識生產

---

[34]　〈學習官話〉，《臺灣日日新報》，1929-8-2。

的型式。具體而言，蘭記書局出版模式可分為以下三種：

一、蘭記書局自行策畫出版。此種書籍為當時的新出書籍，書稿來源有蘭記書局內部編纂者，如創辦人黃茂盛的代表作《初學必需漢文讀本》、《中學程度高級漢文讀本》，第二代經營者黃陳瑞珠編纂的《蘭記臺語字典》等。亦有與名家合作的作品如陳江山所著《精神錄》、邱景樹所著《注音字母北京語讀本》、黃森峰編纂的《中華大字典》等[35]。此外，黃茂盛也十分積極向外徵稿，以求增加稿源。如前節提到 1929 年 5 月 4 日《漢文臺灣日日新報》刊登蘭記書局徵求聯文的消息，此活動非常成功，獲得甚大迴響，到了 1929 年 7 月 22 日，《漢文臺灣日日新報》上出現了後續消息：

> 嘉義街蘭記圖書部。曩徵蘭記聯文。得七百餘聯。經文宗鹿港陳懷澄先生選取前茅二十聯。另取佳作四十名。揭曉如左⋯⋯入選佳聯。現在印刷將公同好。索閱即寄。

辦活動引起讀者注意、增加知名度以及與讀者互動機會；以書券作為優勝獎品，促進書籍銷售、鼓勵讀書風氣；徵來詩作還能集結出版，誠可謂一舉數得。不過也並不是每次徵文都能成功，繼徵鶴頂格聯文之後，蘭記書局再接再厲，於 1929 年 8 月 2 日，再度於《漢文臺灣日日新報》上徵文，其報導如下：

> 嘉義西門外蘭記圖書部。前此徵募蘭記鶴頂格聯文。揭曉後已對入選者呈贈花紅。對投稿者。徧贈紀念箋矣。茲又欲募論文如左。題目。欲求立身社會宜先研究漢文論。期限。九月末日截收。交卷。嘉義街蘭記圖書部。文宗。未定。贈品。第一名書券十圓。第二名六圓。

---

[35] 當時出版社與作者的合作模式也是頗值得研究的問題，惜蘭記書局史料中未見相關資料。但據瑞成書局第二代許炎墩於 2013-3-8 電郵回覆筆者訪問時表示，當時在瑞成出版「歌仔冊」的作者並無版稅，而是分得一定數量書籍。

第三名四圓。第四名三圓。第五名二圓。第六名至十名各一圓。十一名至二十名均有薄贈。入選。佳文擬出版行世。

然而過了 9 月末截收日之後，10 月又連續出現兩則消息：

　　1929 年 10 月 7 日：嘉義街西門外蘭記圖書部。前出徵文題為（欲求立身社會宜先研究漢學論）期限至去九月末日。然至期得稿無多。欲再延二十天廣徵各界文豪之稿。
　　1929 年 10 月 13 日：嘉義蘭記圖書部。曩者募集欲求立身社會宜先研究漢學論。限至九月末截收。應對募者無多。乃再展期二十天。希望多數惠稿。

截稿日期一延再延，說明募稿成績確實不佳。時隔一年，黃茂盛再於 1930 年 9 月 3 日《臺南新報》上徵求詩作：

　　擬刊臺灣詩集徵求惠稿啟。吾臺夙稱鄒魯。今沐文明。民風、土俗、政治、教化，雖日見於報章。而風氣之開通，文化之向上，猶有未知者，以期鮮詩文歌賦以鳴盛也。今則詩社林立矣。高吟低唱，處處聞聲，或幽漆積諸胸中，發為歌詠。或世風縈於懷抱，見乎篇章。或登山涉水，寄情風物，隨事抒意，以寫襟懷。聲律之進步，直欲追跡李杜。敲玉□金，不特風雅已也。特以各蘊名山，未窺全豹，以致騷壇錦繡，抵作一時風花雪月。可惜熟（孰）甚！吾人有鑒及斯，爰懇吾臺諸騷客逸士，不拘新作與舊章、長篇短什，均為惠賜，俾印成詩集，使得以誇耀人世，宣揚風化諸海隅。休哉其足以介紹全球，知吾臺詩略之聲價也。祈勿吝玉，早賜佳章，幸甚！蘭記圖書部黃茂盛謹啟。
　　投稿規定
　　卷數　每人限五十卷以內

詩體　近古不拘
期限　昭和五年（1930）十月末日
校閱者　擬託島內名士
交卷處　嘉義市蘭記圖書部
贈品　惠稿者均有薄贈

　　可惜的是，從 11 月 17 日的《漢文臺灣日日新報》消息可知，這又是一次不甚成功的募集詩稿活動：

　　　嘉義市西門外蘭記書局黃茂盛氏。月前募集島內詩人稿作。欲刊
　　詩集。廣傳臺灣民風土俗文物制度。截收後得詩甚多。但領臺進諸先
　　輩。如陳邱汪施諸後士以下舉貢生員。以至現時諸著名詩人。尚未寄
　　稿。因再延至本年末。俾滄海不遺珠云。

　　黃茂盛對外徵稿，激發創作能量，鼓勵讀書風氣，可謂用心良苦。姑不論其效益如何，然此類新出書籍無中生有，也是蘭記書局編輯企劃力的展現，相較於另一類「古書翻印」的出版物，更有助於文化的向上發展。

　　二、古書翻印。此處所謂「古書」，是指流傳已久，沒有版權問題的書籍，亦即今日「公共財」的概念。例如傳統啟蒙書籍《三字經注解》、《千字文》、《最新弟子規》，或如宗教善書《明心寶鑑》、《羅狀元詞》、《三生石》等等。此類書籍內容固經千錘百煉而不衰，然正因如此，各家皆有出版，版本甚多，大同小異，如何同中求異，也考驗著出版人的智慧。如蘭記書局於 1931 年 8 月 13 日在《三六九小報》刊登的廣告，便特別強調，《秋水軒尺牘》、《小蒼山房尺牘》、《雪鴻軒尺牘》「上列三大尺牘。早已天下聞名。為立身社會研究函牘必備之書。惟市售者僅有簡單注解。本局[36]特加評注使成文言對照便利讀者。」照古翻印之外，增補內容，加入白話注解、插圖、新式標點，求新求

---

[36] 此廣告乃襲用上海中西書局文案，故「本局」乃指中西書局而言，但無損於說明出版社求新求變之心。

變，都是創新能力發揮之處。

　　三、經銷其他出版社的蘭記特印版。與單純委託銷售不同的是，此類書籍雖是他家出版社產品，但書內卻直接印有蘭記書局的銷售訊息，尤以與上海出版社的合作最為常見。例如上海大一統書局 1931 年春月初版的《初學指南尺牘》，總經售處：臺灣蘭記書局，分發行所：南京南洋書局、中國圖書局，分銷處：全國各埠各大書局。同書 1935 年春月九版，總經售處：臺灣蘭記書局，代批售處：廈門鴻文堂書局、博文齋書局、泉州泉山書社[37]。雖然從大一統書局其他書籍看，蘭記書局僅擔任個別書籍的總經售，但已能充分說明蘭記書局的發行能力和範圍，突破了臺灣的區域限制，而及於大陸至少是東南沿海地區。此外如 1930 年上海中醫書局發行之《達生編》，蘭記書局為寄售處；年代不明由上海中西書局出版之《模範習字帖》，臺灣蘭記書局發行。本研究將此類書籍列入蘭記書局出版物的原因，是由於銷售訊息是印刷在書中版面，也多同時印有蘭記書局的廣告，顯係為蘭記書局所印製的特別版本。在自行研發出版能力不足的情況下，不失為一可行之道，同時也說明了，蘭記書局與上海出版社的關係，不僅是單純進書、退書的委託販賣而已，而是進一步將其視為長期合作的夥伴，能商討決定不同的合作模式。

圖 4-2
蘭記書局經銷他家
出版社書籍標示
（王榮文提供）

[37] 楊永智：〈蘭香書氣本相融──追溯蘭記書局在臺灣出版史（1915～1954）的軌跡〉，文訊雜誌社。《記憶裡的幽香──嘉義蘭記書局史料論文集》，臺北：文訊雜誌社，2007：99-131。

為目的，創設了「臺灣出版文化株式會社」[73]，首任社長西川純是臺灣皇民文學代表作家西川滿之父，除西川滿的作品之外，該公司曾出版多本皇民文學作品，包括臺灣總督府情報課企劃、選編，堪稱皇民文學終極之作的《決戰臺灣小說集》（乾卷，1944 年 12 月；坤卷，1945 年 1 月），與總督府之關係密切可見一斑。臺灣出版文化株式會社曾以取締役社長田中一二名義，於 1945 年 9 月 6 日寄送黃茂盛明信片，告知 8 月 24 日發送的第三回定期股東會議通知，須追加第二號議案。雖此時日本已宣佈戰敗，然黃茂盛為臺灣出版文化株式會社股東一事，足證其在日文圖書出版界中，亦具有一定的影響力。

　　在戰爭末期嚴峻的情勢中，黃茂盛與日人夙日的友好關係，以及經營才幹及幹旋能力，讓蘭記書局仍能站穩一席之地。但是中國大陸圖書無法進口，本土漢文圖書無法出版，此時的蘭記書局，應是以銷售漢文庫存書籍與日文書，力求存活。1944 年 9 月蘭記書局提供各書店的「在庫品御案內（庫存書介紹）」，僅列出四本書，且進出貨及帳務，都須通過日配臺灣支店，可見其時處境之艱難。更不幸的是，自 1944 年 10 月起，臺灣全島受到盟軍 15 梯次猛烈轟炸，1945 年 4 月 3 日，嘉義市遭到爆擊，市區多處大火，蘭記書局亦無法倖免，店面再次全毀，只能蟄伏以待和平到來。

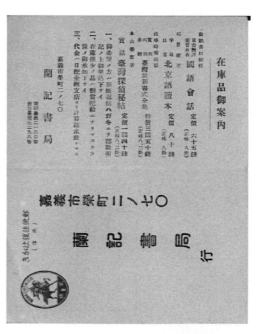

圖 3-4　蘭記書局「在庫品御案內」[74]
（王榮文提供）

[73] 河原功作、黃英哲譯：〈戰前臺灣的日本書籍流通(下)——以三省堂為中心〉，《文學臺灣》，1999(29)：206-25。
[74] 蘭記書局史料。

四、代人出版、經銷。黃茂盛因經營出版社之故，對出版事務嫻熟，常有欲出書的作者求教意見，如《臺灣新聞》專欄「一杵鐘」的作者，曾致書黃茂盛，詢問種種出書事宜。

> 前弟擬與黃師樵君編霧社蕃變次集，曾馳書乞教種種，頗煩精神，嗣因便不果，歉甚。茲別有一計劃欲商諸　先生者，蓋弟自客春於臺灣新聞每日夕刊闢一欄曰一杵鐘，批評政治時事勉為嚴正之月旦，遂頗博各界之過獎，今已閱年□，弟意欲彙集付梓以公同好，不知　先生以此有銷售之處乎？若貴店肯引受乎蓋每冊宜定價若干？堪銷幾許耶？　先生為斯道之三折肱者，應不吝賜指教也歟乎。[38]

從信中可知，此人已是第二次因為出書之事求教黃茂盛，但並無意將書交給蘭記書局出版，只是將其視為諮詢對象及銷售之處。又如另一作者亦曾致信黃茂盛云：

> 關於劣作問題已有具體成就，因恐下月工資再起，故決定於本月內付印一萬份。惟未卜印成後交貨時，對於書之代價之支付方法及期日未卜如何（例如交貨時提交全額幾成，其餘交款延幾時等），千祈示下俾作通盤計算（按半月可以印就）。而書價一事經在臺北各處研究，大約可以定價為一萬二千元，而吾兄究將以幾成付價？以上兩點千祈火急示下。[39]

由以上兩封信件可知，當時作者自行出版情況頗為普遍，唯對後續印刷、發行之事務多不瞭解，十分需要出版社經營者的專業協助。如與黃茂盛關係

[38] 《臺灣新聞》專欄「一杵鐘」作者致黃茂盛信，年代不詳，蘭記書局史料。
[39] □茂致黃茂盛信，年代不詳，蘭記書局史料。

良好的崇文社，自 1918 年至 1926 年，每月擬一題目徵求古文稿，徵稿百期之後，由新港林維朝、嘉義陳景初兩宿儒評選作品，集結成為《崇文社文集》共八冊，是該社最為重要的出版物，1927 年通過蘭記書局黃茂盛委託中西書局印刷出版。黃茂盛在該書《崇文社百期文集序》中言：「今者百期已終，行將付梓……余雖不敏，敢不勉力襄助以成美舉。[40]」該套書版心印有「臺灣崇文社藏版，蘭記圖書部承印」，但實際印刷者為上海中西書局，書後印有蘭記書局書目摘要及中西書局書籍廣告。崇文社其餘多本出版物，雖皆為非賣品，並以崇文社為發行所，但皆有蘭記書局協力的標示，同樣交由中西書局印刷的還有《鳴鼓集》一至五集，而《過彰化聖廟詩集》則是委由中華活版社印刷，書中皆印有蘭記圖書部的廣告。從此亦可看出黃茂盛因為十分熟悉上海出版社，乃成為委託上海印刷的中轉站，育英書房教師兼臺中師範學校講師江介石，通過黃茂盛將其編輯的《人道集》委託上海中西書局印刷，《趣味集奇譚》、《趣味集詩畫》委託上海千頃堂書局印刷；詩人陳懷澄編輯之《吉光集》、《媼解集》，則是通過黃茂盛委由上海大一統書局印刷。蘭記書局在這些書的版權標示上，雖僅為總經售，然而實已擔負起出版者的指導任務。

　　曾有一名基隆讀者李寶福寄信蘭記書局說道：「貴局名聲震駭基隆，弟常聞其馳名也，以為貴局文書正確，紙張精白，價錢便宜，而替臺灣青年獻身努力，弟聞其馴名，不覺佩服之至。[41]」很可以說明黃茂盛在出版方面的努力。據其夫人回憶，黃茂盛在尚未辭去合作社工作，僅是兼職經營蘭記書局時，已開始嘗試編印圖書，由於白日須至合作社工作，只能利用晚間趕稿，曾數夜未上床安睡，依舊精神飽滿[42]，顯見其樂在其中之狀。即連搭船赴日，於航程途中猶不忘寫信與陳景初討論寫作之事。

---

[40] 黃茂盛：〈崇文社百期文集序〉，《崇文社文集》卷一，彰化：崇文社，1927：10。

[41] 〈李寶福致蘭記書局信〉，年代不詳，蘭記書局史料。

[42] 黃陳瑞珠著、陳昆堂整理：〈蘭記書局創辦人黃茂盛的故事〉，文訊雜誌社。《記憶裡的幽香——嘉義蘭記書局史料論文集》，臺北：文訊雜誌社，2007：3-8。

景初老先生尊鑒　　素叨顧愛良深銘感，昨託代劉氏女史作傳之事，想已做就矣。盛因急欲上京，未獲拜言其經歷，且其墜落煙花一節，可否照述似須斟酌，蓋若不敘及，不足以表揚煙花中人而能為人所不能為者，愈足令人敬重；然一方面恐有以其賣笑而輕視之，且使女史回憶前情重添舊恨，此事尚望先生善為考慮，曲為閨篩之，是為萬幸。脫稿之日請速寄彰化街彰化字觀音廟王則修先生處，俾其附入是□。感念張家子女之得以長成者，皆劉女史之力（不以家貧生活困難而求去，甘為張家守節，撫育兒女成人，嘗盡萬分苦楚，且其性純而有□廉□無欲，尤為難得）是以十分敬重，欲藉　先生之筆而表揚之，諸多費神，容回家之日面謝。專此布達　致請
崇安

昭和 15 九月廿二於大和丸船內

晚生　黃茂盛謹上[43]

再如黃茂盛常將書籍委交上海印刷一事，亦可看出他對質量的用心。上海是當時中國出版中心、印刷原料的集散地，供應充足、價格低廉、質量甚佳自不待言。反觀臺灣，日據之初，印刷用紙及油墨全數仰賴歐美進口，因為需求不斷增加導致價格不合理飛漲，1899 年 2 月 28 日《臺灣日日新報》甚至要求日本政府全面廢止印刷用紙關稅稅率，以減輕文化用紙進口的負擔；直到 1911 年才由日本三菱造紙在臺灣雲林縣林內鄉開始機器造紙[44]，但造紙產業在臺灣一向不發達。因此，雖然從上海印刷運來臺灣，需多付運費、花時較長，且須通過海關之檢閱，但仍成為黃茂盛偏好的方式，其著眼點即在於成本及對質量的要求和堅持。

但借重上海印刷能力之餘，蘭記書局與本地印刷廠也多有業務往來，依

---

[43] 〈黃茂盛致陳景初信〉，1930-9-22，蘭記書局史料。

[44] 徐郁縈：《日治前期漢文印刷報業研究(1895-1912)》，雲林：雲林科技大學，2008：39。

據楊永智統計整理，蘭記書局曾先後與 11 家臺灣印刷廠合作[45]：1.臺南黃振耀的鴻文活版社；2.臺南吳源祥的源祥活版印刷所；3.臺南葉燈的平和印刷所；4.臺北庄添福的光明社活版部；5.臺北青木印刷所；6.臺南士培印刷所；7.臺南高田平次的五端第三支店；8.臺南朝陽興業株式會社印刷部；9.臺南開陽堂印刷廠；10.臺南大明印刷局；11.臺北臺灣印刷股份有限公司。

　　1947 年 6 月 16 日，蘭記書局應對物價波動，發出《中華大字典》、《國台音萬字典》增價聲明，聲明中清楚列出兩書售價、批價與各項費用，意外為當時的書籍成本結構留下珍貴紀錄。

圖 4-3　《中華大字典》、《國台音萬字典》增價聲明[46]（王榮文提供）

[45] 楊永智：〈蘭香書氣本相融——追溯蘭記書局在臺灣出版史（1915～1954）的軌跡〉，文訊雜誌社。《記憶裡的幽香——嘉義蘭記書局史料論文集》，臺北：文訊雜誌社，2007：99-131。

[46] 蘭記書局史料。

表 4-2　《中華大字典》、《國台音萬字典》費用與成本結構[47]

書名	種類	售價	批發價 (7 折)	印製成本			
				印刷費	印工	製本	合計
中華大字典	三號紙	300	210	120	60	25	205
	白洋紙	400	280	192	60	30	282
國台音萬字典	三號紙	90	63	27	20	5	62

　　從上表可以發現，當時出版業利潤之微薄，頗令人訝異。這兩本書的印刷廠皆為臺南鴻文印刷廠，包括紙張、印工、製本在內的印製成本即達售價的 7 成左右，與批發價相差無幾。《中華大字典》三號紙在印製成本與批發價之間僅有 5 元利潤，白洋紙倒賠 2 元，《國台音萬字典》則僅有 1 元。若再加上作者報酬、人事及管銷等費用，可以說是「賣越多、陪越多」。雖然蘭記書局在增價聲明中解釋調整售價原因是「紙料暴騰，再版成本倍加」，但從此結構看來，調整後的價格似依然不敷成本。這當然是因為書籍定價需考慮因素甚多，如讀者接受度等等，絕非單純「反映成本」而已。若此二書並非特殊情況，而是當時常態，則除非自售部分有很好成績，或是書店業務獲利豐厚，實難支撐出版業務的發展。

三、漢籍流通會

　　「漢籍流通會」是蘭記書局黃茂盛成立的讀者組織，在其〈章程〉中，黃茂盛自言其成立宗旨是：「本會以促進社會文明，陶養個人精神，俾節有用之金錢與時間，而務有益之消遣為宗旨，無論男婦老少，願加入本會為會友者一律歡迎。[48]」1924 年 3 月 28 日《漢文臺灣日日新報》的消息則說：「嘉

---

[47]　筆者依據二書「增價聲明」中之數據整理製表。

[48]　〈章程〉，《圖書目錄》，嘉義：蘭記圖書部，1925：2-3。

義信用組合書記黃茂盛氏為鼓吹讀書趣味。促進社會文明。創設小說流通會。」從其對外宣稱的成立宗旨來看，此組織似乎單純是一個「非為營利」的漢籍愛好者組織，希望糾合一批志同道合的讀書愛好者，通過閱讀該會備置的有益書籍，陶冶個人性情，甚至改善社會風氣。其置辦的書籍是：「經史子集、詩文雜誌各種參考書，暨中國古今各種稗史小說，以及月刊雜誌、諸有益善書凡數千種。[49]」但是在深入探討其運作概念及方式之後可以發現，實際上「漢籍流通會」的商業效益，並不下於其文化意義，甚至更甚於後者。若要做一類比，可以說是二十世紀出版業重要的發行管道之一讀書俱樂部，以及租書店的混和體，在當時臺灣可謂絕無僅有，很有特色，在出版史上具有特殊的意義。

從其〈章程〉中可知參加方法如下：

一、凡願加入本會為會友者，需納保證金壹圓，全年會費三圓六拾錢（半年貳圓、三個月壹圓二拾錢），本會當給與會友證一紙，始克享受本會權利。

二、凡加入本會期限滿了之後，繼續與否悉聽自便，唯半途退會既納會費概不退還，但各會友所納之保證金，退會之日一律發還。

三、會友取去書籍需各存道德心，珍惜愛護，幸勿任意散佚汙損，如有散佚汙損無書退還，需照價賠補（從保證金內扣除，若有餘則退還，不足照補），購書賠償亦可。

四、本會所備之書每種數部至十數部不等，再有供不勝求之時，當儘先來取者先閱，但每次取書至多不逾過二部（六冊以內），市外會友酌量郵寄不再此限。

五、市外會友若憑會友證取書未免耽延費事，本會當就其來函繳費時之住所，將希望之書由郵寄奉，閱畢之時再由會友寄回本會更換

---

[49] 同上。

他書，但存一冊繼覽無妨。

六、市外會友可將本會書目中凡喜閱者之書做一記號，或另開單寄來，本會即可照單按期寄奉。

七、市外會友關於寄書郵費概要負擔（可以郵票壹圓或數角存於本會，以便貼用），然郵便規則，凡書籍寄遞，每重三兩郵費二錢，約可寄書二、三本，全年計之不過數圓，可計閱書數百本，實屬便宜。

從此〈章程〉的第一條內容可知，漢籍流通會是一個封閉式的會員組織，需繳納一定會費才能取得會員資格，然後可以從「專家」（黃茂盛）精選的書單中，選擇自己喜愛的書籍。此種聚集興趣相同讀者，閱讀固定範圍書籍的精神，與讀書俱樂部極為相似。所不同者，讀書俱樂部以大量進書（或印特別版本）壓低售價，再以低價促使讀者購書，營利來源是讀者的購書。而漢籍流通會則是入會之後並無購書義務，而是可「免費觀覽」所有會中備置的書籍，看完一書歸還後再換其他，更接近租書的型態。

但這個混和了讀書俱樂部與租書店的讀者組織，是否真如黃茂盛所言「非為營利」？首先可以從其收費標準來看。漢籍流通會成立之後，會務發展頗快，僅一年時間會員便增加至四百人（詳見第三章第一節），雖然無史料可以判斷這四百名會員參加的期限，若以最樂觀的估計，每人都繳了一圓保證金與三圓六十錢的會費，那麼這一年之間，蘭記書局就增加了 1,840 圓現金可周轉使用，而書籍除了自然耗損，遺失及惡意破壞可從保證金中扣除抵還，不會有所損失。對照雅堂書局開辦時資本是 3,000 圓[50]，國際書局的開業資本只 2,000 圓左右[51]，1,840 圓對一家漢文書店的營運必然大有幫助；即使會員以參加短期居多，保守估計也應有近千圓收入。

更重要的是，除了租書業務外，漢籍流通會另和兩項業務有所連結，一

[50] 春丞：〈日據時期之中文書局〉，《連雅堂先生相關論著選集》（上），南投：臺灣省文獻委員會，1992：23-53。

[51] 謝雪紅口述、楊克煌筆錄：《我的半生記》，臺北：楊翠華，1997：291。

是善書贈送，已如前所述，另一是售書。1925 年 8 月，蘭記書局在漢籍流通會成立一週年時，發行了一本《圖書目錄》，這本由蘭記圖書部和漢籍流通會共同具名發行的目錄，內容豐富，除有漢籍流通會成立緣起、章程、購書辦法，還有代贈善書訊息，占最大部分的則是書籍廣告及價目。其前言中說：

> 敝會始創於大正甲子梅月，回顧拮据以來，為日未久，竟蒙各地名士格外贊襄，鼎力紹介，現加入者經達四百餘名，更有蒸蒸日上之概，私念敝會趣旨備承各界共諒，亦足徵吾臺文風日盛，王道重興之兆也，曷勝慶倖。第思偏僻之地，郵局未設，書籍遞送頗感不便，就中雅欲加入，難免躊躇。<u>敝會有鑑於此，者番特辦經史子集等諸有益書籍，累數萬部，際此業慶一周，開始現售，特編細目詳載價格，以應遠方人士函購之便。</u>仍以灌輸學識、普及文化為懷，籍（藉）酬諸大方眷顧，聊表敝會寸衷，凡有各種書籍特別從廉，尚望源源鼓吹，無任歡迎。
>
> 歲次乙丑梅月吉旦[52]

亦即這份圖書目錄的最大目的在於現售圖書，方便郵購，由此點看來，又與讀書俱樂部的型態相差無幾了。漢籍流通會融合了招收會員、贈送善書、銷售目錄多功能於一體，其目的就在藉由贈書吸引讀者注意蘭記書局，建立名聲，更可獲得索書者的名單，方便寄送目錄、廣告；繳交一定會費就可「無限（冊數、期限）觀覽」的漢籍流通會，以低成本高價值，降低讀者加入的心理門檻，會中備置的書籍還有試讀本的效果，最終獲得銷售圖書的利益。總而言之，這是一整套環環相扣的凝聚、經營讀者之法，有了這一群精準的讀者群，對蘭記書局的郵購事業大有裨益。

因此蘭記書局對推廣漢籍流通會十分盡力，除了借助善書贈送，也在雜

---

[52] 〈前言〉，《圖書目錄》，嘉義：蘭記圖書部，1925：1。

誌刊登廣告，如《臺灣詩薈》曾有其廣告，其辭為：「消夏之法，讀書最佳，若欲讀書請入本會，諸君全年僅出會費三圓六角（半年三個月壹圓貳角），可得瀏覽書籍雜誌數百種。本會印有圖書目錄，函索即寄。[53]」還推出了贈品方案。如上述《圖書目錄》中有：「本會為推廣文化，增進讀書趣味起見，凡蒙紹介加入者，敬呈薄贈藉酬雅意（另印贈品簡章，函索即寄），尚望各地君子鼎力贊勷，是所切禱。」1924 年 8 月 13 日《漢文臺灣日日新報》云：「……此回因招徠讀書會友。及尊孔雜誌愛國報訂閱者起見。凡此際加入者。贈呈德國紙幣十萬馬克。紹介人則視其介紹多寡。贈品有差。概以促進文明為職志。非營利也。」1927 年 2 月 12 日[54]《漢文臺灣日日新報》云：「通流漢籍　嘉義街黃茂盛氏。創設漢籍流通會。於今已滿五周年[55]。近更對於顧客。贈以年末商業協會之抽籤券。遠方郵購者則贈送文房具。」不但加入者可獲贈品，連介紹者亦有贈品，且贈品價值與介紹人數多少有關，若說完全不為營利，實不符常情，頗難令人信服。

　　讀書俱樂部源起德國，1891 年的「讀書之友協會」是濫觴[56]，但要到一戰之後的 1920 年代，為了擺脫經濟蕭條、書價居高不下的困境，才開始陸續創設[57]。其後歐美各國紛紛仿效成立，1926 年美國出現了第一家圖書俱樂部「每月一書俱樂部」（Book of the Month Club）；英國則是在 1929 年，由阿蘭‧波特（Alan Bott）創辦了第一家圖書俱樂部「圖書學會」（Book Society）[58]；日本則晚至 1970 年才出現第一家讀書俱樂部「全日本圖書俱樂部」（全日本ブッククラブ）[59]。經過百年的發展，讀書俱樂部因為能夠在浩瀚書海中，

---

[53] 連橫：《臺灣詩薈》(下)，《連雅堂先生全集》（上），南投：臺灣省文獻委員會，1992：512。

[54] 原報日期刊為「昭和二十年二月十二日」，為「昭和二年」之誤。

[55] 漢籍流通會創設於 1924 年，實為滿三週年。

[56] 楊濤：〈歐美國家的讀書俱樂部〉，《中國出版》，1992(6)：61-3。

[57] 馮文華：〈圖書俱樂部的歷史沿革及成功要素〉，編輯之友，2005(6)：17-21。

[58] 馮文華：〈圖書俱樂部的歷史沿革及成功要素〉，編輯之友，2005(6)：17-21。

[59] 日本雜誌協會、日本書籍出版協會：《日本雜誌協會‧日本書籍出版協會 50 年史》，東京：日本書籍出版協會，2007：21。

先篩選出值得一讀的好書提供讀者參考，以及優惠的價格吸引讀者購書，不但已成為二十世紀出版業重要的發行管道之一，對閱讀的普及也產生很大的作用。而這些同樣是漢籍流通會可以提供的利益，且漢籍流通會會員入會之後，並無購書的義務，可以借閱方式遍讀會內置辦的書籍，又比讀書俱樂部會員擁有更大的自由度。

再從成立時間點來比較讀書俱樂部與漢籍流通會，黃茂盛創立漢籍流通會的 1924 年，讀書俱樂部僅僅在德國起步，英美還未出現，更不用說是中國與日本了。當時臺灣與世界直接交流並不密切，主要經由中國與日本，然而如同前文提及的，1924 年 8 月 13 日《漢文臺灣日日新報》中有一則漢籍流通會招募會員的報導，內容提到加入者的贈品之一為「德國紙幣十萬馬克」。雖然並無其他例證可說明黃茂盛與德國時事、文化的接觸，但不能排除黃茂盛受德國讀書俱樂部啟發而得到靈感的可能性。然而，漢籍流通會與讀書俱樂部雖然「形似」，但內涵卻有很大的不同，依然可以視為一個完全由本土獨立創發的讀者社群。

漢籍流通會是一個集多功能於一身的讀者組織，在當時是一大創舉，充分顯示了黃茂盛精明靈活的商業頭腦。不過買賣互惠，從讀者角度言，漢籍流通會的確提供了一個便宜又方便的管道，讓漢籍、漢學的愛好者大大降低了閱讀的成本。和善書贈送、二手書買賣，都是促進知識流通的方法之一。

漢籍流通會除了自成一個銷售管道之外，也替另一條郵購管道提供發展的條件。郵購也是蘭記書局的特色之一，黃茂盛充分利用當時郵政所能提供的服務，讓蘭記書局突破了地理的限制，觸及到全省各地甚至海外的讀者，拓展了服務對象與範圍。但郵購的意義不僅是書籍運送方式不同，更是一種化被動為主動的銷售方式。郵購要成為有效的出版銷售管道，需要兩項內部基本工作配合：建立並提供圖書訊息，與獲得讀者名單。前者蘭記書局利用刊登雜誌、書末廣告與發行圖書目錄，提供讀者所需的詳細書籍內容介紹與價格訊息；後者就是利用漢籍流通會，蒐集讀者名單。

蘭記書局刊登廣告最多之處，當屬《三六九小報》，該報自 1930 年 9 月

9 日始，共出刊 479 期，蘭記書局自第三號開始（1930.9.16），幾乎每期都有新書介紹廣告。其餘如《臺灣民報》、《臺灣詩薈》、《詩報》等雜誌，都有蘭記書局廣告的蹤影。1933 年 3 月 13 日《三六九小報》刊登讀者座談會內容，一名參與座談讀者提到連廣告也愛看，「蘭記書籍。我買了數百部。[60]」可見其廣告之效果。

郵購所需的外部要件則是完善的郵政系統，以支持物流、金流兩方面的需求。1934 年 4 月改正的圖書目錄[61]中，詳細說明了蘭記書局的郵購之法：

　　▲凡欲通函購書者，請開明書名部數，連同書價寄費一併寄交，敝號當即照信檢齊，妥包寄奉。寄書費不論購書多寡，均郵購者自理，約照書價另加一成，多即寄還少即寄補。

　　▲寄出書籍概不退換，但缺破損不再此限。

　　▲寄來書價有剩餘則購郵票寄還，或留敝號候下次購書之用。

　　▲先貨後款之辦法恕不應命。

　　▲郵便代金引換，不論金額多寡，每件需加書留料及代金引換料二角，故購書不滿一圓者，恕不照辦。以郵票或匯振替貯金來購可也，郵匯不便處可以郵票「郵便切手」通用、印紙不收。

　　▲諸君來信購書或通問、不論初次二次皆須填明住所如○○郡○○庄○○番地，請詳細注明以便照復，因小號每日收發信多、恐難追查，倘或地名不清恕不答覆。

　　▲敝號書目遂期改訂，價目亦有隨時漲跌，其定價概照新出書目為準，但名目繁多不克備載，諸君欲購何書，來函知照，並附返信料當則答覆，但禁書與淫書不售。

---

[60] 古圓速記：〈讀者座談會〉，《三六九小報》，1933-3-13。

[61] 蘭記書局史料。

　　從上說明可知，郵購付費之法甚多，可直接寄去現金、可用郵票代替、可通過振替貯金（劃撥帳戶）、可利用代金引換（代收貨款）服務等。1925年8月發行的《圖書目錄》中，說明了利用「代金引換」服務的程序：「凡欲代金引換者，需先付書價二成，譬如購書壹圓先付二角，敝會即將惠顧之書寄到該處郵局，由郵局發給通知書交購書人，持款赴局領取（但此辦法多費郵料，且郵局發出通知書之日起算，限十日間，若不領取將原書退回）[62]」。多費之郵料當係「書留料」（等同掛號費用）和「代金引換料」，可見當時臺灣郵政業務已十分先進，不遜今日，提供圖書郵購發展最有力的支持。臺南縣新化鎮一名讀者黃百川寄信蘭記書局索取目錄，信中言道：「生是一介白面書生，素對於書籍甚以趣，本是菲才之輩，欲隨心研究西文。素聞　貴局對於此類書籍無所不有，本應趣（去）局選擇購置，但因路程千里，況復交通不便，茲修寸楮，懇乞貴局所發行之書籍目錄一份送下，以資應需注文……[63]」此信當是讀者選擇郵購圖書，以及郵購利於讀者之處的最好說明。

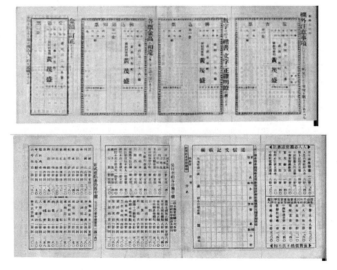

圖 4-4
蘭記書局劃撥單[64]
（王榮文提供）

---

[62] 〈緒言〉，《圖書目錄》，嘉義：蘭記圖書部，1925：4。

[63] 〈黃百川致蘭記書局信〉，1947-1-6，蘭記書局史料。

[64] 蘭記書局史料。

四、其他業務

(一)善書助印及贈送

　　所謂「善書」，是勸人行善止惡，並確立道德規範的指導書，目的在於教化人心、改善社會風氣，歷來以宗教性書籍為最大宗，其餘如聖諭、官箴、家訓、蒙學、格言等，都是常見的勸戒教化文獻，也可列入廣義的善書範圍。善書的流傳和一般書籍不同，主要借助傳抄和助印。民間相信，印送善書本身就是行善積德之舉，可以獲得福報轉運，因此貧者傳抄、富者助印，在民間蔚為風尚。印刷術普及之後，傳抄者漸少，助印贈送成為善書最主要的流傳方式。學者宋光宇認為，臺灣清末到日據時代善書突然興盛，和抗日情緒不無關係，當時日本人為提高稅入，嚴格執行鴉片專賣政策，臺灣人民終於不能忍受，借著關聖帝君戒鴉片煙的活動，抵制日本人統治。雖然這次抵制風潮遭日本人鎮壓而消退，但到了日據中期，又因興起漢文運動，書房有中興之勢，連帶撰作善書的鸞堂也更加發展[65]。也有研究者認為，日據時期臺灣因為殖民政府極力消除臺灣人民的漢族意識，儒學思想遭到壓抑，臺灣人民便採取包括宗教、詩社、孔教報的發行等多種方式作為應對，以維續儒學思想的傳播，許多儒家忠孝節義的觀念，便通過善書的形式，繼續傳流在臺灣市井民間[66]。這些看法說明了日據時期的善書助印和贈送，除了原始行善積德的目的之外，更增添了民族的反抗意識在其中。而日據時期印刷技術的發達（第二章第三節），以及流通便利性的提升，更產生了推波助瀾的效果。

　　日據時期善書助印及贈送風氣興盛，也成為蘭記書局相當重視且積極進

---

[65] 宋光宇：〈清末和日據初期臺灣的鸞堂與善書〉，《臺灣文獻》，1998，49(1)：1-19。

[66] 陳宏志：〈臺灣社會儒家思維的體現〉，《南方論刊》，2012(2)：55-8。

行的一項業務，黃茂盛創設漢籍流通會之時，即有一附屬單位「善書流通處」，並積極散佈贈送善書的訊息。除了創辦人黃茂盛的理念之外，蘭記書局初期主要贊助者馮安德的大力推廣更是功不可沒，《漢文臺灣日日新報》上常見漢籍流通會贈送善書消息，已如第三章第一節所述，僅 1925 年 8 月發行之《圖書目錄》上，就列有 221 種善書，均由馮安德購贈代印。該《圖書目錄》中，提及贈送善書之緣由為：「今者世風日下，道德淪亡，忤逆奸邪層見迭出，有心人莫不隱憂，幸屏東郡長興庄馮先生熱心勸世，樂捐鉅款……使一般傳頌，互相警戒，同歸正道。[67]」其餘贈送善書消息也多半以「鑒世風日下。道德淪亡。為挽回風化。補救人心」、「為頒佈聖道，以重綱常」、「鑒末俗澆漓。欲矯正人心」為開頭，與傳統印送善書的目的並無不同。

　　至於種類則十分多元，傳統從宗教因果勸人修身、為善、警世等書，如《三世因果戒淫文輯證》、《文武二帝救劫經》、《三聖經觀音靈異記》、《戒殺放生文》、《白衣大士神咒》之外，較為特別的還有以孔教聖訓為要求的善書，主要是上海中華聖教總會所撰，包括每個月兩期，全年二十四冊期刊形式的《愛國報》，蘭記書局圖書目錄中介紹其為：「主旨要在尊崇孔道，發揮新理，參以道德要綱、倫常大義，誠救世之良書、醫時之砭石也。研究孔子聖道，不得不讀。[68]」此外還有醫學書籍贈送，如《痘疹金鏡錄》、《白喉治法捷要》、《眼科研究良方》、《達生編》等，以助人身心皆脫離苦難；還有應對新時代需求而產生的善書，如《文明結婚禮節》、《平等自由人權演說》等，超越了傳統善書確立道德準繩、行善修身的範疇，教導民眾作為現代人需具備的文明開化觀念。總之，舉凡有益於民眾生活和社會發展所需的，甚至「格言日曆」，都可能成為贈書範圍。

　　從書店的角度出發，鼓吹贈送善書除了教化人心之外，其實有更多重的利益存在。某年某月二十七日《漢文臺灣日日新報》有一則消息：「贈送善

---

[67]〈代贈善書〉，《圖書目錄》，嘉義：蘭記圖書部，1925：封面裡。
[68]〈愛國報廣告〉，《圖書目錄》，嘉義：蘭記圖書部，1925：3。

書醫書　臺北市大和町公設質鋪主事王奎光氏。欲挽頹風。此次向嘉義蘭記書局。購買世界道德精神錄。勸孝文。戒殺放生文。戒訟□戒淫文輯證。醒世良方。普濟良方。達生編。驗方新編。羅狀元詞。痘疹金鏡錄。白喉治法捷要。眼科研究良方合編其他十數種善書醫書。贈送各地云。」又有 1930 年 8 月 16 日《漢文臺灣日日新報》消息：「海山郡板橋街廩生賴道源氏。向嘉義蘭記書局購驗方彙編一書多卷。欲無料分送於人……」。這些善書皆標有訂價，並非完全靠贈送的非賣品，若有人大批購買，實無異於一椿好生意。又如 1929 年 4 月 6 日《漢文臺灣日日新報》夕刊消息：「人道集將出版　臺中市育英書房教師。現兼任臺中師範學校講師江介石氏。為欲挽回末俗。費盡數載精神。編輯人道集一書。全十四冊。內分仁、義、禮、智、信五部。包括各種文藝。前曾出版數百部。託嘉義街蘭記圖書部。無料贈送各界。者番又出版寄同所。每部以原價二元四角賣出云。」先送後賣，先送之書若能建立起口碑，對於銷售必大有幫助。

　　此方法其實屢見不鮮，前已提到福建陳常堅即曾寄信黃茂盛，表示看到由宏大善書社贈送的《精神錄》之後，感動非常，要再購買二百冊。贈書成為「試讀本」，帶來其後更多訂單，雖然這應非作者陳江山與蘭記書局的本意與故意，但確實帶來了此種效益，甚至比單純的廣告效果更好。又如 1927 年 11 月 20 日《漢文臺灣日日新報》消息：「刻經會送善書　嘉義西門外。漢籍流通會創設以來。鑒末俗澆漓。每贈送善書。或受人託贈。實欲矯正人心。今回北京中央刻經院。寄到三聖經觀音靈異記。白衣大士神咒。各一千部。要者可向該會索取。如遠方人士。宜附郵券六錢函索。又該刻經院另印佛經善書一千部。分為十集。託該流通會照價出售云。」

　　即使不以金錢論，由於善書上通常會加注印送者姓名，隨著善書的流傳，這些助印者的名聲也隨之遠播。比如 1929 年中醫書局重訂初版的《青年鏡》、1927 年千頃堂出版的《格言精粹》，封面就印有「嘉義西門外一五九號蘭記圖書部印送」字樣；同樣是千頃堂出版的多本善書，1919 年的《眼科良方》、1924 年的《羅狀元詞》等，書內都加印了蘭記圖書部的廣告，閱讀善書之人

自然會對此書局留下深刻印象。尤其這些善書的贈送數量，較之一般圖書的
銷售量多出甚多，動輒上千冊，據 1925 年 6 月 9 日《漢文臺灣日日新報》之
報導，馮安德贈送的《三世因果戒淫文輯證》、《醒世言》、《文武二帝救劫經》、
《青年必讀》等書，各高達五千部，對蘭記書局形象之塑造、名聲之傳播，
必大有幫助。最經典的案例，莫如蘭記書局的標誌性出版物《精神錄》，該書
是陳江山編輯摘錄古今至理格言，談論修身經濟、勸善、養生之道，因為文
字平易流暢，很受歡迎。靠著作者自身及諸善士捐資助印贈送，和遠自南洋、
暹羅、中國大陸各地的主動索閱，此書的印行量和流傳範圍，都超越一般書
籍，創下了蘭記書局的紀錄。蘭記書局以一本善書讓聲望達於頂峰，實為一
有名有利，一舉兩得之美事業。

(二) 舊書買賣

　　將自己看過的舊書，以廉價讓售，是黃茂盛創立蘭記書局最初的業務，
但自正式開設書店之後，就以販賣新書為主。再次從事舊書買賣，則是受時
局影響，自光復後開始。戰後臺灣的圖書無論中文、日文，都極度缺乏，中
文書籍缺乏原因，是經過戰爭期間與中國大陸的交通斷絕，以及皇民化運動
禁止漢文書籍出版，之前的存書已無多；而戰後紙張、油墨等原料皆缺，工
廠損壞嚴重，印刷業無法開展，只能仰賴從上海運來。但新從上海運來的圖
書雜誌，又因為幣值差異與運費昂貴，售價過高。1946 年法幣與臺幣的公定
匯率是 1 比 25，但從上海運來的書籍，售價是定價的 34 倍，一般人根本買
不起，只能作為櫥窗的陳飾，供少數人的享受，冀使一般人普遍的閱讀，還
是辦不到[69]。在此情況下，二手書的出現，適時填補了圖書市場的空缺。
　　臺灣光復後二手書的出現有兩個波段高峰，第一次是 1946 年以後，日文
書從待遣返日僑的手中流出。根據「戰敗國條約」規定，光復後居住在臺灣

---

[69] 蔡盛琦：〈臺灣流行閱讀的上海連環圖畫（1945-1949）〉，《國家圖書館館刊》，2009，98(1)：
　　55-92。

的所有日僑必須被強制遣返，被遣送者每人僅准許攜帶現金一千圓及途中的食糧、旅行袋二個份的生活必需品，包括圖書若干冊也以「與作戰無關而非歷史性書籍及文件報告書統計數字暨其他類似史料」為限，每人攜帶物品須「一挑自行搬運上船」。待遣返日僑一方面沒辦法帶太多東西回去，另一方面也迫切需要生活之資，便在路邊擺售地攤，將值錢的生活物品、字畫古玩、石章墨硯、碑帖書籍、日用藝品等拿出來賤價拋售[70]。第二次是 1949 年前後，大量從大陸撤退來臺的逃難人口，一時間衣食無著，為了改善生活條件而不得不鬻書維生者比比皆是，許多中文珍本字畫因此大量散出。

　　需求大、供應多，書店因此紛紛做起二手書買賣的生意。蘭記書局也是在第一次高峰期，1946 年 7 月 1 日印行及 7 月 10 日改訂的圖書目錄[71]上，都增加了收購舊書一欄：「古本買入　不論中文、日文、英文，不拘種類一律買受。英語、科學、電氣、機械、化學、工學、物理、醫學、動物、植物諸專門書，買入價格五倍十倍。」 到了 1946 年 11 月 16 日《臺灣新生報》的廣告中，收購的標準更加提高為「買入價格，中文書自二十倍至百倍；日文書自五倍至二十倍」。短時間內買入價格就如此大幅提高，可見當時收購舊書業務競爭亦十分激烈。特別的是，蘭記書局的買賣舊書價格十分透明，另一則《新生報》廣告中列出的圖書，皆明確標示出「買入價」與「賣出價」，如《辭源》三冊買入價 900 元，賣出價 1,200 元；《辭海》二冊買入價 1,500 元，賣出價 2,000 元[72]。舊書買賣價格受到書況、版本等多種因素影響，本不似新書規範，多少帶有「喊價還價」的空間，蘭記書局反其道的「明碼標價」，應可增加不少讀者的信任程度。

　　刊登廣告的確收效，吸引了欲出售藏書者詢問價格，臺北鄭福波明信片中即言：「緣為前番鄙人有觀及報紙上廣告，於尊號要搜集古昔書籍等事，

---

[70] 李志銘：《半世紀舊書回味》，臺北：群學，2005：38-9。

[71] 蘭記書局史料。

[72] 蔡盛琦：〈從蘭記廣告看書店經營（1922～1949）〉，文訊雜誌社。《記憶裡的幽香——嘉義蘭記書局史料論文集》，臺北：文訊雜誌社，2007：85-97。

今因敝承祖先所遺下中國廿四史共□□，及古跡□字黑底（字書）畫多少除要現需用外，此二項思欲投賣，未知尊意定何價格，希乞派員親來實察商討為盼。[73]」又如臺中簡連春來信：「前聞貴書局收買古書事，敝友現有醫學書籍（日文版）多種，擬定出售，倘若貴書局有意承買者，祈賜示來知，自當呈上書名、冊數以作參考。[74]」

　　理論上，知識是不斷推陳出新的，出版業的良性發展，應該建立在不斷的創作和閱讀所形成的循環上。二手書買賣在臺灣的盛行，看似是時代造成的悲劇現象，但也不妨從另一個角度思考，舊書的再度進入市場機制，其實正促進了某些知識的重新活化流通，很多從前買不起的書，現在褪去了貴族的色彩，變成親民的知識來源；以前有錢也買不到的絕版珍本、善本，現在可以讓更多人大開眼界；還有在時代淘洗中逐漸被人遺忘的好書，現在重新回到人們的目光之中。以日文書為例，依照總督府在殖民初期對臺灣做的調查研究，所出版的全套《臺灣舊慣調查》、《臺灣慣習記事》雜誌、《臺灣文化志》（伊能嘉矩，1928）、《番族慣習調查報告書》、《臺灣番族慣習研究》、《臺灣八縣地圖》等，在光復以後都成了臺灣舊書市場上的「招牌菜」。甚至有日籍學者表示，臺北著名舊書街牯嶺街曾豐富蘊藏大正時期出版物，有不少是日本本地亦不易搜羅者[75]。質佳但價高的日文書，尤其是豪華的精裝書，對日據時期的臺灣人來說，都是昂貴的奢侈品，但在舊書市場上卻能以低廉的價格買到，吸引了求知若渴的人鎮日在舊書堆中「淘寶」。可以說，二手書某種程度上挽救了知識斷層的可能，其功不可小覷。

---

73 〈鄭福波致蘭記書局信〉，年代不詳，蘭記書局史料。
74 〈簡連春致蘭記書局信〉，1947-6-16，蘭記書局史料。
75 李志銘：《半世紀舊書回味》，臺北：群學，2005：42。

五、本章小結

　　本章將蘭記書局從創立以來曾從事的業務，做了整理。從中可以發現，當時臺灣漢文圖書業者對中國出版中心上海的依賴甚深，保持密切的合作關係。兩者的合作模式大致可分為三種：1.進口上海書籍銷售，採取委託銷售或買斷模式，是書店最基本、單純，卻也是最主要的業務；2.委託上海出版社印刷臺製書籍。原料供應充足、價格低廉，印刷設備及技術又領先全中國，讓蘭記書局願意克服隔海運送的不便，及書籍檢閱的風險，將多本書籍交由上海出版社印刷；3.擔任上海書籍的總經售。選擇適合臺灣市場，但版權屬上海出版社的書籍，印刷蘭記書局的特殊版本發行。可充實蘭記書局出版物的數量，書中的蘭記書局廣告，更可提升形象、增加知名度。在臺灣民眾對知識的需求，與自行出版的供應能力不平衡的狀態下，蘭記書局通過運用上海的資源，大幅提升了臺灣漢文書籍市場的水準。不論是知識的更新速度和多元程度，還是印刷裝幀工藝的進步，都是臺灣出版業者無法獨力達到的。

　　藉助上海之力外，蘭記書局對臺灣圖書出版的發展也著力深耕，黃茂盛自行編纂了多本教材外，陳江山的《精神錄》、陳懷澄的《吉光集》、《媼解集》、陳森峰的《中華大字典》、林珠浦的《新撰仄韻聲律啟蒙》，崇文社的《崇文社文集》、張淑子的《精神教育三字經》，都是當時重要的出版物。蘭記書局並多次舉辦徵文、徵詩活動，製造和讀者互動的機會，也開闢稿源。並贈送優勝者圖書禮券，鼓勵購書，間接提升了社會讀書風氣，形成了良善的循環。而在戰後出版條件極度匱乏的時代，蘭記書局也從事舊書買賣以應對，幫助鬻書之人解決經濟困難之外，也活化了知識的流通，緩解了臺灣當時圖書不足的窘狀。

　　創立獨特的「漢籍流通會」，則是黃茂盛凝聚、經營讀者的獨門之法。以「贈送善書、低廉入會費、免費觀覽」為誘因，招募會員，吸收名單，最後

再發行圖書目錄，與售書結合，將多項業務融於一體。而漢籍流通會得以成功運作，很重要的因素是當時的郵政業務已十分發達，足夠支持圖書郵購通路的發展。蘭記書局在報刊刊登的廣告及目錄上，皆附有劃撥帳號方便匯款，也設想周到地自行印製了劃撥單，減少讀者填寫的麻煩，郵局甚至可以代收貨款，提供方便的金流管道。寄送圖書也有一般平信、包裹、掛號等方式可選擇，大大擴展了蘭記書局的服務範圍。

　　販賣何書、出版何書，代表的是經營者對時代趨勢、文化特長、讀者需求的綜合判斷，下一章開始，就將從蘭記書局的經銷、出版書籍，分析日據時期臺灣的知識版圖。

第五章　蘭記書局經銷圖書分析

　　在蘭記書局的諸項業務當中，經銷圖書可說是比重最大，也最為讀者熟知的一項。如前文已述及，一名《三六九小報》的讀者，僅看廣告就購買了數百部蘭記書局書籍。《三六九小報》中，另有一篇記事提到往蘭記書局購書之事：「晚餐後。隨意外出。僕等則結隊往蘭記書局購書。書坊雖不甚廣。而佈置整然。魚魚雅雅。左右圖書。主人黃茂盛君。亦優禮招待。乃各購所需書籍而出。[1]」可見蘭記書局夙負盛名，引人慕名而來。然而在當時臺灣本土創作能量不足與文化發展較為滯後的情況下，包括蘭記書局在內的漢文書店，絕大部分銷售的書籍，都是從中國大陸進口。書店經營者藉由對實體書籍的撿擇、購買、運送、銷售，將無形的文化與知識源源引進；並通過陳列、宣傳、導讀、推廣，型塑讀者對於漢文知識的理解與認知。所以這個看似單純的商業「賣書人」角色，其實是重要的文化「守門人」，他們既是知識的採集者，也是知識的零售者，更是協助臺灣民眾學習漢文知識的代理人，且一定程度的扮演了中介中國漢文圖書知識視野的人物，為臺灣與中國之間建置了漢文流通的網絡，促使殖民地臺灣得以擁有與中國較為同步的漢文讀書市場[2]。因此這一章，就要通過分析蘭記書局經銷的圖書，觀察當時臺灣漢文知識的領域、特色與變化。

　　黃茂盛自從創立漢籍流通會以來，即十分善於使用郵購拓展其業務範圍，因此圖書目錄就成為蘭記書局與下游業者和讀者溝通的重要工具，也是

---

[1] 一甲長：〈衛生視察二日記（五）〉，《三六九小報》，1933-3-16。

[2] 黃美娥：〈從蘭記圖書目錄想像一個時代的閱讀／知識故事〉，文訊雜誌社。《記憶裡的幽香——嘉義蘭記書局史料論文集》，臺北：文訊雜誌社，2007：73-83。

後人瞭解蘭記書局銷售書籍的憑據。現筆者掌握到的蘭記書局銷售目錄如下：

表 5-1　蘭記書局目錄清單[3]

	日期	名稱	
1	1925.8	圖書目錄	蘭記圖書部、漢籍流通會共同發行
2	1930.6	本版書大特價優待同業 行商最合銷途的書特價大批發	
3	1934.4	嘉義蘭記圖書部圖書目錄摘要	
4	1934	蘭記書局書目錄要	未印日期，從《吉光集》預約訊息推斷為 1934 年
5	1936.6	嘉義蘭記書局實用書籍錄要	
6	不詳	圖書目錄	僅存 27-46、51-54 頁 從售價為「臺金」推斷，為日據時期
7	不詳	嘉義蘭記圖書部書目錄要	從《初學必需繪圖漢文讀本》《臺灣詩醇》二書推斷為 1935～1945 年之間
8	不詳	（臺灣蘭記書局圖書局經售） 上海開文書局出版 上海沈鶴記書局出版 廈門會文堂木版 上海大一統書局石版 福州集新堂木版	推斷為日據時期
9	1946.7.1	嘉義蘭記書局圖書目錄（第三次）	
10	1946.7.10	嘉義蘭記書局圖書目錄 （日文之部）	
11	1947.10.1	嘉義蘭記書局批發目錄(一)	
12	1948.5.10	蘭記書局批發目錄(一)	
13	1948.4.20	蘭記書局經售上海雜誌目錄 蘭記書局經售上海書帖目錄 蘭記書局經售連環圖畫新書目錄	

---

[3]　筆者整理蘭記書局史料所存目錄製表。

	日期	名稱	
		蘭記書局經售上海美術畫片目錄	
14	1949.8.1	經售外板圖書目錄	
15	不詳	蘭記書局醫書目錄追加 蘭記書局新書目錄追加	
16	不詳	近刊豫告	從《中學程度高級國文讀本》書名推斷為光復後

　　因為本研究限定範圍在日據時期，因此分析會以前八份目錄為主。此外，因圖書目錄以納入最多書籍為目的，多只有書名與定價等簡單訊息，所以需輔以報刊雜誌的廣告。從廣告版面大小與刊登次數，可以看出蘭記書局強力促銷的書籍品項，廣告文字則有重點、特色介紹、為書籍定位甚至導讀的功能。在日據時期的漢文書店中，蘭記書局的廣告量可謂數一數二，即以最大報《臺灣日日新報》的漢文版而言，對蘭記書局的報導次數之多，遠遠超出其他漢文書店。雖然出現的方式是報導或消息，而非廣告，但其宣傳效果更勝於廣告。餘如各漢文雜誌，亦可見到蘭記書局廣告的身影，如《三六九小報》、《臺灣民報》、《臺灣詩薈》、《詩報》等，其中尤以《三六九小報》為最。《三六九小報》發行時間長達五年，每逢三、六、九日出刊，共發刊 479 期（中間曾有三度停刊），蘭記書局自第三號（1930.9.16）起開始刊登廣告[4]，多數是為新書宣傳，其龐大的廣告數量，是瞭解蘭記書局當時主力銷售書籍的重要參考。

一、蘭記書局經銷圖書群像

　　臺灣的漢文書店，從日據初期以紙、帳簿為本業，而將圖書當作副業，

---

[4] 柯喬文：《《三六九小報》古典小說研究》，嘉義：南華大學，2004：63-5

所以一般人不稱書店而稱紙店，到 1920 年代由文化書局領軍，出現一波新型態漢文書店，其本身就在從舊到新的過渡期中，逐漸演化。蘭記書局成立於 1919 年，其實早於文化書局成立的 1926 年，後來受新文化運動風起雲湧的影響，開始販賣新式漢文書籍，和臺北文化書局、雅堂書局、臺中中央書局、臺南興文齋等齊名。雖然漢文書店在 1920 年代有一時之盛，但其實經營並不容易，殖民政府的檢閱制度與警戒態度固然是原因，但更重要的恐怕還在經營者的選書眼光，也就是書店的定位與特色，而這顯然又與書店經營者的背景有很大關係。

　　分析當時漢文書店經營者的背景，大致可分為兩類，一是由舊學夙儒所主持，如連橫的雅堂書局、張純甫的興漢書局。據雅堂書局的合夥人黃春成回憶，他曾與中央書局的莊垂勝談及店內選書，中央書局有關舊文學的圖書，都是林幼春所選，叫好卻不叫座。黃春成對此認為，中央書局和雅堂書局是同病相憐，都患著學者病，連雅堂與林幼春在舊學界均有特殊地位，但他們以為好的書，普通人多半讀不懂，所以營商和學問是兩途，現實和理想也會不一致[5]，因此雅堂書局經營不到兩年，就結束了營業。而遺留的庫存書，便由有「北臺大儒」美譽的傳統文人張純甫收購，1931 年 1 月於臺北永樂町市場內開設興漢書局，10 月移轉至新竹後布埔蔗作研究會樓上，同時開辦書畫展覽會，但生意清淡，約一年後便結束營業。而從張純甫登記販賣圖書目錄的《守墨樓藏書目錄》、《守墨樓書目──卷密書室之部》稿本來看，其所經售的圖書，雖也涵蓋為數不少的新學著作，但主要仍是傳統古籍[6]，興漢書店為時不久，應與此選書偏好不無關係。

　　另一類型的漢文書店經營者，則是以文化書局的蔣渭水、中央書局的莊垂勝為代表，他們自詡為新知識分子，所售圖書則以引進新知、推動臺灣文化啟蒙為主要目的。然此類書店的經營亦頗艱難，文化書局 1926 年初開幕

---

[5] 同上。

[6] 黃美娥：〈文學現代性的移植與傳播──臺灣傳統文人對世界文學的接受、翻譯與摹寫〉，《重層現代性鏡像──日治時代臺灣傳統文人的文化視域與文學想像》，臺北：麥田出版，2004：285-342。

時，每月平均可售兩千元左右，至 1927 年已降至千元，到 1929 年只在四、五百元之間盤旋[7]。只因經費支出極省，對成績好壞並不介意[8]，才勉力維持，直到蔣渭水因病去世。但即使如此，文化、中央兩書局也積極尋求各自的支持社群，文化書局經常代售東京新民會、臺灣新民報出版社、臺灣地方自治聯盟等機關團體或文化人的出版物，與新文化運動、政治社會運動接軌；中央書局則與南音雜誌社及臺灣文藝聯盟關係密切，成為新文學團體的盟友[9]。

　　而蘭記書局的黃茂盛，與前兩類型經營者都不同，七歲入書房短暫學習漢文，隨即進入殖民政府的公學校就讀，同時接受了舊學與新學的洗禮。雖因個人興趣偏好，黃茂盛努力閱讀漢籍、自修漢文，且和傳統文人社群，如彰化崇文社、臺南南社等交往密切，但並不像林幼春、連橫、張純甫等大儒，背負著過於沉重的傳統包袱，且使書店的選書失之於陳義過高。但黃茂盛也不像蔣渭水、莊垂勝等人，與政治社會運動、新文化運動等關係密切，擁有相關機關團體的支持。如此，日據時期的蘭記書局，究竟是以何種不同於文化書局，也不同於雅堂書局的選書方向，建立起自己的品牌特色？蘭記書局所販賣的書籍，又滿足或者激發了當時漢文讀者的何種需求，而鞏固了自己的一流漢文書店地位？

　　這個問題或可從蘭記書局在雜誌刊登的廣告中得到答案。在蘭記書局選擇刊登廣告的雜誌期刊當中，出現的次數多屬零星，且會針對刊物特性選擇內容。比如在傳統詩文刊物中，1925 年 8 月《臺灣詩薈》第 20 號中刊登的是「漢籍流通會」的招募廣告[10]；《詩報》中多屬形象廣告，1935 年 1 月 1 日的書籍廣告中，選擇的是《初學必需繪圖漢文讀本》、《中學程度高級漢文讀

[7] 春丞：〈日據時期之中文書局〉，《連雅堂先生相關論著選集》(上)，南投：臺灣省文獻委員會，1992：23-53。

[8] 同上。

[9] 柳書琴：〈通俗作為一種位置：《三六九小報》與1930年代臺灣的讀書市場〉，《中外文學》，2004，33(7)：19-55。

[10] 連橫編：《臺灣詩薈(下)》，《連雅堂先生全集》，南投：臺灣省文獻委員會，1992：512。

本》、《媼解集》、《吉光集》四套書。而在文化協會機關刊物《臺灣民報》刊登的兩次最具代表性的廣告，一次在 1926 年 6 月 6 日的「新書發售」，一次在 1926 年 8 月 22 日「大減價兩月」，出現的書目都是如《孫逸仙傳記》、《孫中山演說》、《孫文評論集》、《建國方略》、《中國一統志》、《國文教科書》、《初級常識教科書》、《高級自然科教科書》、《中外名人演說錄》等等，帶有政治或啟蒙意味的書籍。因此，蘭記書局選擇在《三六九小報》上大量刊登廣告，必然是因其刊物與蘭記書局銷售書籍性質接近之故。

《三六九小報》是臺南南社、春鶯吟社、桐侶吟社同人，於 1930 年創立的通俗文藝刊物，被認為是當時舊文學、傳統文人的大本營[11]。但是在體察到社會變遷、生活型態改變，對於休閒娛樂的需求大幅度增長的情況下，《三六九小報》選擇了將其隱喻勸懲、維繫斯文、保存漢字的嚴肅宗旨，隱藏在滑稽、趣味、笑謔、諷刺的風格之下，如其名稱「小報」所示，其內容以花月新聞、軟性文學為主，希望能達到雅俗共賞、吸引讀者，擴大漢文閱讀人口的目的[12]。蘭記書局與《三六九小報》關係密切，是唯一延續《三六九小報》整個發行期間的取次所，時間長達五年（1930-1935），並自第三號（1930.9.16）起刊登廣告[13]。以下就將從其廣告內容，分析蘭記書局銷售書籍的主要取向。

《三六九小報》的蘭記書局廣告中，出現最多次的是上海中西書局出版的《日用百科奇書》，共計刊登了 37 期。據廣告所示，這本書是由《世界秘密奇術》、《世界科學奇術》所合成，內中包含歷古相傳的各種「秘方、秘法、秘訣、秘術；奇謀、巧計、神機、妙算」，其作用在「你如缺少金錢。書中指導你弄錢的奇術；你如患了疾病。書中指導你醫病的奇術。」總之「無論什麼事情。一翻本書。即可解決。」以此書為首，另外可以看到多本同樣走「奇術」路線的書出現在廣告中，如《驚人相術奇書》、《催眠術奇書》、《世界魔

---

[11] 許俊雅：《日據時期臺灣小說研究》，臺北：文史哲，1993：75-7

[12] 江昆峰：《《三六九小報》之研究》，臺北：銘傳大學，2004：106-14

[13] 柯喬文：《《三六九小報》古典小說研究》，嘉義：南華大學，2004：63-5

幻奇術全書》《白光電球奇術》，率皆強調一書盡攬全部秘法，並且其法簡單易行、功效卓著，「略識字者，一覽便知」，「無論何人，一看便能實用」，而且為證明其真實可用，會與「科學」做連結，如《世界魔幻奇術全書》「揭破各種秘法。均與各種科學有關。如心理學。物理學。化學。光學。電學。算學。靈魂學。催眠學。等等」而《白光電球奇術》更為神奇，「電學。靈學。哲學。醫學。心理學。各界。莫不以此為成功之階梯。」明顯可以看出科學觀念初興的時代，人們希望藉由科學之「實」，來解釋奇幻之「虛」，但又對於何謂科學尚且處於懵懂渾沌、一知半解的尷尬情況。此類書以「新奇」為要求，但可以想見在民智大開之後，也很快會遭到淘汰。

　　類似的情況出現在各種武術密本之中，在武俠小說作者豐富想像力的渲染之下，中國的武術逐漸演變成帶著玄幻色彩的秘技，想要入山出海拜奇師學絕藝者大有人在。而現在拜印刷術進步之賜，連「武術界千古不傳之秘」，也大量印行發售，只要花費少量金錢，「無論何人。均能依法練習。且穩可成功」了。《江湖奇俠法術大全》是蘭記書局在《三六九小報》中出現次數第二多的單書廣告，「劍仙俠客修練真傳，內外武功入門秘訣」共七十二種功夫，盡在其中。只要「用功十七個月，至少可成輕身、跳澗、點血、製藥諸技」（《拳經》），「練習一年，騰身可取空中飛鳥，伸指可穿括中之腹」（《少林拳術精義》），對練武成效的描述不在基礎的強身健體，而完全在附和武俠小說中對武功神乎其技的想像。但是為求取信於人，如《少林奇俠傳》、《武當奇俠傳》，都強調是有系統有考證的中國武術全史，打倒一切神話和無理取鬧的胡說，特別是可將如「紅光飛劍」之原理清楚說明，讀者讀後便知這並非神怪虛構之事。強調其功效之奇，又破解其原理之奇，是此類書籍的一貫要求。餘如《練氣行功秘訣》、《武松拳譜》、《金臺拳譜》、《鍊軟硬功秘訣》、《魯智深拳譜》、《甘鳳池拳譜》、《十八般武藝全書》、《張三豐太極煉丹秘訣》、《神傳護身術》、《南拳入門》、《羅漢拳十八手》、《拳術精華》、《少林拳術秘訣》、《拳乘》，大抵如此。

　　連環圖畫則是蘭記書局為臺灣引進的新式書籍，1930 年 12 月 19 日蘭記

書局刊登在《三六九小報》上的「新書摘要」廣告，列出了兩本連環圖畫書《黃陸之愛》、《開天闢地》，是連環圖畫最早出現在臺灣的廣告；其後在 1931年 2 月 13 日的廣告中，蘭記書局列出了 20 種連環圖畫，每種從 20 到 50 冊不等，價格從 6 角到 1 圓 2 角；這 20 種連環圖畫的題材，包括了章回小說、傳統戲曲、改編電影三大類[14]，如《三國志》、《封神榜》、《西遊記》、《火燒紅蓮寺》、《空谷猿聲》、《陽帝看瓊花》、《八仙過海》、《濟公活佛》、《說唐征東》、《說唐征西》等等，多是大家耳熟能詳的故事，或是轟動一時的賣座電影。可以看出此時期的連環圖畫，作為新型的出版物，其創新的部分在於形式的轉化，而非內容。這種以圖畫連貫故事內容，每頁以一主圖搭配少量文字，圖大文少的輕鬆讀物，正如蘭記書局廣告所宣傳：「家庭娛樂、趣味無窮、老幼咸宜」。雖然連環圖畫起源於中國大陸，但在漢文教育日益衰弱的日據臺灣，倒不失為一種輔助閱讀之道。

到了光復後的 1948 年 4 月 20 日，蘭記書局專為連環圖畫印製了一份目錄《蘭記書局經售連環圖畫新書目錄》，一口氣列出 248 種。從與其他書籍分享廣告版面，到專門設計一則廣告，到印製單獨目錄，似可看出連環圖畫在蘭記書局的經銷書籍中，重要性越來越顯著，種類也越來越多元。在這份戰後新出的連環圖畫目錄上，開始出現與日據時代不同的新主題，如抗戰題材的《保衛蘆溝橋》、《保衛大上海》、《抗戰八年》、《血戰臺兒莊》、《長沙大捷》、《南京大屠殺》、《八百壯士》；建立國家意識的《偉大的領袖》、《青天白日滿地紅》、《偉大的中國》、《勝利的中國》、《復興的中國》；有關科學新知的《原子彈》、《萬能車》、《科學兵器》、《危險的火》、《可怕的水》；討論社會問題的《鄉下人到上海》、《社會怪現象》、《三百六十行》、《錢與勢》等等。

在連環圖畫的讀物形式逐漸被人們接受之後，出版資源也就願意投入更多，創造出新的內容；而新的內容又會引發更多人的興趣。事實上，臺灣自

---

[14] 蔡盛琦：〈臺灣流行閱讀的上海連環圖畫（1945-1949）〉，《國家圖書館館刊》，2009，98(1)：55-92。

光復後連環圖畫迅速風靡全島，到了人手一冊，幾近瘋狂沉迷的地步。有研究者認為，其原因是臺灣民眾當時對中文的閱讀仍感困難，圖畫為主、文字淺顯的連環圖畫，即使識字程度不高也能閱讀，所以成了最受歡迎的娛樂消遣刊物[15]。

　　輕鬆、休閒、通俗的文藝性書籍之外，蘭記書局也特別重視指導謀生致富術的書，《最新畜養叢書》、《中西製造叢書》、《最新種植叢書》、《化學工藝品製造新法》，都是非常實務的行業指導，且都以「無須大資本，可做大富翁」、「依法實行。均有致富希望」為要求；但經營實業需要資本，《業外生利法五百種》、《小資本籌集法》、《小資本營業法》，讓家無恆產的小民有了白手起家的希望；而《新奇廣告術》、《新奇銷貨法》，則意在解決銷售端的諸多問題。從這一類書籍，可以非常清楚感受到當時從小農社會逐漸往工商業社會發展的趨勢，各階級不再子承父業、固著不動，轉換職業成為可能，各行業人才開始流動，甚且出現許多新興行業，吸引了開創性格的人白手創造自己的事業。而這些新闢戰場的人，既無法求助於傳統師徒制的師父教誨，且許多新興行業根本無師可拜，幸得出版業進步之利，任何智慧經驗都可從書中而得。

　　最具象徵意義的莫過於《實驗致富術》一書，此書「記載中外近日著名富豪致富之歷史」，根據分析，「致富之道。皆視人之腦力手腕。並非絕對難事。無論何人。得此一書。便能得致富之門徑。發財之秘鑰。在在有非常之希望。青年人尤不可不讀。」向來中國傳統的人物典範，不外帝王將相、碩學鴻儒，或者高風亮節、德行出眾之輩，富有之人若非樂於行善，很少為人稱道。但在商業社會興起之後，致富發財成為眾人的想望，富豪開始成為青年偶像，其秘訣快捷方式也成了學習目標，價值觀念之丕變，從幾本書的出版中可知一二。

---

[15] 蔡盛琦：〈從蘭記廣告看書店經營（1922~1949）〉，文訊雜誌社。《記憶裡的幽香──嘉義蘭記書局史料論文集》，臺北：文訊雜誌社，2007：85-97。

　　蘭記書局選書的實用傾向，還表現在《寫算大全集》、《常識問答》、《小倉山房尺牘》、《秋水軒尺牘》、《雪鴻軒尺牘》等，偏重日常生活工作所需技能的書。正如《寫算大全集》的廣告詞簡單扼要：「寫、算，就是吃飯本領」，此時的「寫作大全」所教授的文章，早已脫離「經國大事、不朽偉業」的崇高性，而是「到處有飯吃。到處可謀生」的實用技能。還有醫藥類書籍《日用新本草》、《丸散膏丹配製法》、《實驗優生學》、《新醫藥顧問》、《民眾醫藥常識》、《萬病自療寶庫》、《秘密病自療法》，也都在滿足民眾醫藥健康知識的需求，指導自保自救之道，應用性極強。

　　總而言之，蘭記書局在書店必須書籍種類齊備的基本要求之外，藉由廣告宣傳，凸顯了自身偏重的特色，以輕鬆、通俗、實用為取向，和同時期其他漢文書店有了區隔。同時，由此也可以看出日據時期的漢文知識，已逐漸從雅文化走向俗文化。俗文化是最親民、最易被接受的文化，忠孝節義、人倫義理等傳統思想透過這些通俗讀物而深植人心，共同的「文化記憶庫」讓彼此存在「一家人」的認同感。當雅文化在政治力及時代淘洗中衰微時，若非有俗文化，漢文化難以在臺延續，對母國的認同恐怕會快速消失，蘭記書局之功即在於此。

二、蘭記書局經銷圖書類別研究

　　圖書象徵著知識，將圖書目錄分類，固然是為方便讀者尋找，但也顯示了書店經營者對知識系統化的認知。蘭記書局目錄當中，有兩份分類做得最為清楚，一是 1925 年 8 月發行的圖書目錄，一是 1934 年 4 月改正的圖書目錄摘要，以下將其分類項整理為表 5-2。

表 5-2　蘭記書局圖書目錄分類[16]

	1925.8圖書目錄	1934.4圖書目錄摘要
1	經史類	經史
2	詩文集類	詩文
3	讀本類	讀本
4	尺牘類	尺牘
5	法帖類	法帖
6	書（畫）譜類	畫譜
7	雜書類	雜書
8	醫書類	醫書
9	道書善書類	善書
10	說部叢書	古小說
11	新小說類	新小說
12	堪輿星卜	陰陽卜筮
13	楹聯類	子書
14	雜類	詩話
15	衛生類	字典
16	雜誌類	辭典
17	偵探小說	韻書
18	筆記類	白話
19	雜著	算法
20	歷史演義	女子
21	東方文庫	酬世
22	太平廣記	秘本
23	小（少）年叢書	常識
24	模範軍人	
25	兒童讀物類	
26	世界童話	
27	中華童話	

---

[16] 筆者依照兩份目錄整理製表，但分類項並未依原始次序，而是將兩份目錄中相同的類別排列在前，不同的在後，以便對照。

　　雖然這兩份目錄，不但分類系統並不嚴謹，細看其下歸屬書籍，也頗紛亂混雜。即以 1925 年《圖書目錄》中的小說類別為例，有傳統分類意味濃厚的「說部叢書」，也有新出現的文類「新小說類」、「偵探小說」等。「說部叢書」中有多本翻譯的西洋文學名著，如《苦兒流浪記》、《金銀島》、《魯濱遜漂流記》、《天方夜譚》等，而「偵探小說」雖不乏《福爾摩師偵探案全集》、《達夫真探案全集》，但也有《笑話一萬種》、《世界奇聞大觀》、《南朝金粉》、《外國新聞》等雜書，且《華生包探案》、《貝克偵探案》等又歸於「說部叢書」，實無法細究其歸類邏輯，但這並無妨於我們從其中看出某些時代的訊息。

　　經史子集、詩文、尺牘、法帖、韻書之類，傳統文人基礎教養必備書籍仍為大宗，但白話批註類別的出現，隱含著漢文本身的演變意義。經過 20 年代文化協會掀起的白話文運動、新舊文學之爭，白話文逐漸取代文言，成為主流的漢文型態。經典古籍的重要性雖依然存在，但讀者已可以用較為親切淺近的方式理解和學習，這可以說是讀者的盼望和需求，但也可能是接受新學教育讀者喪失文言能力之後，不得不然的結果。而經研究者比對蘭記書局與興漢書局關於傳統漢學經史子集的書目發現，蘭記書局目錄所示的子書極少，且經史方面所列的多種四書白話批註，或《詩經體注》、《書經備旨》、《左傳句解》、《禮記節本》、《春秋左傳白話注解》等，性質上比興漢書局同類作品要淺近[17]。但前文已經述及，興漢書局因為生意清淡，為時約一年即告結束，而蘭記書局不但在日據時期的營業成績有目共睹，且其盛況延續到了光復之後。因此蘭記書局與興漢書局在傳統漢學書籍選書上的深淺之別，與其說是經營者本身漢學修養程度的差異，不如說是對於市場需求判斷的眼光不同。蘭記書局或正因為體察到漢文讀者的閱讀能力，日益走向淺近、通俗、白話，因而能夠隨勢而變，獲得讀者肯定。

　　傳統漢籍之外，20 年代以後大量傳入臺灣的新思潮與實用書籍，未見其

---

[17] 黃美娥：〈從蘭記圖書目錄想像一個時代的閱讀／知識故事〉，文訊雜誌社。《記憶裡的幽香——嘉義蘭記書局史料論文集》，臺北：文訊雜誌社，2007：73-83。

專有的分類，卻在「雜書類」、「雜類」、「雜著」等類中發現其身影。《近時國際政治小史》、《社會主義進化論》等政治學書籍，《哲學要領》、《哲學大綱》等哲學類書籍，《動物學》、《植物學》、《物理學》、《化學》、《礦物學》、《心理學》等等，各現代學科門類書籍，和《男女生活大全》、《中國風俗史》、《因是子靜坐法》混同於一類，顯示時人雖知其現實的重要意義，但既無法納入固有的知識體系，新的分類系統又未生成，只好將各「專門」之書，統一名之曰「雜」。

　　小說類一直是蘭記書局十分偏重的類型，自 1924 年「漢籍流通會」創立之時，便設有一附屬單位「小說流通會」。1925 年漢籍流通會的圖書目錄，黃茂盛將小說分為「說部叢書」（註明有三百種）、「新小說類」、「偵探小說類」，中國傳統所無的西方新型分類意識已然滲透；1934 年的圖書目錄摘要將小說分為「古小說」、「新小說」，前者收入以西晉陳壽所著《三國志》為首的古小說，包括《封神演義》、《水滸傳》、《彭公案》、《兒女英雄傳》等，其中還包括《臺灣外志》改名的《五虎鬧南京》，以及各朝通俗演義；而「新小說」，則包含晚清到民國時期的舊派小說，如《火燒紅蓮寺》、《孽海花》、《啼笑姻緣》、《玉梨魂》，以及翻譯小說如《福爾摩師自殺案》等。而《三六九小報》廣告中的小說分類則更為細緻，包括「武俠小說」如《奇俠精忠傳》、《江湖女俠》、《四大劍俠》、《江湖二十八俠》；「社會小說」如《不夜城》、《海上迷宮》、《新山海經》、《黑海潮》、《宋宮十八朝》、《墮落人語》、《一看就笑》、《品花寶鑒》、《人間地獄》、《鏡中人影》《淚珠緣》；「哀情小說」《沒字碑》、《不堪回首》；「香豔小說」《心血來潮》、《人間快活宮》、《漢宮春色》；還有「偵探寫情」的《孽海疑雲》、「冒險小說」《海底的秘密》等等。其分類方式已從出版時間序往內容主題發展。而從蘭記書局對這些小說的定位及書名，不難看出其中帶著濃厚的綺情、寫實、奇詭、揭密等通俗文學的色彩。

　　此外，從蘭記書局圖書目錄中還可看見與傳統漢籍以內容或形式為分類準則，有根本性不同的分類法，亦即以讀者身分為視角而出現的類別。1925年圖書目錄出現了「少年叢書」、「兒童讀物類」、「世界童話」、「中華童話」

等多種少兒圖書類別；1934 年圖書目錄摘要出現了「女子」一類。兒童、女性作為獨特的讀者群被區別出來，除了意味著女性與兒童在社會上的地位逐漸提升、受到重視之外，更重要的是在出版上的意義。這表示出版已從偏重創作端，也就是作者有何可寫？要出什麼書？逐漸走往讀者端的思考，也就是讀者是什麼人？有什麼閱讀需求？讀者的分眾化，促使創作端必須針對目標群體特性及需求而做考慮，不能不說是出版業的一大進步。

　　人類一直以來對「兒童」的認識，不是「成人的預備」，就是「縮小的成人」。直到近代西方文藝復興之後，隨著教育學、心理學、人類學、兒童學等現代學科的發展，人們才真正有了「兒童的發現」[18]。並且出現了針對孩子心理需求及審美觀念而創作的讀物。在中國傳統的書籍中，最為接近「兒童讀物」性質的，當屬啟蒙教育中使用的啟蒙教材。但正如「兒童是成人的預備」的觀念，啟蒙教材創作的出發點，一是為研讀四書五經做準備，雖然具有簡單、易於誦讀、便於記憶等特點，但其目的在養成一名飽學文人；二是學習記帳、書信等實用工作技能，為進入職場謀生做準備，都非為符合兒童本身的興趣。中國的「兒童的發現」，從晚清西學東漸開始，並成為「五四」時期的重要事件之一[19]，大量的西方兒童文學被翻譯出版，同時中國的民間故事和傳說等，也被重新整理為適合兒童閱讀的讀物。另一方面，日本近代兒童文學從 18 世紀末開始發展，並隨著殖民臺灣，總督府於 1907 年在臺灣編印出版第一本兒童課外讀物《むかしばなし第一桃太郎》（傳說故事一桃太郎），為臺灣近代兒童文學發展揭開序幕[20]。

　　臺灣在中國、日本的雙重影響之下，兒童讀物的觀念逐漸形成。細看蘭記書局目錄中的書目，文學類占絕大多數，「世界童話」有《二王子》、《魔博士》、《法螺君》、《驢公主》、《黃金船》、《豆梯藤》等等。有趣的是，從上文可知，目前以兒童文學面貌流傳下來的《魯濱遜漂流記》、《天方夜譚》等書，

---

[18] 張建青：《晚清兒童文學翻譯與中國兒童文學之誕生》，上海：復旦大學，2008：16-8。

[19] 王黎君：《兒童的發現與中國現代文學》，上海：復旦大學，2004：1。

[20] 邱各容：〈臺灣兒童文學一百年的歷史意義〉，《全國新書訊息月刊》，2010(9)：4-7。

在當時尚未發生埃斯卡皮（Robert Escarpit）所謂的「具有創意的背叛」[21]，仍然歸屬於成人書籍的範疇。「中華童話」中多屬歷史故事如《臥薪嚐膽》、《火牛陣》、《讀書刺股》、《刺秦王》、《秦瓊賣馬》，或者從古典名著節錄改寫，如《七擒孟獲》、《火燒赤壁》、《武松打虎》、《十字坡》、《火焰山》、《紅孩兒》、《劉老老》等等。而「少年叢書」則是古今中外名人故事，如《達爾文》、《富蘭克林》、《華盛頓》、《玄奘》、《諸葛亮》、《文天祥》、《蘇軾》等等。另有少數非文學類書籍，如《小工藝》、《小魔術》、《小遊戲》、《小劇本》、《小謎語》等等。

隨著殖民政府將「現代化」的觀念帶進臺灣，臺灣女性的地位，也有了明顯的提升。纏足、蓄婢、童養媳等等陋習逐漸廢除；興辦女學、鼓勵就業，讓臺灣社會出現了一批具有時代感及新文化特徵的「職業婦女」；在文化協會的倡導下，彰化婦女共勵會、諸羅婦女協進會先後成立，女性開始站出來「圖婦女地位向上」[22]，凡此都讓人無法忽視婦女此一新興力量的出現。而與出版現象最為相關的，當屬女性識字率的提升。根據統計，日據初期女性書房就讀率相當低落，之後緩慢增加，1939 年書房學生人數統計的最終年，「公學校女生百分比」與「書房女生百分比」，分別在 32%到 33%之間。這表示到了 1930 年代後期，不論公學校或書房，每 10 位學生就有 3 位左右女性，新舊教育環境中的性別比都有顯著提升，女性受教育狀況獲得改善[23]。這對於「女性讀者」這一群體的生成，無疑是最大的助力。

當然，雖然在 1934 年圖書目錄摘要中，才見到「女子」類目的出現，但是早在此之前，便已有女性書籍的出版。在蘭記書局批發「福州集新堂木版」

---

[21] 埃斯卡皮認為全世界各地的兒童在《魯賓遜漂流記》中看到的，是情節曲折、充滿想像力和異國情調的冒險經歷，但是這本書的原始意圖是在宣揚當時新興的殖民主義。但也正因此，此書得以打破原有的局限，拓寬了讀者群，發揮了創作者自己都意想不到的影響力。參見埃斯卡皮著、葉淑燕譯：《文學社會學》，臺北：遠流，1990：137-9。

[22] 戴月芳：《臺灣文化協會》，臺中：莎士比亞文化事業，2007：35。

[23] 柳書琴：〈《風月報》到底是誰的所有？：書房、漢文讀者階層與女性識字者〉，臺灣文學與跨文化流動：《東亞現代中文文學國際學報》臺灣號，2007(3)：135-58。

目錄上，就有《女三字經》、《女論語》、《女孝經》等古籍，1925 年圖書目錄中，也有多本《魚玄機詩》、《隨園女弟子詩選》、《歷代名媛詩選》、《閨秀百家詞選》等傳統詩文集，以及《婦女修養談》、《中國婦女美談》、《母道》等書。但這些零星書籍的內容明顯分為兩類，一類是偏重傳統女德教育的書籍，主要在宣揚三從四德、男尊女卑的思想，這種書與其說是為滿足女性的需求而作，不如說是為滿足男性對女性的要求而作。另一類則在彰顯女子文采，只是極少數女子文學成果的記錄。而 1934 年圖書目錄摘要中被歸類在「女子」的圖書，14 本中有 10 本是女子尺牘類的書，比例高得驚人。這或許可以看出，日據時期的婦女，除了閉門在家修養己身，和睦家庭之外，隨著教育程度提高，出外工作或參與社會活動的人日增，開始向外拓展生活圈，擁有自己的人際社交網絡，因此有了書信往來的需求。

　　印刷裝幀也是蘭記書局的一種分類方式，此種方式則是充分反映印刷科技快速發展變化的特徵。蘭記書局目錄中常見在書名上下加注印刷或裝幀方式，如「木版」、「石印」、「鉛印（鉛版）」之分，或「中紙」、「洋紙」，「中裝」、「洋裝」，「大字」、「中字」、「小字」之別。並且為廈門會文堂木版、上海大一統書局石版、福州集新堂木版，印製了專門的目錄。細看各種印刷方式的書目，其實多有重疊，如《三國志》、《列國志》、《封神演義》、《西遊記》、《聊齋志異》、《鏡花緣》、《五才子》、《千金譜》等書，都是舊籍古書翻印，內容無甚差別，也因此印刷裝幀成了區別版本的基準。木版在中國歷史悠久，鉛印及石印技術自晚清由西方傳入，迅速普及，在當時的物質條件下，三種印刷方式各有優劣，因此在很長一段時間內同時並存，並影響了出版的傳播型態。木版製程簡單，藝術性高，且舊籍多有藏版，再版容易；鉛印術與機械複製結合，快速、大量的印刷能力，遠非木版可比；石印術的「縮印」及「照圖」功能，卻又後來居上，超越了鉛印術的技術優勢。從蘭記書局目錄中觀察，有「中字」、「小字」版本的皆屬石印，同一套書，字號越小，冊數越少，售價自然便宜。以石印《蕩寇志》為例，大字本 16 冊一圓五角、中字本 12 冊八角、小字本 8 冊四角，可提供讀者不同的選擇。至於用紙方面，中紙通

常貴於洋紙，例如《傷寒論》同為 16 冊，中紙四圓八角、洋紙三圓四角；又如《陳修園全集》四函二十四冊，中紙七圓，洋紙只需五圓，似乎當時中紙質量還是優於洋紙。

三、本章小結

蘭記書局經銷書目，反映了日據時期漢文讀書市場的幾項特徵。

其一，新與舊正在交接。就印刷裝幀方式而言，木版、中紙、中裝仍在，而鉛印、石印、洋紙、洋裝正慢慢擴張版圖，取而代之。內容上，古籍經典崇高地位不可動搖，但「白話注解」、「言文對照」、「新式標點」，成為不可或缺的研讀輔助，顯示新式白話漢文，已漸成主流。古文體、文言文，不管內容還是形式，都距一般讀者越來越遠，喪失生命力。

其二，雅與俗彼消我長。漢文正典代表的雅文化，受到實用與休閒娛樂類書籍代表的俗文化的強烈衝擊。書籍原本代表了學問、思想，具有嚴肅神聖的貴族形象，如今一改而為可親、可用的平民化性格。閱讀階層也從封閉的傳統菁英，擴散到新興大眾讀者，書籍走向輕鬆、通俗，已不可避免。

其三，東方與西方在此交會。西方思想與新知隨翻譯書籍進入臺灣，不過總體而言，數量仍然算少，尤其從分類上看，西學尚未獨立自成系統，也未能融入傳統知識體系當中，處在初期磨合交融的狀態。

其四，大眾讀者形成，分眾化隨之產生。傳統文人讀書或為追求學問，或為科考做官，同構型強、目的單純。新興讀者數量大增，生活型態多元，閱讀目的皆不相同，出版界也必須應對變化，從中區分不同屬性，針對需求與特性出版書籍。女性書籍、兒童書籍的出現是第一步。

以上特徵皆與社會型態改變有關。臺灣由農業社會過渡到工商業社會，為供應工商社會的人才需求，殖民政府鼓勵就學、就業，造就一批新興的識字階層，也造就新的閱讀需求。而科技進步，印刷資本主義蓬勃，帶動文化

發展，書籍報刊的生產、流通都急速擴大，與讀者需求互為有利因素，建構起更親切、友善的閱讀環境。

　　蘭記書局正因為體察到時代脈動的改變，故能以實用、通俗、輕鬆的選書風格，建立起自己的品牌，並鞏固了一流漢文書店的地位。

第六章　蘭記書局出版書籍分析

　　筆者目前知見的蘭記書局出版物，僅有 104 種（147 冊，見附錄二），以一家具 85 年歷史的出版社而言，其數不能謂多，但已可從其中歸納出蘭記書局出版物的幾種主要類別。出版物類別所反映出的，除了基於經營者的理念、專長、偏好而形成的出版社特質之外，也是經營者對時代趨勢、讀者需求所做出的回應，更是日據時期臺灣知識創造能力的具體展現。這一章就將針對這些類別作深入的分析，探知當時的文化特徵。

一、語言學習類

　　從清廷、到日本、到國民政府，臺灣所經歷的每一次統治政權轉移，也就是一次使用語言的大轉換。臺灣人、日本人、大陸人，以及他們使用的閩南語（客語）、日語、國語三種語言，在同一時空中並存，為了溝通的需要，必須互相學習與融合；為了爭奪思想文化的主導，必須互相競爭、壓制其他；使用人口則是隨著時間與政權轉移「此起彼落」，互有消長，呈現非常錯綜複雜的語言板塊圖像。這一特點表現在蘭記書局出版物中，就是各語種的教材與字典類書籍，占了最重要的地位。日據時代的漢文讀本，提供臺灣人自學漢文，或書房教授的教材，兼具學習新知與延續祖國文化的意義，如蘭記書局的代表性作品，由其創辦人黃茂盛編纂的兩套漢文教材《初學必需漢文讀本》、《中學程度高級漢文讀本》。日語教材則是應對殖民政府語言政策，可供無法接受正規學校教育者學習之用，多半強調「自習」、「獨學」，如同樣由黃茂盛編輯的《獨習自在國語會話》，以及《和漢對譯國語自習讀本》、《無

師自通日文自修讀本》等。其他如日本人學習中文所用的《合記支那語會話》、臺灣人學習中國北方官話的《注音字母北京語讀本》、《精選實用國語會話》，以及光復之後，供外來人口及已不識母語者學習臺語之用的《初級臺語讀本》、《閩南語手冊》等。而字典更是學習各種語言不可或缺的工具書，《（國音標注）中華大字典》、《國台音萬字典》都是蘭記書局的重要出版物。以下便就此類書籍擇要再做深入介紹。

(一) 黃茂盛《初學必需漢文讀本》

　　《初學必需漢文讀本》與《中學程度高級漢文讀本》，是蘭記書局最具代表性的出版物，尤以前者為知名。《初學必需漢文讀本》的出版緣起已如第三章第二節所述，此處不贅。這套書最為特別的是，自 1928 年出版之後，迅速成為很受歡迎的漢文教材，至 1994 年改訂注音為《初級臺語讀本》，前後歷經 66 年以上歲月、三次政權改易，隨著時代推移、現實需要，三名關鍵人物黃茂盛、蔡哲人、黃陳瑞珠在不同階段為其添加新的元素，多次改版、重訂，連書名亦從「漢文」到「國文」到「臺語」，其內容的演變，正反映出文化的時代變遷。

　　本套書原始編纂者為蘭記書局創辦人黃茂盛，自初版一刷，即分為八冊，由淺入深，第一、二冊不分課，第三冊以後，每冊分為 50 課，內容皆為淺白簡易的文言文，並附插圖，這些基本特色貫穿各版本始終如一。刊登於 1935 年 1 月 1 日《詩報》的廣告中，蘭記書局稱此書：「本書取材於中華國文教科書，由淺入深，詳為編輯，文字圖畫均足啟發兒童智識，增進讀書趣味，誠初學必需之良本。既經當局許可發行，復蒙全島書房採為課本，一年之間再版三次，計銷數萬部，是書之價值已可概見矣。」

　　當時中國教科書最為知名的三家出版社，是商務、世界及開明，比較這三家出版社小學初級學生用國語教科書[1]與《初學必需漢文讀本》可發現，《初

---

[1] 2010 年，上海科學技術文獻出版社重新出版商務印書館的國語教科書、開明書局的國語課本、世界書局的國語讀本，彙整為「上海圖書館館藏拂塵·老課本」系列，本研究即參考此版本。

學必需漢文讀本》在形式上，每頁課文搭配插圖，將每課生字摘列於最上方；課文採淺近文言文而非白話文，都脫胎自商務版教科書，顯係深受其影響。內容方面，雖然各家皆定位為語文教材，但實包含了人文素養（如歷史、地理、人物故事）、科學知識（如物理化學原理、動物植物常識）、現代生活常規（如時間制度與守時觀念、疾病防治方法）、精神道德（如孝親、求知、破除迷信）等等各領域學科的內容，和傳統蒙書偏重教導尺牘文書、詩詞作文等，有很大的不同，顯見除了學字習文之外，各家出版社的目標都是希望藉此推廣實學知識與現代文明。而這一點也獲得黃茂盛的認同，反映在他自行編纂的《初學必需漢文讀本》中。

　　但更為特別的是，黃茂盛編纂此書緣起，乃因申請進口的商務版國文教科書遭海關沒收，沒收原因之一即是「內容全為有關中國之歷史、文化、教育、思想等，違反日本國策」。然觀此套書第一版內容，有關中國者亦不少，如歷史人物方面有第三冊的文彥博（6）、司馬光（16），第四冊的匡衡（25）、第五冊的黃帝（5）、孔子（16）、孟子（17）、孟母（18）、禹（23）、湯武（24）、公冶長（36），第六冊的馬援（16），第七冊的明太祖（13）、岳飛（14）。寓言故事方面有第三冊的井蛙（14），第四冊的螳螂黃雀（27），第六冊的移山（8）、空城計（17）、七步成詩（49），第七冊的揠苗助長（10）、磨杵（42），第八冊的田興打虎（18）、割席分坐（19）、紀昌學射（26）、除三害（27）。山川地理方面則有第六冊的長江（20）、黃河（21）、第七冊的西湖（33）、泰山（46），第八冊的洞庭湖（38）。反而日本與臺灣本土相關歷史、地理皆付闕如，這一方面可能源自黃茂盛欲藉此漢文教材，作為臺灣人與祖國文化的連接，因此加強介紹；另一個可能則是因編輯時間倉促，短短一年之內就出版八冊教材，因此如其所言，參考祖國教材者多，自行創作者少，無力針對本土文化撰寫全新內容。

　　《初學必需漢文讀本》在 1937 年出版了幅度較大的修訂版，似可說明此項觀點。這次修訂工作的負責人是臺南詩人蔡哲人，目前為止研究者咸認，此次修訂的主要原因，是蘭記書局在中日間緊張的戰爭局勢之下，或為應對

殖民政策對漢文教學、出版的限制，而不得不為[2]；或在展現日本建設臺灣的政績，讓臺灣人認同日本統治下的臺灣社會，切斷與漢族文化連帶的關係[3]。這些固然皆是原因，但從 1930 年 4 月 14 日蔡哲人寫給黃茂盛的明信片中可以發現，早自《初學必需漢文讀本》出版之後，黃茂盛即一直在思考改進之道，並非在戰爭壓力之下突生的新想法。該信全文內容如下：

> 來書敬聆是盼，委之事自一周間前，著手摘集新字，因拙午後及夜間須授□，僅於午前中執筆，又恐重迭錯誤，每於欄外記一新字，再集入每冊總字表，又分記入部首表，對照數次以期無重複遺漏，故費一周日精神纏選集至第四冊，尚有四冊，至四月二十日准能脫稿呈上。倘若再求盡善盡美，須將本島地理人事插入幾篇，然後對於本島文化有所貢獻，容俟他日五版，出版重刊之時再為計劃未遲。[4]

雖然蔡哲人並未清楚寫出是為何書摘集新字，但從「完成四冊、尚有四冊」判斷，應就是為《初學必需漢文讀本》摘集新字的工作。事實上，自 1932 年 6 月 20 日發行的版本開始，每課課文上方都已將新字列出，版權頁上也增加了「編輯兼發行人：黃茂盛、校正兼集生字：蔡哲人」的標示，亦即修正工作自 1930 年已逐步在進行中。又從蔡哲人所言：「倘若再求盡善盡美，須將本島地理人事插入幾篇，然後對於本島文化有所貢獻，容俟他日五版，出版重刊之時再為計劃未遲。」顯見《初學必需漢文讀本》的成績雖好，但黃茂盛對其內容並不滿意，不斷改進以求盡善盡美的想法早在心中醞釀，並向蔡哲人請教討論。而蔡哲人提出的方法是增加本島地理人事的篇幅，目的在

---

[2] 蘇全正：〈蘭記編印之漢文讀本的出版與流通〉，文訊雜誌社。《記憶裡的幽香──嘉義蘭記書局史料論文集》，臺北：文訊雜誌社，2007：149-77。

[3] 許旭輝：〈蘭記版漢文讀本與漢文化傳承〉，文訊雜誌社。《記憶裡的幽香──嘉義蘭記書局史料論文集》，臺北：文訊雜誌社，2007：167-77。

[4] 〈蔡哲人致黃茂盛信〉，1930-4-14，蘭記書局史料。

積極的「對於本島文化有所貢獻」，而非完全是迫於現實壓力的不得已。

　　1937 年 4 月 20 日，重訂版初版發行，蔡哲人的計劃終得以實現，此時初版已經十刷。重訂版第一冊的〈再版序〉中，蔡哲人說明了重訂原由：

> 本書自昭和三年秋付梓以來，轉瞬發行十版，銷售之廣無庸贅述。
> 惟是蘭記書局主人猶以取材中華國文教科書，而乏帝國及本島文獻引
> 為憾事。是以者番囑余為之增訂，謹自第壹冊迄第八冊採入帝國及本
> 島地理、歷史、實業、修身各科，而刪去無關輕重課文，庶幾初學兒
> 童飲水知源，各識鄉土文物風景，引起無窮興趣也。[5]

　　對照前述私人信函內容，至少增加本島課文，應是黃茂盛長久心願，而非僅是冠冕堂皇應付殖民政府的說詞。重訂之後的《初學必需漢文讀本》，多加了日本及臺灣的地理、歷史、實業、修身、人物、法制等內容，中、日、臺三地文化同時在此套書中並陳，其實具有非常強烈的象徵意義。對黃茂盛而言，是在傳承祖國文化、發揚本地文化，同時還須兼顧現實之間求其平衡的努力；對所有的臺灣讀者，是所處時空特殊性的具體縮影。若從文明發展的角度看，多元文化在小小臺灣一地的雜處融合，是利而非弊，不同的文化刺激與視角，正可培養出更為豐富與強韌的文化生命，這或許正是黃茂盛重訂《初學必需漢文讀本》所期盼得到的結果。初版與重訂版之差異可整理如表 6-1：

表 6-1　《初學必需漢文讀本》初版與重訂版內容差異[6]

		黃茂盛編輯之初版（1928）	蔡哲人修正之重訂版（1937）
第一冊 （頁）	5	同去。同行。（附插圖）	小學生。唱國歌。（附插圖）

---

[5] 蔡哲人：〈再版序〉，《初學必需漢文讀本》重訂版（一），嘉義：蘭記圖書部，1937：1。

[6] 圖表來源：蘇全正：〈蘭記編印之漢文讀本的出版與流通〉，文訊雜誌社。《記憶裡的幽香──嘉義蘭記書局史料論文集》，臺北：文訊雜誌社，2007：149-77。

		黃茂盛編輯之初版（1928）	蔡哲人修正之重訂版（1937）
	14	昨日、今日、明日。 棉衣、夾衣、單衣。	祝日。祭日。紀念日。門前國旗，齊揭出。
	17	月季花開。妹妹。姊姊。同來看花。（附插圖）	菊為御紋章。櫻是我國花。（附插圖）
	32	天晚。取火。點燈。室中明。（附插圖）	天晚。電燈明。室中如晝。（附插圖）
	36	大風起。樹枝動。樹葉飛。（附插圖）	大地如陀螺。旋轉無停刻。（附插圖）
	41	你七歲。我八歲。他九歲。誰大。誰小。	我臺灣。近熱帶。物產豐、民安泰。
	43	客來。小狗吠。我呼小狗。小狗搖尾。（附插圖）	軍用犬。探敵人。傳書鴿。通音信。（附插圖）
	47	月東上。明如鏡。大如盤。快來看。快來看。	我國旗。日之丸。如旭日。耀東天。
第二冊（頁）	1	新書一冊。先生授我。我愛新書。如得好友。	紀元節，是我神武天皇。御即位紀念日。又曰建國祭。
	2	好學生。能讀書。能寫字。上課。又不遲到。	好學生。能讀書。能運動。身體健。每學期。好成績。
	5	羊毛、鼬毛。皆可製筆。寫大字用大筆。寫小字用小筆。（附插圖）	筆有多種。毛筆、石筆、鉛筆、鋼筆。各有所長。（附插圖）
	8	我家院中，有梅一株。花開滿樹，時聞香氣。（附插圖）	我家庭中，榕樹一株。濃蔭四蓋，青蒼宜人。（附插圖）
	13	昨夜有風雨。今晨日出，風停雨止。我喚妹妹，快來遊戲。	空有飛艇。陸有汽車。海有汽船。交通稱便。（附插圖）
	15	妹妹將睡，對不倒翁說：我要去睡，不能陪你，請你坐好。（附插圖）	在家庭、孝父母。入學校、敬先生。出社會、敬長上。
	17	牆上掛鏡，我立鏡前。見我面。見我身。見我手足。（附插圖）	樂耳王。置案上。萬里事。憑送放。能發言。能唱歌。和漢曲。隨志向。（附插圖）
	39	（插圖中士兵所持隊旗空白無圖案）	（插圖中士兵所持隊旗為日本國旗）
	43	學校園內，草長花開。草色青。花色不一。有紅、有白。有紫。有黃。	黃牛、水牛，皆能耕田挽車。山羊、綿羊，其毛可織呢氈及製裘。

		黃茂盛編輯之初版（1928）	蔡哲人修正之重訂版（1937）
			（附插圖）
第 三 冊 (課)	1	讀書	天長節
	3	禽獸	動物園
	8	茶	守時間
	10	騎驢乎坐轎乎	元旦
	17	一兒失道	敬老
	28	櫻桃	度量衡
	35	問疾	警鐘臺
	40	借傘	迷信
	44	蚊	良友
第 四 冊 (課)	1	書語（一）	臺灣總督府
	2	書語（二）	臺北市（一）
	3	書語（三）	臺北市（二）
	6	桂	臺灣產果
	7	竹	臺中市
	18	醃菜	多言何益
	39	作作索索	圖書館
	40	瓶中鼠	酒
	43	撈月	水族館
第 五 冊 (課)	2	模範學生	能久親王
	6	分梨	勸學文（宋真宗）
	15	秤	鵝鑾鼻燈檯
	22	蜜蜂	林投
	25	旅行（附便條式）	茶
	28	現有何書	博物館
	34	鷹與燕	毒蛇
	42	跳繩	下淡水溪鐵橋
	45	牡丹芍藥	臺南市
	47	收條	紅毛城
第 六 冊 (課)	3	沐浴	基隆
	15	甘蔗	十齡進學

		黃茂盛編輯之初版（1928）	蔡哲人修正之重訂版（1937）
	19	爭雞案	吳鳳
	20	長江	臺灣名產
	21	黃河	塩
	24	雞雀	檳榔樹
	30	春水與方塘	追悼東鄉元帥（蔡哲人）
	34	觀海	糖
	37	四時之花	高雄
	38	種花種樹	貝原益軒
	48	捉迷藏	毛利元就
	50	朋友	臺灣地勢
第七冊 (課)	8	鄉村天趣	臺灣交通
	19	小傘	臺灣氣候
	20	空中半圓形	鄭成功
	23	四時之風	澎湖雜詠（周凱）
	33	西湖	日月潭
	40	某商	曹謹
	46	泰山	新高山
	49	珂羅版	生番
	50	畫理	樟腦
第八冊 (課)	7	儲蓄	測候所
	8	舟車（一）	西門豹
	9	舟車（二）	產業組合
	20	歌善兩智者（一）	乃木大將
	21	歌善兩智者（二）	貞孝
	22	三問題	阿里山
	25	韋勃斯托幼年事	劉銘傳
	35	勸募水災捐啟	保甲
	36	失而復得（一）	朱山（一）
	37	失而復得（二）	朱山（二）
	38	洞庭湖	神童績
	46	契約（附約）	契字二則

　　在 1945 年臺灣光復之後出現的國語學習熱潮中，《初學必需漢文讀本》
再度受到重視，不但蘭記書局自行改版大量印行，並且出現多種仿冒版本。
僅以蘭記書局自己印行的版本而言，目前所見 1945 年就有兩個新出版本，一
名《繪圖初級國文讀本》，1932 年 6 月 10 日發行，1945 年 10 月 10 日再版，
發行人：黃茂盛、編輯人：蔡哲人，發行所：蘭記書局，印刷所：臺南平和
印務局，封皮字樣紅色印刷；一名《初學適用國文讀本》，1928 年 9 月 30 日
出版，1945 年 10 月 20 日 20 版，發行人：黃茂盛，未掛編輯，發行所：蘭
記圖書局，印刷所：臺北陳義源，封皮字樣黑色印刷。比對兩個版本，書名
雖不相同，但都將與日文相對意味濃厚的「漢文」，改成了「國文」。而兩者
內容完全相同，都是 1932 年由黃茂盛編輯，蔡哲人校正兼集生字的版本。但
是從版權頁標示中，可以清楚發現，《繪圖初級國文讀本》溯源至 1932 年版，
而《初學適用國文讀本》則回溯至 1928 年出版。在當時熱烈回歸祖國的氛圍
之中，回復到完全不含日本內容的版本是理所當然，但為何分成兩個版本，
且從發行時間看，兩者僅相差十天，因為缺乏佐證，僅能猜測當時需求過大，
必須分由不同印刷廠印刷，為了區分起見，才作如此設計。不論此說是否正
確，日本相關內容的消失，和更名為「國文讀本」一樣，都宣告了臺灣回歸
中國的新時代來臨。

表 6-2　1945 年《初級國文讀本》版本比較[7]

封面	書名	出版時間	作者	發行所	印刷廠
	繪圖初級國文讀本	1932.6.10 發行 1945.10.10 再版	發行人：黃茂盛 編輯人：蔡哲人	蘭記書局	臺南平和印務局

---

[7] 筆者依據《初級國文讀本》1945 年版本整理製表。

	初學適用國文讀本	1928.9.30出版1945.10.20 20版	發行人：黃茂盛	蘭記圖書局	臺北陳義源

　　《初學必需漢文讀本》最後一個版本，是蘭記書局第二代實際經營者黃陳瑞珠，在蘭記書局結束書店業務，改為「蘭記出版社」之後，將其標注臺語注音並更名為《初級臺語讀本》，於 1994 年出版發行。黃陳瑞珠在書前說明中，對這套書的版本演變有簡單扼要的說明：

　　　　初級臺語讀本原名初學必需漢文讀本

　　　　出版於民國十七年（1928）嘉義蘭記圖書局發行（取材自大陸教本）

　　　　初學適用臺語讀本分為一至八冊，每頁插圖、由淺而深，詳加編輯、適合初學者及兒童學習臺語之用。日據時期，被當時書房、漢學堂採用為臺語漢文教學之譯本，使不少失學民眾，得免成文盲。

　　　　光復初期，在青黃不接時，臺語讀本曾被採用為小學課本。改名為初級國文讀本一至八冊為中小學教材。高級國文讀本一至八冊為中學教材。臺語讀本確是臺語教學之優良教材。

　　　　嘉義蘭記圖書局目前改為蘭記出版社。專門編著，臺語注音、書籍或古書加注臺音。

　　　　「初級漢文讀本」加注臺音，改名為初級臺語讀本。[8]

---

8 黃陳瑞珠：〈初級臺語讀本原名初學必需漢文讀本〉，《初級臺語讀本》（一），嘉義：蘭記出版社，1994。

　　而從其版權頁標注的出版日期：「民國十七年（1928）九月卅日初版；民國卅四年（1945）十月廿日廿版；民國八三年（1994）四月十日改訂臺語注音出版」，也可看出此書自日據，到光復，到現在一脈相承的軌跡。黃陳瑞珠稱《初學必需漢文讀本》為「臺語漢文教學之譯本」，是因日據時期教授之漢文，其讀音並非民國之後推行的以北京語為主的「國語」，而是當時閩南人普遍使用的閩南語，如漳州音、泉州音，或是客家人使用的客語。因此黃陳瑞珠在臺灣光復 50 年後，將此套書以國語注音符號標注臺語讀音，重新改版發行，一方面是注入新的元素，給予新生，另一方面雖然訴求的意義已大不相同，但某個層面卻是回復到它最原初的面貌。縱觀這套書的演變發展，正反映出各時代語言文化的特徵，以及自身任務的轉變。日據時期，在殖民政府打壓漢文的文化政策下，勉力肩負起傳承漢學的使命；光復後，迎接隔絕已久的祖國和新的國語，協助臺灣人儘快學習理應熟悉實則陌生的國文；而 50 年後，面對本土文化快速流失，年輕一代臺灣人與母語愈來愈疏離的困境，這套書再度轉型，為保存臺語而努力。

表 6-3　《初學必需漢文讀本》各版本[9]

書名	出版日期	編輯	
初學必需漢文讀本	1928.09.30	編輯人：黃茂盛	又名《初級漢文讀本》（版權頁）、《初學必需繪圖漢文讀本》（1930 年 6 月蘭記書局本版書廣告）
	1932.06.20	編輯兼發行人：黃茂盛 校正兼集生字：蔡哲人	
	1937.04.20	編輯兼發行人：黃茂盛 校正：蔡哲人	1936.08 蔡哲人修訂，加入臺灣及日本內容
繪圖初級國文讀本	1932.06.10 發行 1945.10.10 再版	發行人：黃茂盛 編輯人：蔡哲人	
初學適用國文讀本	1928.09.30 出版	發行人：黃茂盛	

---

[9] 筆者依據《初學必需漢文讀本》各版本整理製表。

書名	出版日期	編輯	
	1945.10.20 20 版　重刊		
初級臺語讀本	1928.9.30 出版 1994.04.10 改訂臺語注音 初版	臺語注音：黃陳瑞珠	

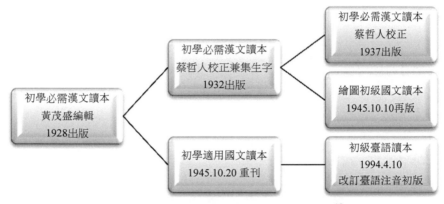

圖 6-1　《初學必需漢文讀本》版本流變[10]

(二) 邱景樹《注音字母北京語讀本》、黃森峰《漢字母標注中華大字典》

　　這兩本書皆是蘭記書局北京語教材的代表作品，但出版年代不同，代表的意義亦殊異。《注音字母北京語讀本》由邱景樹著，1928 年初版時名為《注音字母國語讀本》。20 年代，在臺灣文化協會的全力鼓吹之下，漢文白話文運動興起，社會上漸漸興起學習「中國國語」的熱潮，各地紛紛成立北京語講習會[11]，《注音字母北京語讀本》可以說正是此風潮下的產物。據作者在〈自

---

[10]　筆者依據表 6-3 整理製圖。

[11]　吳文星：《日治時期臺灣的社會領導階層》，臺北：五南，2008：287-8。

序〉中言，本書是他自中國回臺之後，在自己家中開設「官話研究會」，以及在花果園修養會擔任語學科教師時所使用的課本，「這本書的語句又簡單，讀者最容易明白的，注音又完全參照國音字母的，對於讀者在自修上即可學得現代最流行的標準國語。[12]」但是在當時殖民政府規定及臺灣人認知中，所謂「國語」是指日語，可以想見這個書名不但可能引起出版警察的干預，也容易讓讀者混淆，因此 1937 年便改版為《注音字母北京語讀本》。

全書共有 91 課，分為「日常語類」、「常言講習」、「助字講習」、「動字講習」、「會話講習」五大類，皆採情境會話形式。當時中國在五四推行國語運動之後，「標準國語」的概念逐漸普及，然而 1928 年此書出版時，距離 1918 年中國北洋政府教育部發佈「注音字母」僅 10 年，距 1924 年決定以完整北京音為普通話標準讀音更只短短數年，因此本書採用的是老式四角標調的注音國字，為時代過渡期留下見證。

《漢字母標注中華大字典》於 1946 年出版，由書法家黃森峰編注，全書共四冊，所謂「漢字母」即國音字母。從四版書前〈編輯大意〉可知，「本書字數，乃參酌辭源之多寡，審別去取，約得一萬餘字……本書編取字義，凡屬通行習見者，其解釋務使透徹，簡明易曉，不假思索。至於有關科學名詞，及由日本所制定者，概為補入…[13]」時值臺灣光復後學習國語的熱潮，對字典類工具書的需求亦高，相對於商務版的《辭源》、中華版的《辭海》等大型辭典，此書適時提供了難易適中，更為切合一般人需要的中文辭書。尤其出自本土作者，補充添加了受日本文化影響而產生的新字，更是大陸版字典所不及，尤為難能可貴。因此蘭記書局對此書之出版、行銷皆不遺餘力，印刷方面提供「三號紙」、「白洋紙」兩個版本（見第四章第二節），行銷方面特別印製樣張供函索試閱，並在自家出版物書後、圖書目錄，以及《新生報》中大力為其廣告，稱「自信本書乃本省字書中之最完備者，凡教職員、中學、

[12] 邱景樹：〈自序〉，《注音字母北京語讀本》，嘉義：蘭記書局，1937。
[13] 黃森峰：〈編輯大意〉，《漢字母標注中華大字典》，嘉義：蘭記書局，1946。

大學之學生、公務吏、一般學者不可不各備一卷也。」因此出版一年就已再版四次，顯見銷路頗佳。然而因為本書翻印於光復初期，難免草率疏忽，因此再版時常有修訂，如四版時便將初版及二版中，以十二地支區分的各集刪去，只用頁數順序，原因是臺灣青年對此區分方法並不熟悉，查找時有費時半小時尚不得著落者[14]。甚至到 2004 年，蘭記出版社尚且為其「修整再版」，顯見對此書之重視。

(三) 詹鎮卿、二樹庵《國台音萬字典》、黃陳瑞珠《蘭記臺語字典》

這兩本字典是蘭記書局臺語學習工具書的代表作品，且兩書實為一書，和《初學必需漢文讀本》一樣，在不同的時代，經由不同作者的努力，加注新的元素，而有了再生的機會和新面貌。《國台音萬字典》1946 年出版，由二樹庵、詹鎮卿合編。書前〈例言〉開宗明義解釋書名，也是最大特色：「本書共收萬字左右，注以國音及臺音，故命名約國臺音萬字典。[15]」亦即本書是雙音對照字典，每一字後用國音字母標注國音，用羅馬字拼音標注臺音，不論是通曉國語之人學習臺語，或通曉臺語之人學習國語，都很便利。此項特色在光復後到國民政府來臺初期，大批「外省人」來臺，但語言卻和臺灣人有隔閡的情況下，應是十分實用的設計，因此蘭記書局另出版了詹鎮卿獨立編纂的《國臺音小辭典》，在當時可謂獨創。直到 1991 年臺南西北出版社出版《國臺音匯音寶典》，才算有其他以「國臺音」雙語為標榜的字典。

到了 1995 年，對推廣臺語極有興趣的黃陳瑞珠，將此書由雙語字典改為單語雙注音的《蘭記臺語字典》，列為 Lan's 蘭記臺語叢書第四號。除了原有的羅馬字拼音，另加注了由黃陳瑞珠改良國語注音符號而成的「臺語ㄅㄆㄇ注音」。但黃陳瑞珠不僅是單純將國音改為臺語ㄅㄆㄇ注音而已，亦作了校正

---

[14] 黃森峰：〈編輯大意〉，《漢字母標注中華大字典》，嘉義：蘭記書局，1946。

[15] 二樹庵、詹鎮卿：〈例言〉，《國台音萬字典》，嘉義：蘭記書局，1946。

及補充增列的工作。她在〈序〉中說明:「本字典在光復初期趕創,漏誤之處不少,經筆者斟酌研討後,遂著手加以羅馬字注音之訂正,而釋義方面(文言)也做部分修訂或添語詞以資讀者瞭解。[16]」從國臺雙語到臺語雙音,且借用國語注音符號為臺語注音,其中所隱藏的,正是臺灣島民語言學習需求,以及主要使用語言的改變。而《中華大字典》及《國台音萬字典》,不約而同都有因為在光復初期趕製,質量難以完全顧及的現象,不難想見當時臺灣人求知、求書若渴,而出版社盡己所能勉力供應之景況。

二、詩詞、文集類

　　漢學、漢文、漢詩,在日據時期臺灣,處在一種極微妙的地位。一方面殖民政府的文化政策是抑制漢文,但另一方面,在歷史源流、懷柔需求的交互作用下,日本高層官員和大部分臺灣傳統文人保持著相當友好的關係,臺灣的詩社、文社等傳統文人結成的文學社群,其數量和活動都達到歷史的高峰(詳見第二章第二節)。這一批舊學出身的傳統菁英,面對時代轉換的過渡期,比起一開始就接受新式教育的知識分子,必然有著更劇烈的認同掙扎,以及適應問題。他們的所思所想、信仰理念,皆通過詩文的創作形諸外在。同時,他們又適逢臺灣逐漸進入教育普及、印刷資本主義興起的時代,以往僅在封閉文人圈中舉辦的活動,或是互相傳閱、賞析的詩文作品,現在有了面向大眾的機會。通過書刊、雜誌、報紙的出版發行,詩社集會活動、聯吟大會訊息得以廣布,漢詩文創作得以紀錄和流傳,零散的漢文閱讀人口因此而凝聚甚至擴展,漢學的力量也得以維繫。作為漢文圖書的出版者,蘭記書局和這些文學社群可謂同一陣營的盟友,與其保持密切關係,除了是基於共同的理念,同時也是經營一群準確的作者與讀者。在黃茂盛積極的參與下,

---

[16] 黃陳瑞珠修訂:〈序〉,《蘭記臺語字典》,嘉義:蘭記出版社,1995。

蘭記書局出版了不少傳統詩文作品,如崇文社的多本相關詩文集,臺灣文社發起人林幼泉的《壺天笙鶴初集》、鹿港詩人陳懷澄的《吉光集》、《媼解集》,林珠浦的《新撰仄韻聲律啟蒙》等。

(一) 崇文社作品

1. 崇文社簡介

　　彰化崇文社的前身是祭祀文昌帝君的神明會,1917 年由塾師黃臥松重新募集會員,成立崇文社,成為日據時期第一個標舉「漢文」要求的文學性社團,和臺中的臺灣文社並稱臺灣兩大文社。其主要活動概可分為兩部分,一是祭祀儒教聖賢,每年分別於 1 月 15 日及 8 月 15 日,舉行春秋兩祭,致祭關聖帝君、文昌帝君、倉頡、沮誦四者;一是對外舉行徵文,藉此引動社會對重要議題的討論,如在「臺灣新文學之父」賴和及吳貫世等人的倡議下,崇文社自 1918 年 1 月起,每月擬一題目徵求古文稿,直到 1937 年第 240 期為止,歷時近 20 年[17]。1926 年 12 月第 108 期徵文活動結束後,崇文社聘請新港林維朝、嘉義陳景初,從 108 期固定徵文及 11 期臨時徵文獲選佳作中,再評選出一至五篇優秀作品,經黃臥松編輯,集結成《崇文社文集》共八冊,1927 年出版,交由蘭記書局承印並代為發行。而之後徵文活動仍持續不輟,只可惜獲選文章未再有完整付梓的機會[18]。

　　又如,崇文社以儒教為本位,對於日據時期受日本佛教教派影響而產生的佛教改革,相當不以為然。1927 年,有「臺灣佛教馬丁路德」之稱的林德林,與《臺灣新聞》記者張淑子發生紛爭,以此事為導火線,引發了全臺儒、

---

[17] 蘇秀鈴:《日治時期崇文社研究》,彰化:彰化師範大學,2001:45-6。

[18] 但在蘭記出版《中學程度高級漢文讀本》第五冊 1935 年三版(初版日期 1930-4-25)的版權頁前,有一則〈彰化崇文社徵文彙刊〉的出版豫告,內容是「自一百〇一期至一百五十期課題,分裝八冊,定價一圓六角,先函豫約只收印費一圓(預約期限昭和四年(1929)六月末日)」可見後續徵文也曾有彙集出版計劃。但預約期限只到 1929-6-30 的廣告,為何刊登在 1930 年出版的書中,令人費解。

佛兩派陣營的激烈論戰，長達數年之久，史稱「中教事件」（詳見後文）。作
為儒生代表的崇文社，將 1926 到 1930 年間批判佛教的資料，包括徵文活動
各期中相關議題的文稿，及崇文社附屬「新滑稽吟社」的徵文、徵詩作品，
陸續集結成《鳴鼓集》共五集，亦由蘭記書局發行。崇文社其他由蘭記書局
任發行所或代發行所的作品，目前所知尚有《過彰化聖廟詩集》、《前明志士
鄧顯祖蔣毅庵十八義民陸孝女詩文集》、《彰化崇文社貳拾周年紀念詩文集》、
《彰化崇文社貳拾周年紀念詩文集續集》、《祝皇紀貳千六百年彰化崇文社紀
念詩集》等。

2. 蘭記書局與崇文社關係

　　社長黃臥松自崇文社創設以後，便一肩擔負起所有社務，如上述每月徵
文活動，社務運轉資金的籌措，以及崇文社刊物的編輯，都在黃臥松的領導
之下進行，可謂崇文社的靈魂人物。也因此從 1941 年黃臥松臥病之後，崇文
社的會務便告停頓[19]。蘭記書局黃茂盛雖非崇文社社員，但與崇文社在宏揚
文風、挽救頹俗，維繫漢學於不墜的理念上相當接近，這一點可從以下兩段
文字窺其一二。擔任《崇文社文集》評選工作的林維朝，在〈崇文社文集序〉
中，說明了崇文社成立緣起：

> 　　世之變也，異端邪說隨歐風美雨以俱來，西人唾餘之糟粕奉為金
> 科，東方固有之文明棄同敝屣，狂妄者倡之於前，喜新者和之於後，
> 炫異矜奇，毀禮蔑義，世道日見其凌夷，人心日流於險惡，有志憂時
> 之士，莫不恕焉傷之。彰化諸君子深憂及此，乃於大正七年集合同志，
> 創立一社命曰崇文，蓋取崇文重道之意也。[20]

---

[19] 1941 年 6 月崇文社公告：「彰化崇文社，代表者咳嗽、口渴、四肢無力，擬自七月起，不徵詩文，
　　待身體健壯，年末、年始，或得再盡其力。」 轉引自蘇秀鈴：《日治時期崇文社研究》，彰化：
　　彰化師範大學，2001：10。

[20] 林維朝：〈崇文社文集序〉，《崇文社文集》卷一，彰化：崇文社，1927：11。

　　而黃茂盛則是在 1925 年印行的《圖書目錄》中，說明了漢籍流通會附屬「小說流通會」的成立緣起：

> 　　竊謂天下事有興必有廢，於理固然，誰料數千年來彪炳宇宙之漢學，竟為時勢所推移，以致衰微不振者，蓋因西學東漸，一般人士沉溺在美雨歐風，競巧趨新，流毒社會，迫至近年瘡痍潰爛，累及精神，毋怪世道日非，世風不古，奸邪放縱，道德沉淪，有心人睹此深為焦慮，雖有志挽回，然非藉群策群力實難如意，是以不揣固陋，始創小說流通會於客秋，意在網羅古今有益稗史及諸善書，聊以警世怡養精神。[21]

　　從此兩文可以看出，漢籍流通會與崇文社對於西風東漸，臺灣引進新學，逐日現代化，致使漢文、漢學生存空間日益衰頹縮限，連帶社會人心世風不古、道德淪喪的現象，充滿了危機感和使命感。在中國傳統文人「文以載道，道在則文在，文存則道存[22]」的觀念之下，兩者不約而同將「文章」與「道德」連結，或借徵文對聖賢教誨、儒教精神進行思辨，或借推廣閱讀有益書籍而回復倫常、重振世道。正因為黃茂盛對崇文社理念極為認同，故與黃臥松保持深厚的交誼，蘭記書局史料中有多封黃臥松來函，稱黃茂盛「賢侄」。而黃茂盛對崇文社社務亦十分熱心支持，由於崇文社經費都靠外界捐款挹注，黃茂盛乃成為贊助者之一，其方法或為直接捐贈金錢，根據 1937 年 7 月出版的《彰化崇文社貳拾周年紀念詩文續集》書末的〈彰化崇文社歷年有志者獻納事務費一覽表〉，黃茂盛曾於 1928 年捐獻事務費二十圓、1936 年捐獻事務金一百圓[23]；或是在徵文活動中提供優秀者贈品，如第 95 期課題〈與

21　〈緣起〉，《圖書目錄》，嘉義：蘭記圖書部，1925：1。

22　西湖小吏：〈崇文社徵文發刊序〉，黃臥松：《崇文社文集》卷一，彰化：崇文社，1927：3。

23　〈彰化崇文社歷年有志者獻納事務費一覽表〉，黃臥松：《彰化崇文社貳拾周年紀念詩文續集》，彰化：崇文社，1937：160-5。

友人論風俗利弊書〉、第 101 期〈寵妾弊害論〉，其贈品即由黃茂盛捐贈[24]。
當然，崇文社最為借重的，還是黃茂盛在出版發行方面的專業，崇文社的重
要出版物如《崇文社文集》、《鳴鼓集》等，都由黃茂盛轉交上海中西書局石
印。雖崇文社作品都為非賣品，但其印贈、函索寄送等發行事宜，亦都交由
蘭記書局處理。為感謝黃茂盛對崇文社的支持貢獻，1940 年 12 月 21 日發行
的《祝皇紀貳千六百年彰化崇文社紀念詩集》特為其立傳：

> 黃茂盛先生傳
> 　黃茂盛先生。羅山人也。成童失怙。事母孝。對人恭。曾就職銀
> 行組合。克勤克儉。於大正十三年。創設漢籍流通會。購置書籍數千
> 部。供會友輪流借覽。冀挽漢學一髮千斤。幸賴馮安德先生。陳江山
> 先生之力。得以維持。大正十五年。更設圖書販賣部。購置善本發售。
> 事業日臻昌盛。文風丕振。其為人也。樂善好施。常自告貸親朋。以
> 供友人學資。對於崇文社也。亦不惜鉅資寄附。並代鼓舞親朋援助。
> 該社特贈一區。文曰見義勇為。其衛道之功宏。堪為孔教之功臣。誠
> 不誣也。善行勉修。人品不俗。治家勤儉。里黨稱賢。不啻鐵中之錚
> 錚。濁世之佼佼者也。[25]

　　文中所說「並代鼓舞親朋援助」，乃指與黃茂盛熟識，且為蘭記書局初期
最大贊助者的馮安德、陳江山。當黃臥松正為《崇文社文集》的出版費用籌
措無門而煩惱之時，黃茂盛偕同馮安德前往拜訪，馮安德詢問崇文社創設主
旨及經過，並將課卷每期十篇攜歸參閱，之後便承諾擔負《崇文社文集》的
出版費用。期間馮安德因替朋友作保牽連，財產被銀行差押，又賠鉅款。黃
茂盛將此事告知黃臥松，本以為贊助出版一事就此做罷，但馮安德一諾千金、

---

[24] 〈崇文社徵文課題文宗寄附者一覽表〉，黃臥松：《崇文社文集》卷一，彰化：崇文社，1927：
　　1-5。

[25] 〈黃茂盛先生傳〉，《祝皇紀貳千六百年彰化崇文社紀念詩集》，彰化：崇文社，1940：3。

不願失信，並主動去信詢問出版進度，《崇文社文集》終得以出版[26]，其後亦多次捐贈鉅額事務金[27]。崇文社特於 1940 年贈一匾曰「急公好義」[28]，並以「馮安德先生立信說」作為 232 期徵文、徵詩的課題，以表彰其功。至於陳江山亦通過黃茂盛介紹與黃臥松熟識，陳江山所著《精神錄》中，即有黃臥松序文。崇文社為陳江山所立傳中曰：「且其贊助崇文社不惜巨金。復為盡力鼓吹援助之力不少。」所以於 1934 年贈一匾曰「明志致遠」[29]。

3.《崇文社文集》

　　崇文社既冀望以崇文重道之法，挽回世風，則其出版之文集，自可反映出其所代表的傳統文人，所抱持的信念與關注議題。《崇文社文集》是崇文社最具代表性的出版物，從書前的 12 篇序文可以看出，一心復興漢學的傳統文人，對於當時言必稱歐美新學，視漢學為守舊陳腐的潮流極不以為然，並認為此風正為臺灣人心不古、道德沉淪喪的主要原因。除前述林維朝《崇文社文集序》之外，另舉幾例如下：

　　　　慨自歐風西至美雨東來，騰湧潮流滄桑變幻，習異學者，自詡文
　　　　明；守漢學者，貽譏頑固。思想惡化趨向歧途，無惑乎世風不古而道
　　　　德淪亡，人倫有乖而心術敗壞也。（陳錫如〈崇文社文集序〉[30]）

　　　　慨自歐風東漸，聖學漸澌，甚至舍情理以論文，而文章之真價幾

---

[26] 此事過程參見〈馮安德先生立信說〉徵文各篇獲選作品，收錄於〈彰化崇文社第二百三十二期徵文課題〉，黃臥松：《彰化崇文社貳拾周年紀念詩文續集》，彰化：崇文社，1937：49-53。

[27] 馮安德於 1930 年捐贈一百圓、1932 年捐贈一百圓、1937 年捐贈二百圓。參見〈彰化崇文社歷年有志者獻納事務費一覽表〉，黃臥松：《彰化崇文社貳拾周年紀念詩文續集》，彰化：崇文社，1937：160-5。

[28]〈馮安德先生傳〉，《祝皇紀貳千六百年彰化崇文社紀念詩集》，彰化：彰化崇文社，1940：2。

[29]〈陳江山先生傳〉，《祝皇紀貳千六百年彰化崇文社紀念詩集》，彰化：彰化崇文社，1940：3。

[30] 陳錫如：〈崇文社文集序〉，黃臥松：《崇文社文集》卷一，彰化：崇文社，1927：1。

減矣。（黃溥造〈崇文社文集序〉[31]）

　　自歐風東漸，莘莘學子群尚時趨，講倫理則視為具文，談經學則斥為腐論，漫唱自由平等、非孝非慈，怪像紛呈，風潮迭起，幾乎非盡廢先王之禮法，抉名教之藩籬不已。（黃茂盛〈崇文社百期文集序〉[32]）

　　憤時之士奔走歐美，狂呼革命，告厥成功，遂有二三面毛足蹄之士，因噎廢食，背本忘根，謗毀先聖，蕩滅倫常。我臺遂有一二效尤，倡非孝說、戀愛，喪心病狂毒流島內。（黃臥松〈彰化崇文社百期文集序〉[33]）

　　上述看法雖難脫以偏概全的刻板印象，但相當程度說明了當時傳統文人對西學的排拒批判態度，也使得崇文社難以避免的傾向以「復興」漢學、「重振」世道、「挽回」人心等，尊古崇古的方式面對時代的變局。亦即貫徹「回歸國故」的策略，不論是在語言文字的形式上，或是思維價值體系上，以傳統文章形式承載傳統思維價值，才能達成「完整保存及延續漢文化」的終極目標[34]。所以崇文社徵文以古文為體裁，包含議論、說解、策辨、考記、檄文等。不過崇文社文人並非一味食古不化，只知在象牙塔中，作之乎者也八股文章之輩，相反的，從其徵文課題來看，「皆屬當世之時事，人生之要圖，為我臺所宜設施，島民所宜勸勉者。[35]」是相當全面的關注社會議題，常見對新興觀念的討論。如提升婦女地位、兩性平權問題，就有〈婦人愛國論〉、

31　黃溥造：〈崇文社文集序〉，黃臥松：《崇文社文集》卷一，彰化：崇文社，1927：9。

32　黃茂盛：〈崇文社百期文集序〉，黃臥松：《崇文社文集》卷一，彰化：崇文社，1927：10。

33　黃臥松：〈彰化崇文社百期文集序〉，黃臥松：《崇文社文集》卷一，彰化：崇文社，1927：13。

34　溫惠玉：《日治時期傳統漢文的應世與革新──以崇文社與臺灣文社為例》，新竹：清華大學，2011：53。

35　陳錫如：〈崇文社文集序〉，黃臥松：《崇文社文集》卷一，彰化：崇文社，1927：1。

〈女子教育論〉、〈養苗媳及蓄婢弊害議〉、〈婦女服裝分別論〉、〈論自由結婚之得失〉等篇；改良社會風俗方面，有〈戒奢侈說〉、〈婚禮改良議〉、〈破除迷信議〉、〈賭博弊害論〉、〈喪禮折衷議〉、〈阿片弊害論〉等篇；雖已喪失科舉為官之途，但不忘士人本色，對國家政治經濟發展多有關心及議論，如〈論經濟界之放肆及將來維持策〉、〈農民保護論〉、〈撫蕃策〉、〈貧民墮落救濟策〉、〈家庭副業獎勵策〉、〈開拓實業策〉諸篇；有關社會及家庭教育的，如〈臺灣建設大學議〉、〈廣設實業學校及工藝場論〉、〈家庭教育論〉、〈籌釋經書奧義以濟青年學荒策〉等篇；至於該社念茲在茲的漢學維繫，更不可少，如〈維持漢學策〉、〈漢學起衰論〉、〈倡建修孔廟議〉、〈漢學興廢說〉、〈孔孟學說比較論〉等篇。

尤其黃臥松十分擅長借助大眾傳播的力量，徵文、徵詩的活動訊息，評選結果以及優秀作品，都會刊登在《臺灣日日新報》、《臺南新報》兩大報。無非是希望藉由契合時代脈動的課題討論，通過新興媒體報導與社會輿論接軌，最終傳遞儒教、漢學思想。而《崇文社文集》八卷的出版，更為完整地反映和紀錄了崇文社的中心理念。由於其出版費用是募捐而來，因此產品是以非賣品的贈送方式發行，其傳佈範圍可以更自由而廣泛。充分顯現了傳統儒學者積極在新社會中擁有發聲管道，爭取話語權的努力。

4.《鳴鼓集》

《鳴鼓集》是崇文社另一部重要作品，這部文集的出版源自一件震動全臺儒、釋兩大知識社群的衝突事件「中教事件」。事件發生在 1927 年，任職於《臺灣新聞》漢文部的張淑子，藉口其妻在林德林創立的「臺中佛教會館」逗留過晚，而匿名向報社揭發兩人有染。事實上，在此之前的 1925 年，林德林因為文強烈批評張淑子的《家庭講話》一書，兩人發生筆戰，已心生怨隙，且林德林推動的佛教改革，早為儒生所不滿。因此「桃色疑雲」發生後，以崇文社的儒生社群為中心，開始動員同志，在各報刊撰文和投書，大規模對林德林嚴厲圍剿，並牽連到當時臺灣北部佛教界三大法派的領導階層，使臺灣佛教界全體陷入空前的不名譽當中。崇文社的激進作法，同樣引起佛教界

少壯派知識菁英的不滿，於是展開對傳統儒教排佛論思想源流的歷史清算。雙方不留情面、互相批評的行為，延續了數年才告平息[36]。

　　而《鳴鼓集》正是中教事件中，崇文社方面抨擊佛教的言論集結，內容可分三大部分，一是崇文社各期徵文中與此相關之課題；二是各報中關於此事件的報導及記載雜文；三是崇文社附屬新滑稽吟社第一至十三期，並第一期臨時課題的徵詩。《鳴鼓集》共分五集，初集 1926 年出版；二集 1928 年出版，而同一年，崇文社又將一、二集合編為《鳴鼓集初續集合刊》；三集 1928 年出版；四、五集合刊 1930 年出版。不過從第一集的出版時間可以發現，當時中教事件尚未爆發，所以其收錄內容是〈風紀肅正並嚴重社會制裁議〉、〈驅除蟊賊檄〉兩期課題的徵文，完全與此事件無涉，到了第二集楊星亭序文中，才直接點明了此詩文集的特殊題旨：

　　　　彰化黃臥松先生有鑒於今之奸僧淫尼，穢亂沙門，失卻如來面目，不忍坐視其頹危，欲起而矯正之、喚醒之，採取有關宗教之詩歌、論說檄文、諸什分類，編輯其集曰鳴鼓，蓋取夫子鳴鼓而攻之之意，其憂世之心，昭然若揭。[37]

　　《鳴鼓集》中收錄的徵文課題，除前述第二集兩期之外，還有第三集的〈官吏受賄與破戒僧罪惡孰重論〉，第四集的〈天下何者最毒論〉、〈戲擬驅除蚤虱蚊蠅鼠賊僧檄〉，第五集的〈孔方兄勢力論〉，這些課題其實並非僅針對桃色風波，而是對當時佛教界諸多弊端的整體批判。然而更為受到後世研究者矚目的，卻是另一類詩歌作品，包括新滑稽吟社前三期的徵詩《野禿偷香》、〈野禿歌〉、〈禪床春夢〉，第一期臨時詩題〈尼姑做彌月〉，以及「怡園擊缽

---

[36] 林德林推動的佛教改革，融合了日本佛教與基督教教義，包括僧侶的婚姻自由與情欲自主。林德林背景及中教事件經過，皆參見江燦騰：《臺灣近代佛教的變革與反思》，臺北：東大圖書，2002：104-16。

[37] 楊星亭：〈鳴鼓集二集序〉，《鳴鼓集續集》，彰化：崇文社，1928：1。

吟」一次聚會中的七言律詩〈破戒僧〉，以及詩魔在《鳴鼓集續集》中撰寫的
《新聲律啟蒙全集》等。江燦騰認為這些反佛教滑稽色情文學，是明清反佛
教色情文學傳統的延續，但又非復刊大陸作品，而是在日據時期臺灣這個新
時代及新環境下，完全出於本土的創作，代表了一種新的發展[38]，別具意義。
蘭記書局因與崇文社的友好關係，在此歷史事件的關鍵紀錄上，佔有一席之
地。

(二) 陳懷澄《吉光集》《媼解集》、林珠浦《新撰仄韻聲律啟蒙》等詩集

　　漢文化中，借詩歌以抒發、明志，是向來的傳統。在殖民政府有意無意
的鼓勵之下，日據時期臺灣的詩風興盛、詩社林立，達到前所未有的高峰，
已如前述。詩社數量增多之外，其活動型態及本質，也漸漸與清代純粹切磋
詩藝大不相同。首先是因參加詩社者增多，開始形成極有組織性的團體，訂
下會則，固定時間聚會，且競賽性質轉濃，聘請詞宗評比，詩社也備有獎品、
獎金以酬賓，會後還有盛宴款待，宛如成為文學交際社團[39]。其次是從單一
詩社獨詠發展出聯吟機制，又從區域性的聯吟發展成跨區域、全島性的詩人
大會。1927 年在臺北舉辦全島詩人大會中，確立了由臺北、新竹、臺中、臺
南、高雄五州輪流舉辦全島聯吟大會的規則[40]。此外，因為大眾媒體的出現，
使得「徵詩」亦成為當時的一大特色。以當時最受舊文人青睞的《詩報》而
言，幾乎每期都有徵詩，且主題包羅萬象，可說無所不可徵。

　　蘭記書局黃茂盛雖非詩人，但醉心舊學、雅好詩文，與漢詩界多有往來，
也熱心資助。例如對聯吟活動便十分積極參與，1934 年全島聯吟第 11 回大
會，由嘉義市所在的臺南州主辦，蘭記書局便捐贈彩箋 300 冊，並以黃茂盛

---

[38] 江燦騰：《臺灣近代佛教的變革與反思》，臺北：東大圖書，2002：120-1。

[39] 黃美娥：〈日治時代臺灣詩社林立的社會考察〉，《古典臺灣：文學史、詩社、作家論》，臺北：
國立編譯館，2003：183-227。

[40] 謝崇耀：〈論日治時期臺灣漢詩組織之建構與作用〉，《臺灣風物》，2008，58(3)：91-134。

的另一專長「和洋蘭花卉盆栽展覽」佈置會場[41]。1934 年 4 月 7 日《漢文臺灣日日新報》便可見此事報導。

　　和洋蘭花卉盆栽展覽

　　七八兩日。嘉義將開全島詩人聯吟大會。同地蘭記書局黃茂盛氏。將於此兩日午前八時至午後十二時。在書局園藝部開和洋蘭花卉盆栽展覽。各地同好者。出品牡丹。芍藥。薔薇。躑躅。花櫻。花藤。花桃。花椿甚多。兩日午後一時起。各行入劄即賣。希多數往觀云。

　　另在 1935 年 10 月舉行的臨時聯吟大會，黃茂盛亦大方贊助出席者贈品。1935 年 10 月 23 日《漢文臺灣日日新報》上便報導了此項消息。

　　全島聯吟大會　聲明三百餘名

　　全島臨時聯吟大會。因二十七八兩日公暇相連。奉職之人。多得休沐之機。故至二十二日。報名參加者。突破三百名。而此次開設出張所於稻江大世界前碧芳紙店內之嘉義蘭記書局黃茂盛氏。亦擬對出席者各贈以詩集或筆記類云。

　　又如黃茂盛與紀錄臺灣各地擊缽詩作與詩社動態為主要內容的《詩報》也關係密切。《詩報》為半月刊，發行時間自 1930 年 10 月 30 日至 1944 年 9 月 5 日，計 14 年，是日據時期發行最久的傳統文學刊物[42]，也是 1937 年推動皇民化運動之後，極少數依然持續發行的漢文雜誌之一。黃茂盛對《詩報》發行十分支持，1931 年 5 月 15 日即成為《詩報》取次所，根據每期刊載的「入金報告」，黃茂盛除購買廣告版面之外，也常直接捐金贊助，而名列《詩

---

[41] 謝崇耀：〈論日治時期臺灣漢詩組織之建構與作用〉，《臺灣風物》，2008，58(3)：91-134。

[42] 林文睿：〈臺灣文學瑰寶風華再現——《詩報復刻》序〉，《詩報》復刻版，臺北：龍文，2007：1。

報》的「援助員」之一。另如前文已提及，黃茂盛也曾發起徵詩活動，1929年5月4日，他在《漢文臺灣日日新報》上以「蘭記」二字廣徵聯文，得七百餘聯，並聘請鹿港詩人陳懷澄為文宗，評定等次，印刷成冊，是一次相當成功的徵詩活動（詳見第四章第一節、第二節）。另一次徵詩活動則是在1930年9月3日的《臺南新報》上，蘭記書局徵求有關臺灣民風、土俗、文物、制度的詩作，頗見格局。

因此黃茂盛與各地詩人多有往還，臺南詩人蔡哲人、鹿港詩人陳懷澄皆為其多年好友，前者為其修訂《初學必需漢文讀本》，後者為蘭記書局徵文擔任文宗之外，於1930年黃茂盛徵求全臺詩稿時，曾致信勸其慎重其事：「君有臺詩彙刊之舉，此事切莫輕率，候待新竹詩綜刊後始繼步，選取必較精確也。[43]」而與澎湖第一才女蔡旨禪魚雁往返，並獲其題自照詩相贈，更留下一段佳話。

　　　　茂盛老先生偉鑒　憶前曾約趨候，祇以事羈不能如願，並承錯愛欲索賤照，本即應命，奈為家慈束縛，殊彌抱歉，乃詠自照，□□閱讀之，亦無異於晤對也……題自照：無將比擬玉芙蓉，婀娜枝柔塵不封，將貌比花儂未及，花無才思不如儂。[44]

在傳統漢詩的學習上，詩人不但要大量背誦前人名詩，還要鑽研韻對蒙書，熟稔詩歌格律中的對句作法，方能隨口成誦、七步成詩，因此詩歌、韻對類的書籍，也成為日據時期出版的重點之一[45]。島內詩風既盛，黃茂盛亦有興趣及人脈，故蘭記書局也出版了多本詩集。

---

[43] 〈陳懷澄致黃茂盛信〉，1930-10-13，蘭記書局史料。

[44] 〈蔡旨禪致黃茂盛信〉，1931-3-15，蘭記書局史料。

[45] 黃震南：《臺灣傳統啟蒙教材研究》，臺北：臺灣師範大學，2011：40。

1. 林珠浦《新撰仄韻聲律啟蒙》

林珠浦（1868-1936），名逢春，字珠浦，以字行。幼名大松，又字岩若、杏仁，號蘭芳，又號養晦齋主人，晚號西河逸老、珠叟，臺南人。1906 年連雅堂等在臺南創立詩社「南社」，林氏即為社員，常參加該社課題徵詩。1914年與陳璧如等創立「酉山詩社」，該社有七位秀才、一位舉人，號稱「酉社七秀一舉」，林珠浦即為「七秀」之一[46]。清康熙年間車萬育所著的《聲律啟蒙》，是日據時期臺灣學詩者必讀的教材，但該書只有平聲韻，林珠浦有感於此，於是補足仄聲韻，以成《仄韻聲律啟蒙》三卷，並撰有詩鐘格式一卷，共四卷合為一冊，於 1930 年出版。本書作者自述本書內容與目的：「一、是書約六千餘言，內就仄韻上、去、入七十六韻，每韻一首，詞淺意明，但作家塾教授兒童之課本也。一、是書仿照車萬育先生平韻《聲律啟蒙》樣式謬加著作，非敢自詡，聰明讀者諒之。一、是書末附詩鐘十六格，每格二聯，詞意簡陋恐未盡妥，因欲作詩鐘之榜樣，不敢此（比）雪鴻、壺天笙鶴諸集，讀者諒之。[47]」

此書出版後，在漢學界引起轟動，詩人楊元胡便在 1935 年 1 月 23 日的《三六九小報》「新聲律啟蒙」專欄，以「人欣謝星樓猜謎射虎條條有趣，我羨林珠浦聲律雕龍字字皆真」讚歎之[48]。後世評論者也稱其曰：「初學者若能熟讀、審記，必可應用自如，堪稱為韻學啟蒙的良書，和車萬育所著平韻《聲律啟蒙》相配並用，功用益彰。[49]」

2. 陳懷澄《吉光集》

陳懷澄（1877-1940），字槐庭、水心，號沁園，一號心木，1902 年與臺中士紳、詩友組織「櫟社」，並與林癡仙、林幼春、賴紹堯、蔡啟運、呂厚庵、

---

[46] 盧嘉興：〈著《仄韻聲律啟蒙》的林珠浦〉，《臺灣研究彙集》，1974(14)：63-88。

[47] 林珠浦：〈例言〉，《新撰仄韻聲律啟蒙》，嘉義：蘭記圖書部，1930：1。

[48] 江昆峰：《《三六九小報》之研究》，臺北：銘傳大學，2004：181。

[49] 盧嘉興：〈著《仄韻聲律啟蒙》的林珠浦〉，《臺灣研究彙集》，1974(14)：63-88。

陳滄玉、林仲衡及傅錫祺九人共稱為「香山九老」。同時，也任「鹿苑吟社」、「鹿江詩會」、「大冶吟社」主要社員，在當時有「民族詩人」之美稱[50]。《吉光集》乃陳懷澄合三書為一書的詩鐘選集。據陳懷澄在《吉光集》中所寫的〈詩鐘考〉，其源起及名稱由來如下：

> 詩鐘，為文人遊戲之作。初起於閩，繼傳各省……始名改詩，因更律絕體而為兩句。名詩鐘者，相傳則規律頗嚴。於擬題時，需繫寸許香，在綴錢之縷。下承銅盤。香炉錢墜，聲鏗鏗然。用作構思之限，此即刻燭擊缽之意也。又名羊角對、雕玉雙聯。如玉雕成，白居易詩云，寸截金為句，雙雕玉作聯，別名即本於此。百衲琴、詩唱諸名，究不如詩鐘之名普及也。[51]

　　詩鐘既為遊戲之作，原本並不受傳統詩人重視，詩集無多，至臺灣巡撫唐景崧來臺修葺斐亭，擊鐘雕玉，臺地詩社的吟詠遂漸以擊缽、詩鐘為要[52]。唐景崧與幕友及鄉紳士創牡丹詩社，開詩鐘會，將諸人詩作集成《詩畸》，但至日據時代已零落不全，且弁端無序文，何時會吟、何時刊版，都無從稽考[53]。陳懷澄於是將他能見的詩鐘集，包括《詩畸》殘本，與民國初年重刊的《壺天笙鶴集》（林幼泉編輯）、《雪泥鴻爪集》（黃理堂編輯），合選為一書，名曰《吉光集》，1934 年出版。書末並附有詩鐘體式，讓習作者得以遵循。而《壺天笙鶴集》與《雪泥鴻爪集》二書，蘭記書局亦有單獨版本。

　　與《吉光集》出版同時，陳懷澄另擇歷代淺顯易懂的七言絕句，編輯成書，取白香山之詩，老嫗能解之意，名為《嫗解集》，也是供學詩者之用。

---

[50] 歐素瑛：〈陳懷澄〉，許雪姬：《臺灣歷史辭典》，臺北：遠流，2004：860。

[51] 陳懷澄：〈詩鐘考〉，《吉光集》，嘉義：蘭記圖書局，1934：3-5。

[52] 黃美娥：〈日治時代臺灣詩社林立的社會考察〉，《古典臺灣：文學史、詩社、作家論》，臺北：國立編譯館，2003：183-227。

[53] 陳懷澄：〈編輯弁言〉，《吉光集》，嘉義：蘭記圖書局，1934：2-3。

三、蒙學類

　　日據時期臺灣的初等教育，由書房與公學校分行而並進，雖然從整個日據時期來看，是呈現書房消而公學校長的趨勢，但是在日常實用和維繫傳統文化的雙重目的之下，民間學習漢文的需求一直不絕於縷。除了在通過申請正式立案的書房就讀的塾生，在殖民政府的打壓漢文政策下，也有不少人在公學校課程之外，另行在轉入地下的暗塾學習漢文，或者就由父兄在家教導自學。這些漢文學習者是一批穩定的漢籍需求者，他們使用的蒙學書籍，因為是最初階的漢文讀物，需求量也最大，一直是日據時期重要的出版物。

　　日據初期，因為塾師多為舊學出身的傳統文人，加之科舉廢除之前，臺灣雖已割讓日本，但臺灣士子仍獲准渡海參加科考，因此書房使用教材及教授方法也都因襲舊規，不脫《三字經》、《百家姓》、《千字文》、四書五經等傳統教材。這也就是第三章第一節所分析，當時書肆所售書籍種類貧乏的原因之一。而隨著科舉廢除、清廷覆滅、民國代之、新文化運動興起，中國的教育體制日漸向西方靠攏，新式教科書出現，並大量被引進臺灣，逐漸與傳統蒙書分庭抗禮。但無論是長久流傳的童蒙教材，還是從中國大陸引進的新式教科書，對於處在文化與知識雙重變動的臺灣人，都顯得無法反映實況，於兒童的學習頗有不足，於是也出現了臺灣作者專為臺灣學童編寫的教材。

　　從蘭記書局目前可見的出版物上，也可見到以上趨勢。蒙學類書籍數量不少，有早已廣泛流傳，不斷被各家書局翻印的傳統舊作，如《最新弟子規》、《歷史三字經》、《三字經注解》、《千字文白話注解》、《千字文》、《繪圖千字文》、《繪圖幼學雜字》等；但更具意義的是由臺灣人新著的啟蒙書，如前兩節中分析的《初學必需漢文讀本》、《新撰仄韻聲律啟蒙》，都是為初學者編寫的教科書，廣義來說也可列入蒙學書籍一類。此外還有《精神教育三字經》、《臺語三字經》、《千家姓注解》、《居家必用千金譜》等書，則

是由臺灣人模仿傳統教材體例而自撰的蒙書。這些出自臺灣作者的蒙書，內容反映了本土特色及時代特性，更為珍貴。

(一) 張淑子《精神教育三字經》

　　《精神教育三字經》作者張淑子（1881-1945），號野鶴，即本章第二節所述「中教事件」的主角之一。1903 年畢業於總督府國語學校，在公學校執教多年，1922 年轉赴彰化高等女學校擔任教諭，1927 年辭職轉任《臺灣新聞》漢文部編輯主任。1931 年南下擔任《臺南新報》漢文部編輯主任，1933 年離職，返鄉開設書房教授漢學[54]。張淑子雖畢業於國語學校，受系統化的新式教育，但漢學修養深厚，其職業生涯未曾離開教授、振興漢文之責。且加入「大雅吟社」及「臺灣文社」為會員，並參加多期崇文社徵文，〈賭博弊害論〉、〈戒訟說〉、〈老少提攜說〉皆獲優選並收入《崇文社文集》中，顯見其漢文、漢詩皆頗具水平，是同時具有新、舊學背景的文人。

　　《三字經》是最具代表性的傳統啟蒙書，其內容以傳統儒家倫理精神為中心思想，首重三綱、五常、十義等品格教育；其次備述四書、六經、三傳的大致內容，以做為學習儒家典籍的先備知識；然後略述中國朝代更迭，讓學童「知興替」，習得歷史殷鑒；最後則列舉諸勤奮向學的故事，讓學童生見賢思齊之心[55]。《三字經》三字一句，且有押韻，讀來琅琅上口，句意又淺顯易懂，數百年來不但成為家喻戶曉、路人皆知的啟蒙書，且影響深遠，引起後世許多仿作。僅僅日據時期臺灣一地，便有洪棄生的《時勢三字經》、王石鵬的《臺灣三字經》、林人文《新改良三字經》、陳德興《三字集》，及張淑子《精神教育三字經》等。

　　《精神教育三字經》於 1929 年 7 月由蘭記書局出版，其時張淑子任職《臺灣新聞》漢文部，故書末有「昭和四年（1929）四月中抄錄臺灣新聞」一句，

---

[54] 黃震南：《臺灣傳統啟蒙教材研究》，臺北：臺灣師範大學，2011：63。
[55] 張惠芳：《張淑子及其作品研究》，臺南：臺南大學，2010：48-9。

應是張淑子陸續發表於《臺灣新聞》上，最後再輯錄成冊。1929 年 10 月 7
日《漢文臺灣日日新報》有此書出版消息：「臺中張淑子氏著作臺灣三字經。
內容多屬教育。今回由蘭記圖書部印刷千部。以無料贈送各界。希望者可及
早函索之也。」且書末版權頁上也有「歡迎複印」字樣，可知張淑子出版此
書的確不為營利，而在教化民眾。

　　本書開頭幾句「本島事，詳此冊，啟童蒙，頗相適」，道出了作者著書目
的，是希望初開蒙的學童，能通過此書熟悉臺灣本島之人事物。但張淑子是
受正規師範教育出身，又在體制內公學校、高等女校任教多年，因此書寫角
度都從日本本位出發，與殖民政府教育精神同一陣線。書中對清朝治臺的敘
述寥寥幾句，且多屬負面，如「朱一貴、林爽文、先後反，戕官軍。戴萬生，
施九段，脅頑民，相作亂。彰泉人，分類鬥，彼其時，多賊寇。」相反的，
述及日本歷史則語多褒揚，「自神武。傳至今。百餘代。德澤深。明治起。
稱中興。立憲法、規模宏。」「國富強。雄世界。仰英風。皆下拜。」更用
了極大篇幅描述日本據臺之後的政績，如引進文明觀念、新式器物，又建立
各種公共設施、制度，士農工商無不發展。提到學童的學習楷模，也多為日
本歷史人物，如「日編履。夜讀書。到後來。成大器。爾幼學。勉而致」的
二宮尊德，以及「方稚年。通文藝。及長大。仕於朝。忠貞氣。薄雲霄。」
的管原道真[56]等。

　　《精神教育三字經》模仿《三字經》的三字韻文體例，敦促學童修養道
德品格，勤奮向學的要求也頗一致。姑且不論作者張淑子的政治立場為何[57]，
就書論書，其中濃厚的「日本風味」，在當時漢文啟蒙書籍中，是頗為特殊，
但又十分具有現實性的。

[56] 原書做「管原公」，應為 「菅原公」之誤。參見黃震南：《臺灣傳統啟蒙教材研究》，臺北：臺
　　灣師範大學，2011：64。
[57] 張淑子一生以弘揚漢學為己任，1937 年曾寫〈漢文可廢漢學不可廢〉一文，抗議廢除報紙漢文欄
　　政策；也曾加入抗日意味濃厚的文化協會，晚年被日人逮捕入獄，著作遭焚毀，《臺中縣誌》將
　　其定位為「抗日義士」。參見張惠芳：《張淑子及其作品研究》，臺南：臺南大學，2010：12-6。

(二) 黃錫祉《千家姓注解》

　　黃錫祉，新竹人，約 1866 年生，能詩、製作燈謎。曾學習鸞法，任新竹宣化堂正鸞。撰有《訓蒙集格言》、歌仔冊《新編二十四孝歌》、蒙書《千家姓注解》等，其創作常見於《臺灣日日新報》[58]。

　　黃錫祉所著《千家姓注解》，乃是仿照《千字文》體例，四字一句，湊成韻語，內容則擴充《百家姓》為一千多姓而成，1936 年 5 月 30 日由蘭記書局出版。《千字文》和《三字經》、《百家姓》齊名，同為官學私塾啟蒙的必讀教材，據傳是南朝梁武帝為教導其子識字，請殷鐵石在王羲之書法中選一千個不重複的字，命當時的員外散騎常侍周興嗣組織為文，編次以韻。周興嗣一夜完成，因費思過度，鬢髮皆白[59]。但因內容條理分明，包含天文、地理、歷史等各類知識，且四字一句，句法整齊，押韻自然，易於記誦，成為後世蒙書仿效的對象，遂有「千字文體」的產生[60]。1936 年 11 月 20 日《漢文臺灣日日新報》上有《千家姓注解》一書介紹：

> 《千家姓注解》
> 　　姓氏之辨。古無專書。濫觴於《萬姓統譜》、《尚友錄》、《姓苑》等。而《百家姓》最為通行。但《百家姓》苦簡。不適實用。《萬姓統譜》等苦繁。人難家置一部。《千家姓注解》為新竹黃錫祉氏所編輯。由嘉義蘭記書局刊行。極便於使用且費廉。足以補前記二者之缺點。四字一句。湊成韻語。容易記憶。並疏注各姓之出處。易於尋索。得一目而了然也。

　　《百家姓》共收姓氏 400 個，多數是單姓，少數是複姓。《千家姓注解》

---

[58] 黃震南：《臺灣傳統啟蒙教材研究》，臺北：臺灣師範大學，2011：85。

[59] 溫如梅：《近代蒙學的蛻變與傳播》，花蓮：花蓮師範學院，2004：12。

[60] 黃震南：《臺灣傳統啟蒙教材研究》，臺北：臺灣師範大學，2011：85。

則收錄單姓 872 個，複姓 188 個，共 1060 姓，是《百家姓》的 2.5 倍強。且不同於《百家姓》僅是湊韻為句，字、句、文之間沒有邏輯關係，《千家姓注解》的句子常是有意義的，如「元明世系。史記英雄。賢稱伊尹。安國始終。」、「官全文武。士有榮昌。廉能可祝。溫習真良。」雖限於可用的字都必須是姓氏，尤其還有複姓，無法全文如此，但已極為難得，可見作者編寫的用心。另一與《百家姓》不同的特色，則是在每姓之旁，都用小字注明其讀音、出處、代表人物。如「元：音原，河南，漢元賀」、「明：音鳴，吳興，晉明預」、「世：音勢，陳國，周世碩」等，使人一查便知。

　　作者黃錫祉在書前的《自序》中說明，本書除有實用功能「欲查姓氏世系……《千家姓》若購一冊，則谷易查而費輕。[61]」也是極佳的啟蒙書籍，「世有讀《千字文》者，請並讀《千家姓》周詳，既可增識字，亦可知諸姓，誠一舉而兩得。[62]」本書兼具《千字文》與《百家姓》之功用與長處，實可見臺灣文人為學童編寫學習教材之苦心。

(三) 佚名《新版監本千金譜》

　　《千金譜》從清末開始流行於臺灣，雖和《精神教育三字經》、《千家姓注解》不同，無法確知創作時地與作者身分，蘭記書局版本也僅是翻印而已，但因此書百餘年來在臺灣廣泛流傳，影響力不但不下於《三字經》、《百家姓》等傳統蒙書，甚至更超越了四書五經[63]，且是用閩南地區白話方言，記載日常生活器物和各個行業的專門用語，包括多項臺灣特產，十分具有「臺灣特色」，所以仍一併討論。

　　《千金譜》的創作時地與作者身分皆不詳，據臺灣多位學者從內文抽絲剝繭考證，僅能推測大約是道光、咸豐年間福建泉州人士所撰，又作者並非

---

[61] 陳錫祉：〈千家姓序言〉，《千家姓注解》，嘉義：蘭記書局，1936：1。

[62] 同上。

[63] 王順隆：〈從近百年的臺灣閩南語教育探討臺灣的語言社會〉，《臺灣文獻》，1995，46(3)：109-72。

汲汲於科考的讀書人，而是一位資深帳房先生[64]。正因如此，本書內容並不為科舉應試，而在儘快使人略識文字及習得貨物之名、記帳之法，好進入職場謀生。如內文第一頁所說：「百般貨物都有字。件件貨物都須記。記得物件寫得來。便是伶俐不癡呆。」連雅堂論及此書時說：「貧家子弟無力讀書，為人學徒，以數錢買千金譜一本，就店中長輩而讀之，可識千餘字。是書為泉人士所撰，中有方言，又列貨物之名，為將來記帳之用。[65]」這種實用目的性，以及使用日常語言寫成，甚至有些粗鄙的親切風格，是本書所以能比私塾中教授的文言蒙書，更為庶民接受，並大量流傳的原因。

本書內文以漢字書寫閩南語，雖為韻文，但行文風格自由活潑，每句長短不一，讀起來有如歌謠，很富趣味。另一項特點則是整本書隱約有一條故事線貫穿，隨著主人翁從農村出發，欲開設百貨商行，到各大商港採辦貨物，又迷失在溫柔鄉，最後幡然醒悟回到家鄉的遭遇，逐步帶出當時庶民生活的各種農工商業活動、器物特產、風景民俗。不但比說教意味濃厚，或純堆砌字詞的識字教材吸引人，以現今角度看來，更為瞭解先民生活的重要文獻。

蘭記書局所出版本，1945 年 12 月 20 日發行，封面書名為《（居家必用）千金譜》，內文第一行則寫《新版監本千金譜》。和其他版本不同之處在於部分文句略有更動。如原句為「隸首作算用苦心，倉頡制字值千金」，新版監本改為「隸首作算用至今，右軍法帖著來臨」；原句是「日出而作，日入而息」，新版監本在這句之前多加了「古人言……」[66]。雖然研究者認為，這種《新版監本千金譜》甚多訛誤之斷句，推論為後人之增補與刪削，但淺人妄作，適得其反，故流傳不廣[67]，但亦不妨將之看作出版社對於一本不斷被翻印流傳，大家耳熟能詳的書籍，希望同中求異，創造新意的用心。

[64] 《千金譜》作者考證詳見黃震南：《臺灣傳統啟蒙教材研究》，臺北：臺灣師範大學，2011：162-3。
[65] 連橫〈雅言〉，《臺灣語典》，臺南：世峰，2001：171。
[66] 黃震南：《臺灣傳統啟蒙教材研究》，臺北：臺灣師範大學，2011：165。
[67] 同上。

四、本章小結

　　本章以蘭記書局目前知見書目為對象，分析蘭記書局較為擅長的出版領域，並藉此知當時臺灣較發達的創作類型，並從書籍文本看出當時的時代寫作特色。

　　既然殖民政府官方學校的漢文教育，僅是聊備一格，到後期甚至完全廢除，則民眾學習漢文，只能仰賴民間編寫出版的教材，所以需求量最大，也最受重視。因為傳統書房教育尚存，流傳已久的啟蒙經典「三、百、千」 及四書五經等書，依然不斷被翻印。但漢文本身亦在演化中，白話文運動興起，從大陸進口的中文教科書，因意識形態、精神教育型態不同被禁，給了蘭記書局自行開發漢語讀本的空間。又因受到政權交替影響，「國語」指涉的語言各階段不同，日語學習、北京語學習、閩南語學習的需求接連出現，教材也應運而生。而同一套《初學必需漢文讀本》，在不同時代分別成為漢文、北京語、閩南語學習教材，獨特性值得一書。

　　教材之外，由漢學根底深厚的傳統文人所著的詩集、文集，也是重點之一。藉由當時風行一時的徵文、徵詩活動，關心世事的文人得以紓發議論，並作交流。《崇文社文集》是為代表作，讀書人對天下事之憂心，盡在其中，也反映出傳統文人對時變的應對之道；《鳴鼓集》是儒、釋兩派知識菁英衝突之下的特殊產物，為歷史事件留下紀錄，也為較罕見的反佛教色情文學，創作出不少作品。

　　當時的臺灣，雖然不論和日本或中國相較之下，文化力都較薄弱，新觀念、新知識多須從此兩地引進，但本土創作者並未甘於成為附庸角色，放棄自主的努力，他們在承襲傳統之餘，仍努力發揮本身的特色與長處，為臺灣留下獨特的出版物。例如黃茂盛雖取材中國大陸教科書，編撰了漢文讀本，也獲得很好成績，但仍以書中缺乏本島文化為憾，才有日後委託蔡哲人重訂

之舉。又如張淑子著《精神教育三字經》，目的也在「本島事，詳此冊」，希望學童知道生長之地的古往今來。張淑子模仿中國傳統蒙書《三字經》體例，用漢字書寫，然其所謂「精神教育」，又在希望學童涵養出如日本國民一般忠君愛國的「大和魂」[68]，也是當時當地才會出現的融合現象。

　　又從蘭記書局作者的背景可知，當時傳統文人有結成文學社群的風氣。這些文學社群共同組成的漢文圈，其成員既是蘭記書局的作者，也是讀者。維持與他們的交好關係，對於漢文圖書的產出和銷售，都是必要的。有論者以為，在中教事件中，黃茂盛雖未直接參與論戰，但從負起《鳴鼓集》的印刷發行工作，已透露支持崇文社所代表的儒教批判立場，及扮演幕後支助的角色[69]。但事實上，蘭記書局做為當時重要的漢文書籍出版者，與重要文人社群盡皆熟識，就以中教事件的三方主角而言，蘭記書局不但是崇文社多本重要出版物的發行所，也出版了張淑子的《精神教育三字經》，而蘭記書局在光復初期出版的重要字典《國臺音萬字典》，兩名編纂者之一「二樹庵」，就是引發儒生群起圍剿的林德林。蘭記書局站在出版者的中立立場，將掌握資源做最大運用，反映了黃茂盛在經營上的務實風格。

---

[68] 張惠芳：《張淑子及其作品研究》，臺南：臺南大學，2010：56-8。

[69] 蘇全正：〈蘭記編印之漢文讀本的出版與流通〉，文訊雜誌社。《記憶裡的幽香——嘉義蘭記書局史料論文集》，臺北：文訊雜誌社，2007：149-77。

第七章　結論：
蘭記書局的歷史貢獻與局限

　　嘉義蘭記書局，以現代話語來說，其實是一間「微型出版社」，自始至終，它都維持著非常小型的規模。從人員來說，雖然曾雇用幾名店員打理日常運作，但真正重要的經營、選書、編輯等決策與實際工作，全都繫於經營者一身。從創辦到高峰的前半期，關鍵人物是黃茂盛，黃茂盛退休之後由兒媳黃陳瑞珠接手，直到她過世為止；從出版物來說，目前知見出版書籍僅 104 種（147 冊）。在通過研究蘭記書局，管窺日據時期臺灣漢文圖書出版業的過程中，很難不聯想到同一個時期中國的出版中心上海，以及薈萃於該地，一個又一個閃耀著萬丈光芒的出版社：商務、中華、開明、世界……，與具有高大文化形象的出版人：張元濟、王雲五、陸費逵、章錫琛……。原因不在於他們十分相像，而在於他們截然不同。如果說，上海成為中國出版業中心的黃金時期，是天時、地利、人和際會的結果，那麼日據時期臺灣蘭記書局的出現，則是在天不時、地不利，百般條件欠缺，甚至呈現反作用力之下，獨因為「人」堅持信念，所成就的時代功業。

　　正因為面臨極為不利的壓抑環境，以至於蘭記書局即使已是當時臺灣一流的漢文出版機構，其主要的工作內容仍在於傳承、保留、紀錄傳統文化，對於先進地區的新興文化則是辛苦追趕；在自身規模上也無法擴大。完全無力如同時期上海大出版社一般，無論在文化創新、引領思潮、市場開拓、社務發展各方面，都有劃時代的成果。既如此，從今天的眼光研究蘭記書局，這樣一間僻處一隅，遠離文化中心，又無宏大規模、豐富出版物的小出版社，其存在究竟具有何種歷史意義？又有何值得後世仿效之處？另一方面，它又

受到何種發展限制，以致規模始終無法突破？最後這一章將探討這些問題，
對蘭記書局做出總結與評價。

一、蘭記書局的歷史貢獻

(一) 體現殖民地人民的反抗意識

　　蘭記書局創立在一個特殊的時代，臺灣從隸屬中國清朝，被割讓予日本，
成為帝國主義的殖民地，臺灣民眾也淪為處處受到差別待遇的「次等國民」。
日本對臺灣的最終統治目標，是要達到「與內地毫無區別」[1]的同化政策，也
就是希望所有臺灣人，無論是漢人還是高山族，都同化為徹底的日本人。但
日本政府也體認到，所謂同化，改變外在的食衣住行形式容易，改變心理甚
至精神層面的認同困難，因此採取的手段是從文化面，尤其是承載了文化內
涵的語言文字著手，不遺餘力推廣日語，改變臺灣人所習用的漢字、漢語、
漢文，其目的就如首任臺灣總督府學務部長伊澤修二所說：「除以威力征服其
外形外，還必須征服其精神，俾袪除其懷念故國之思，發揮新國民之精神。[2]」
　　面對異族統治的同化政策，臺灣人的反抗意識始終存在。最初實行武裝
抵抗，企圖根本推翻政治統治權，因此日本據臺的前 20 年間，抗日遊擊行動
此起彼落，並遭到日本軍事力量的鎮壓，壯烈非常。但隨著日本殖民政權日
益穩固，武裝抗日逐漸消失，代之而起的是 1920 年代以後的社會運動。同化
政策在求其「同」，而反抗意識則在凸顯其「異」，這一點從「新民會」的「臺
灣議會設置請願活動」可以充分說明。1920 年成立的新民會，原本是要推動
廢除殖民政府統治臺灣根本大法的「六三法撤廢運動」，但會員林呈祿卻認

---

[1] 何義麟：《皇民化政策之研究》，臺北：中國文化大學，1986：15。

[2] 同上：16。

為，如此無異於否定了臺灣的特殊性，肯定日本當局基於「內地延長主義」的同化政策，因此轉而主張應該在臺灣特殊性的基礎上，要求設置自己的議會[3]。

政治上如此，文化上更是如此，在殖民政府企圖藉由改變臺灣人習用的語言文字，同化臺灣人為日本人的政策下，維持原母國的漢文、漢學，就成了臺灣人突出自身特殊性，拒絕同化，堅持反抗的重要象徵。而此維繫漢文化的重責大任，全賴民間力量支撐，書房教育、成立詩社文社，以及漢文書店的存在，都是其中非常重要的力量。雖然和武力爭鬥及政治手段比起來，文化是最為幽微的隱性力量，也難看出具體成效，但正因如此，當前二種方法或因為受到打壓，或因為參與者理念不同而分裂、變調，終趨於沉寂、消失之際，唯有文化可以繼續擔負起這個「存其異」的功能。

當時的漢文書店，雖名為「書店」，但兼具出版與銷售圖書的功能。和書房僅教育學齡孩童，以及詩社、文社由傳統文人組成相較之下，其服務的民眾最多，可擴及的層面最廣，其功效亦最宏大。安德森在其著作《想像的共同體》（*Imagined Communities*）一書中，討論民族主義誕生的過程時，認為民族是一種想像的政治共同體，而這個想像的共同體最初且最主要是通過文字（閱讀）來完成的[4]。藤井省三引用其觀念，在〈「大東亞戰爭」時期的臺灣皇民文學〉一文中提到，被視為文化根本的書籍文化，其實足以成為擔負「政治任務」的工具，因為書籍從創作、生產、流通、閱讀、到再創作的循環過程，就是形塑民眾集體意識的過程。藤井省三舉當時以協助戰爭為主旨的皇民文學為例，不但被作品化，且在臺灣的讀書市場上，「隨同讀書→批評→新作→讀書……而高速的重複生產、消費、再生產的循環」，直到「其邏輯倫理和感情被臺灣民眾所共有，並朝向共同體的想像展開。」[5]相對的，漢文

---

[3]　李筱峰、林呈蓉：《臺灣史》，臺北：華立圖書，2006：193。

[4]　吳叡人：〈認同的重量：《想像的共同體》導讀〉，《想像的共同體——民族主義的起源與散佈》，上海：上海人民，2005：1-20。

[5]　藤井省三：〈「大東亞戰爭」時期的臺灣皇民文學——讀書市場的成熟與臺灣民族主義的形成〉，《臺灣文學這一百年》，臺北：麥田，2004：39-83。

也是如此，在殖民統治下，「臺灣人不同於日本人」的特殊意識，「臺灣人不願成為日本人」的反抗精神，藉由堅守和活化漢文，得以發展和凝聚。使用漢文的臺灣人，通過漢文圖書的創作、生產、流通、閱讀，知道有一群和自己一樣的人，而形成了一個想像的共同體，共同在同化政策中，保有獨立的邏輯倫理和感情。

　　包括蘭記書局在內的漢文書店，正是此集體意識形成過程中的重要推手，因此，從政治層面看，蘭記書局是借用文化為手段，體現了殖民地人民不欲被同化的反抗精神與意識。值得注意的是，蘭記書局的創辦人黃茂盛出生於 1901 年，已是日本據臺的六年之後，童年時期在殖民政府體制內的公學校受教育，畢業後又在體制內的信用組合有穩定工作。理論上來說，他完全具有成為日本「忠臣良民」的背景，與漢文的關係，應比和日文更為疏離。但是他對漢文有濃厚的興趣，並以繼承、發揚漢學為己任，此種對於文化根源的孺慕，其實正可以說明隱性的文化力量，遠比政治力量更為堅韌，輕易無法斬斷。

(二) 決定一個時代的知識特徵

　　書籍是思想、知識的載體，所以日據時期臺灣的漢文讀者都讀些什麼書？這個問題背後代表的是另一個更重要的問題：日據時期臺灣的漢文知識，呈現出什麼時代特徵？這個問題的答案，可以說主要是由漢文書店決定的，因為當時的漢文書店是漢文圖書最主要的出版者、進口者及銷售者，也就是漢文知識最主要的生產者、引進者和流通推手。蘭記書局作為當時極具代表性的漢文書店，其文化上的貢獻，可由以下幾項業務來說明。

　　首先，是與當時中國出版中心上海的緊密聯繫。當時上海是中國與世界交流的重要窗口，東西文化在此地交會，舊學新知在此地融合，現代知識分子通過出版事業，施展其才華與抱負於載體之上，讓上海成為思想的中心、出版的重鎮。而臺灣地理上與上海以海相隔，政治上隸屬不同政權，交流困難，幸有蘭記書局克服檢閱制度的不便、書籍被沒收的風險，源源將上海書

籍進口到臺灣。此舉的意義遠超過表面上書籍流通的商業行為，而是在臺灣與中國大陸之間建置了文化的輸送臍帶、漢文交流的網絡。這一條輸送管道，連結了中國大陸與臺灣的知識領域，一方面母國的文化得以在臺灣延續及傳承；另一方面，上海先進的知識、思想，藉由書籍載體的物質流通，傳佈到臺灣，開拓了臺灣人的知識視野，提升了臺灣人思想的高度，讓臺灣不至於落後於漢文知識的發展太多。簡單說，蘭記書局讓臺灣既與傳統文化承接，又窺看到進步的新世界。

蘭記書局藉由對上海實體書籍的選擇、採購、運送、銷售，將無形的文化與知識引進臺灣；並通過陳列、宣傳、導讀、推廣，塑造了讀者對於漢文知識的理解與認知。如同黃美娥所說，蘭記書局絕不僅只是「賣書人」，其實是更重要的文化守門人，它既是知識的採集者，也是知識的零售者，更是協助臺灣民眾學習漢文知識的代理人，且一定程度扮演了中介中國漢文圖書知識視野的人物，促使殖民地臺灣得以擁有與中國較為同步的漢文讀書市場[6]。這也就是研究蘭記書局留下的出版物、圖書目錄、雜誌廣告，一定程度上就能理解日據時期臺灣漢文知識分佈及變化的原因。

其次，蘭記書局與上海的合作交流，還有第二層意義，也就是從書籍的物質層面來探討。上海作為中國出版中心，除了是知識的最先進地，也是技術的最先進地。上海擁有最新的東西洋印刷機器和技術、最專業優秀的人才，也是印刷設備如油墨、紙漿原料等的集散地，可以低成本印刷出高質量的出版物。上海的這些印刷條件優勢，也受到蘭記書局的借重，在中日戰爭爆發以前，願意克服隔海運送的不便，及書籍檢閱的風險，將多本書籍交由上海出版社印刷。綜合而言，在臺灣民眾對於知識的需求，與自行出版的供應能力不平衡的狀態下，蘭記書局通過運用上海的資源，大幅提升了臺灣漢文書籍市場的整體水平。不論是知識的更新速度和多元程度，還是印刷裝幀工藝的

---

[6] 黃美娥：〈從蘭記圖書目錄想像一個時代的閱讀／知識故事〉，文訊雜誌社。《記憶裡的幽香──嘉義蘭記書局史料論文集》，臺北：文訊雜誌社，2007：73-83。

進步，都是臺灣出版業者無法獨力達到的。

第三，比引進外地新知識、新技術更為重要的，是臺灣本土文化的發展和紀錄，也就是蘭記書局出版物承載的歷史意義。當時的臺灣，雖然不論和日本或中國相較之下，文化力都較薄弱，新觀念、新知識多須從此兩地引進，但本土創作者並未放棄自主的努力，他們在承襲傳統之餘，仍努力發揮本身的特色與長處，為臺灣留下獨特的出版物。最能體現此種精神的，莫過於《千家姓注解》、《新撰仄韻聲律啟蒙》、《精神教育三字經》等書，這幾本書都在模仿前人之作的基礎上，發展出自己的獨到之處。而臺灣第一個文社崇文社的諸多作品，既展現了傳統文人面對「歐風西至，美雨東來，世風不古，道德淪亡」的新時代的憂心，同時也反映了傳統文人對於舊學被譏為守舊陳腐的不以為然，而以關注社會議題，討論新興觀念為方法，力求與時代脈動同步，證明傳統漢學不但可以與時俱進，更是挽救澆漓世俗的良方。是臺灣新舊文化處於彼此競爭的交接過渡時期，所留下的時代作品。

另外如陳懷澄為臺灣特別盛行的吟詠體式詩鐘，搜集、編纂了珠玉之作《吉光集》，也是他地所無的作品。還有陳江山所著的《精神錄》，是在當時一面倒的由中國大陸進口漢文書圖書的情況下，少數可以反向輸往中國大陸的臺灣創作，其意義更是非常。而說到蘭記書局出版物，當然不能忽略全臺唯一一套出自本土編者之手的漢文教材《初學必需漢文讀本》，這套書在日據時期、光復初期、90 年代，分別成為漢文、北京語、閩南語學習教材，見證時代的變遷又一例，獨特性值得一書。以上這些除了是漢文圖書之外，更別具臺灣文化特殊內涵的作品，都通過蘭記書局的出版業務，得以影響當時的讀者，也流傳至今，是蘭記書局對臺灣文化做出的巨大貢獻。

(三) 領先同業的出版經營者

正如同書籍同時具有文化產品與商品雙重特性，探討「如何賣出更多的書？」看似是純粹的生意經，但其實內中隱含的，也是真正具意義的，是兩個更高層次的問題：一是出版業如何提升經營績效，確保存續？因為唯有繼

續存在，才有實現信念的可能；一是文化如何拓展它的傳播範圍、觸及層面？因為傳佈的範圍越大，接觸的人越多，其影響力自然越大。文化理念與經營手法應該相輔相成，具有崇高理想的文化人，和精明幹練的經營者，若能集於一身，才是文化發展之福。

在日據時期臺灣的漢文書店當中，蘭記書局是在這兩方面達到較好平衡的代表。早期，因為賣紙比賣書利潤更高，所以賣書只能作為店家的副業，「紙店」比「書店」的稱呼更切合實際狀況的時候，黃茂盛已深切體認到漢文圖書的文化意義。他最早使用的兩個名稱「蘭記圖書部」與「漢籍流通會」，即具有文化意味較強而商業意味較淡的特色。而其漢籍流通會所強調的「免費觀覽」、「不為營利」，無非也是為了凸顯其文化面的創立宗旨，亦即鼓吹讀書趣味、促進社會文明。到了 1920 年代漢文書店進入高峰期，此時創立的漢文書店多半具有強烈的理念，如蔣渭水的文化書局、莊垂勝的中央書局，以推動啟蒙、關注社會運動為主；連橫的雅堂書局、林純甫的興漢書局，則偏重販賣傳統漢文書籍。理想雖高，但於經營上則無甚著力，以至於或存在時間不長，或辛苦維持，後世研究者論及之時，也多偏重在探討其文化上的意義，或視為社會運動的一個環節。但此時的蘭記書局卻運用了相當成熟的行銷方式，以及多元的銷售管道，在沒有舊學宿儒的光芒庇蔭，又沒有特定社群支持的情況下，獲得良好的名聲及成績。許多經營方式即使在今日仍非常適用，明顯領先同時代業者許多，這是蘭記書局對臺灣出版業層面的貢獻。

具體而言，蘭記書局傑出的經營成果表現在兩方面。首先是銷售管道的拓展。當時臺灣書店的銷售方式極為傳統，就是開設實體書店，被動等待讀者上門。唯獨黃茂盛另闢蹊徑，創立了漢籍愛好者組織漢籍流通會，它是臺灣出版史上第一個由商業性出版社組織的讀者社群，甚至也是中國出版史上的第一個。它融合了招收會員、贈送善書、銷售目錄多功能於一體，藉由贈書吸引讀者注意蘭記書局，建立名聲，更可獲得索書者的名單，方便寄送目錄、廣告；以繳交一定會費就可「無限（冊數、期限）觀覽」，花費低成本可得高價值為誘因，降低讀者加入的心理門坎；會中備置的書籍還有試讀本的

效果，最終獲得銷售圖書的利益；且會員借閱的次數，也可反映讀者的閱讀偏好，受歡迎的書種類型，作為往後蘭記書局繼續選書、購書的參考。總而言之，這是一整套環環相扣的凝聚、經營讀者之法，其形態、功能、效果，都與現代圖書重要銷售管道之一的讀書俱樂部頗為類似，但又有所不同，展現了自創的本土特色。

再從讀書俱樂部在各出版先進國出現的時間點來比較兩者，讀書俱樂部的構想源起德國，1891 年第一個讀書俱樂部「讀書之友協會」成立[7]；1926年美國出現了第一家圖書俱樂部「每月一書俱樂部」（Book of the Month Club）；英國則是在 1929 年，由阿蘭‧波特（Alan Bott）創辦了第一家圖書俱樂部「圖書學會」（Book Society）[8]；日本則要到 1970 年才出現第一家讀書俱樂部「全日本圖書俱樂部」（全日本ブッククラブ）[9]。黃茂盛創立漢籍流通會的 1924 年，讀書俱樂部在德國仍在起步階段，英美甚至還未出現，更不用說是中國與日本了。以當時臺灣與世界交流並不密切的情形來看，黃茂盛受德國讀書俱樂部啟發而得到靈感的可能性微乎其微，幾乎可以確定這是一個完全由本土獨立創發的讀者社群。其先進的觀念不但領先臺灣同業，即使與出版先進國家相比亦毫不遜色，實在是臺灣出版史上的驕傲。

利用郵購拓展服務對象與範圍，則是蘭記書局開拓的第二條管道。郵購也是一種化被動為主動的銷售方式，表面看來店面銷售與郵購只是方法不同，實際上郵購要發展成重要管道之一，而非僅是一項服務，需要兩項基本工作配合：建立並提供圖書資訊，與獲得讀者名單。這兩項工作都受到蘭記書局的高度重視，且是其他漢文書店較難達到的：一方面利用刊登雜誌、書末廣告與發行圖書目錄，提供讀者所需訊息；一方面利用漢籍流通會蒐集讀者名單。且蘭記書局的郵購規則訂定得十分詳盡細膩，充分利用郵政系統能

---

[7] 楊濤：〈歐美國家的讀書俱樂部〉，《中國出版》，1992(6)：61-3。

[8] 馮文華：〈圖書俱樂部的歷史沿革及成功要素〉，《編輯之友》，2005(6)：17-21。

[9] 日本雜誌協會、日本書籍出版協會：《日本雜誌協會‧日本書籍出版協會 50 年史》，東京：日本書籍出版協會，2007：21。

提供的金流、物流服務，提供多種付費、寄送選擇，方便讀者購書，其運作已發展得相當成熟。

蘭記書局領先同業的第二方面，表現在多樣化的行銷手法，於今看來也十分活潑具創意。除了打折、減價與附加贈品等常用手法之外，出版之前特價預約，不但可以促銷，亦可精確估計印量，一舉兩得。出版之後則印樣張提供讀者試讀，顯示出版者的信心，也增加讀者購買信心。最具代表性的莫如在《漢文臺灣日日新報》上舉辦徵文活動，製造一個具有新聞價值，可以引起關注的事件，強化讀者對蘭記書局的印象、提升知名度，達到廣告效果；優勝者贈以書券，鼓勵讀書風氣之外，又可促進書籍銷售，實現行銷目標。在還無人聽說過「行銷」為何物的當時，蘭記書局已能完全掌握「事件行銷」（Event Marketing）的精髓，足堪稱其為時代的領先者。

總而言之，從出版經營層面看，蘭記書局諸多領先時代的創意與手法，是臺灣出版史重要的一頁。

二、蘭記書局的局限

(一) 外部環境的局限

蘭記書局面對的外部局限，主要體現在兩個方面。

其一是政治方面的思想言論控制。文化創造活動要發展得好，自由、開放的環境至為重要，但這卻是日據時期臺灣最為欠缺的。日本殖民政府為了鞏固統治，以六三法作為統治臺灣的根本大法，確立臺灣採委任立法制，將臺灣隔絕於明治憲法體制以及日本國內諸法之外，如保障言論、出版自由的「言論四法」等，皆無法施行於臺灣。臺灣總督為控制臺灣人言論、思想，另行頒佈了相關法令，包括使報紙、書籍、雜誌、小冊等出版物成為出版警察取締重點的「臺灣新聞紙令」及「臺灣出版規則」，大大限制了出版業之發

展。根據「臺灣出版規則」，臺灣文書圖畫出版物實行申請制度，不論是進口或本地出版的出版物，若違反了出版禁止事項，就會遭到禁止發賣頒佈以及扣押；犯行者則會被罰金或禁錮。而書籍檢閱的執行工作，是由總督府警務局保安課負責。到了太平洋戰爭期間，更是利用減縮物資供應、控制出版及流通管道，以及嚴密檢閱刊載內容等統制方式，更加嚴格地控制思想與出版。

這些控制方式實際反映在蘭記書局的業務上，其影響包括為求減少沒收或查禁的損失，並獲得日本人的信任以繼續生存、營業，在向上海選書、進書，以及選擇出版物的時候，已先於法令做了自我設限。從第五章的分析結果中可知，蘭記書局經銷的書籍明顯偏向休閒、娛樂、實用性。其原因除了是與其他漢文書店做市場區隔，建立自身特色之外，也無法排除是為了「安全、穩當」的目的，而避開敏感的政治、思潮類書籍。在政治力量的控制之下，思想被制約、創意被限縮、行事趨於保守，都是不得不然的結果。

其二是文化方面語言文字的限制。日文與漢文的角力，在日本據臺的五十年間持續進行著。漢文方面，殖民政府採取的是漸廢政策，從初期連總督府的官廳命令、文告都附譯漢文，到後期施行皇民化政策時，完全廢止報紙漢文欄、公學校漢文科及書房。日文方面，在總督府強力推行國語普及運動之下，臺灣人理解日語者的比例，從 1903 年的 0.38%一路上升，到光復前的 1944 年，已高達 71%[10]。這場角力競賽，在總督府以強大的行政力量為後盾之下，彼長我消，最終是日文占了上風，漢文惟賴民間力量抗衡，稍挽頹勢。

漢文遭到壓抑，對蘭記書局此類漢文圖書業者的發展自然相當不利，其影響可分為兩部分。一是在審閱制度下，漢文書的出版本就不易，到了皇民化運動時期，推廣國語、廢止漢文，漢文圖書出版更是雪上加霜，就如中越榮二所說：「漢文出版物的審查十分嚴格，大抵皆不獲許可。[11]」根本沒有產出的可能，蘭記書局的漢文圖書出版業務只能趨於停頓。另一方面是臺灣人

---

[10]　王順隆：〈從近百年的臺灣閩南語教育探討臺灣的語言社會〉，《臺灣文獻》，1995，46(3)：109-72。

[11]　〈中越榮二致黃茂盛信〉，年代不明，但從所用「臺灣出版會」信紙推斷，應在 1943 年左右，蘭記書局史料。

漢文水平整體下降，雖然地下化的書房、以文化協會為首推動的漢文復興運動、傳統文人的詩社活動等等，都發揮了一定的作用，培養了一定的漢學識字人口，但畢竟是辛苦維持已不易，更遑論要大幅度增長擴大。缺乏有漢文寫作能力的作者，及穩定增長的讀者群，蘭記書局的發展自然備受局限。

(二) 自身條件的局限

　　外部環境條件已是不利，而蘭記書局本身，也有一些不足之處，最大的問題就在人才欠缺。前文已經提及，蘭記書局即使在日據時期的高峰期，所有的業務決策也僅由黃茂盛一人負責。雖然從研究中可以看出，黃茂盛是一位相當優秀的出版經營者，既有文化理念亦有經營方法，他的長處表現在具有創新與接受新興事物的能力，獨創「漢籍流通會」，以及擅長利用印刷媒體、郵政服務為己所用可為明證；面對挫折時的抗壓力及應變處理能力極佳，所以從上海進口的教科書被沒收、店面遭大火焚燬等不幸，反成了蘭記書局更上一層的契機；而圓融的處世能力與廣闊的人脈，亦是其事業的一大助力。但是無論如何能幹，單打獨鬥的力量畢竟有限，各項不同的業務，也缺乏人才進行更為專業的規劃與推展。舉出版業務為例，雖然因為黃茂盛與傳統文人交遊密切，對文化社團也多有贊助，因而能出版多本深具意義的書籍，但整體看來，其出版成果顯得欠缺章法及較為被動。蘭記書局出版物中傳統古籍及善書翻印，或者上海出版社的蘭記特殊版本，占了很大比例，真正最能表現出版社特色的原創書籍反而不多。除了因緣際會由黃茂盛編纂了初級、高級兩套漢文讀本之外，也未見如上海各大出版社一般，應對時代發展需求或讀者需要，而主動策畫的叢書、文庫等。

　　人才的欠缺也表現在經驗未能較好的傳承上。黃茂盛退休時選擇交棒給次子黃振文，在中國子承父業的傳統中，本是極常見的事，但因原本就缺乏工作團隊，黃振文接手後面臨的是也必須一個人承擔起所有業務，完全沒有人可以從旁輔佐、協助。而黃振文畢竟不是黃茂盛，所以其後蘭記書局即逐漸走下坡，再無往日盛況。總而言之，若蘭記書局在業務發展之時，能招攬

人才，建立專業的工作團隊，針對各部份業務深耕，面對變局時也能集思廣益，共同面對克服，蘭記書局必定能有更好的發展；在交棒之時也有較為穩固的基礎，不至於產生經驗的斷層。

參考文獻

一、中文

1. 圖書

1. 蘭記圖書部、漢籍流通會：《圖書目錄》，嘉義：蘭記圖書部，1925。
2. 黃茂盛：《初學必需漢文讀本》（一～八冊），嘉義：蘭記圖書部，1928。
3. 陳江山：《精神錄》，嘉義：蘭記圖書部，1929。
4. 張淑子：《精神教育三字經》，嘉義：蘭記圖書局，1929。
5. 黃松軒：《中學程度高級漢文讀本（一～八冊）》，嘉義：蘭記圖書部，1930。
6. 林珠浦：《新撰仄韻聲律啟蒙》，嘉義：蘭記圖書部，1930。
7. 綠珊盦主：《蓮心集》，嘉義：蘭記書局，1930。
8. 陳懷澄：《吉光集》，嘉義：蘭記圖書局，1934。
9. 陳錫祉：《千家姓注解》，嘉義：蘭記書局，1936。
10. 邱景樹，《注音字母北京語讀本》，嘉義：蘭記書局，1937。
11. 《居家必用千金譜》，嘉義：蘭記書局，1945。
12. 黃森峰：《漢字母標注中華大字典》，嘉義：蘭記書局，1946。
13. 二樹庵、詹鎮卿：《國台音萬字典》，嘉義：蘭記書局，1946。
14. 文心：《千歲檜》，嘉義：蘭記書局，1958。
15. 黃陳瑞珠(臺語注音)：《初級臺語讀本》第一冊，嘉義：蘭記出版社，1994。
16. 黃陳瑞珠編著：《閩南語發音手冊》，嘉義：蘭記出版社，1994。
17. 黃陳瑞珠修訂：《蘭記臺語字典》，嘉義：蘭記出版社，1995。
18. 詹鎮卿編：《國臺音小辭典》，嘉義：蘭記書局，出版年不詳。
19. 黃臥松：《崇文社文集》卷一，彰化：崇文社，1927。
20. 黃臥松：《彰化崇文社貳拾周年紀念詩文續集》，彰化：崇文社，1937。
21. 《祝皇紀貳千六百年彰化崇文社紀念詩集》，彰化：崇文社，1940。
22. 《鳴鼓集》（一～五集），彰化：崇文社，1928-30。

23. 文訊雜誌社：《記憶裡的幽香——嘉義蘭記書局史料論文集》，臺北：文訊雜誌社，2007。
24. 陳江山：《精神錄》，屏東：太陽城，1977。
25. 李筱峰、林呈蓉：《臺灣史》，臺北：華立圖書，2006。
26. 《臺灣全記錄》，臺北：錦繡，2000。
27. 許雪姬：《臺灣歷史辭典》，臺北：遠流，2004。
28. 臺灣省文獻委員會：《連雅堂先生相關論著選集》（上），南投：臺灣省文獻委員會，1992。
29. 連橫：《臺灣語典》，臺南：世峰，2001。
30. 連橫編：《臺灣詩薈》(下)，南投：臺灣省文獻委員會，1992。
31. 黃美娥：《重層現代性鏡像——日治時代臺灣傳統文人的文化視域與文學想像》，臺北：麥田出版，2004。
32. 黃美娥：《古典臺灣：文學史、詩社、作家論 》，臺北：國立編譯館，2003。
33. 《詩報》復刻版，臺北：龍文，2007。
34. 楊永智：《明清時期臺南出版史》，臺北：學生書局，2007。
35. 《臺灣傳統版畫展專刊》，彰化：凌漢，1998。
36. 洪九來：《解讀清末民初商務印書館產業發展中的「日本」符號》，《歷史上的中國出版與東亞文化交流》，上海：上海百家，2009：141-52。
37. 辛廣偉：《臺灣出版史》，河北省：河北教育出版社，2001。
38. 《歷史上的中國出版與東亞文化交流》，上海：上海百家，2009。
39. 臺灣成功大學臺灣文學系：《跨領域的臺灣文學研究學術研討會論文集》，臺南：「國家臺灣文學館」籌備處，2006。
40. 許俊雅：《日據時期臺灣小說研究》，臺北：文史哲，1993。
41. 藤井省三：《臺灣文學這一百年》，臺北：麥田出版公司，2004。
42. 王詩琅：《日本殖民地體制下的臺灣》，臺北：眾文圖書公司，1980。
43. 吳文星：《日治時期臺灣的社會領導階層》，臺北：五南，2008。
44. 張瑞成：《光復臺灣之籌劃與受降接收》，臺北：國民黨黨史會，1990。
45. 周憲文：《日據時代臺灣經濟史》，臺北：臺灣銀行，1958。
46. 陳紹馨：《臺灣的人口變遷與社會變遷》，臺北：聯經，1979。
47. 臺灣省行政長官公署統計室：《臺灣省五十一年來統計提要》，南投：臺灣省政府，1946。
48. 《教育統計指標》，臺北：教育部，1999。
49. 戴月芳：《臺灣文化協會》，臺中：莎士比亞文化事業，2007。
50. 林柏維：《臺灣文化協會滄桑》，臺北：臺原，1993。
51. 莊永明：《臺灣近代名人志》(第四冊)，臺北：自立晚報，1987。

52. 謝雪紅口述、楊克煌筆錄：《我的半生記》，臺北：楊翠華，1997。

53. 張良澤：《四十五自述：我的文學歷程》，臺北：前衛，1988。

54. 吳楓：《中國古典文獻學》，濟南：齊魯書社，2005：28-32。

55. 潘稀祺編著：《為愛航向福爾摩沙——巴克禮博士傳》，臺南：人光，2003。

56. 張樹棟、龐多益、鄭如斯等：《中華印刷通史》，臺北：興才文教基金會，2005。

57. 簡瑞榮編纂：《嘉義市志‧卷九‧藝術文化志》，嘉義：嘉義市政府，2002。

58. 顏尚文：《嘉義研究：社會、文化專輯》，嘉義：中正大學臺灣人文研究中心，2008。

59. 杭之：《從大眾文化觀點看三十年來暢銷書》，從《藍與黑》到《暗夜》，臺北：久大，1987。

60. 宋明順：《大眾社會理論》，臺北：師大書苑，1988。

61. 李志銘：《半世紀舊書回味》，臺北：群學，2005。

62. 江燦騰：《臺灣近代佛教的變革與反思》，臺北：東大圖書，2002。

63. 埃斯卡皮著、葉淑燕譯：《文學社會學》，臺北：遠流，1990。

64. 安德森著、吳叡人譯：《想像的共同體》，上海：上海人民，2005。

2. 學位論文

1. 王雅珊：《日治時期臺灣的圖書出版流通與閱讀文化——殖民地狀況下的社會文化史考察》，臺南：臺灣成功大學，2011。

2. 何義麟：《皇民化政策之研究》，臺北：中國文化大學，1986。

3. 黃震南：《臺灣傳統啟蒙教材研究》，臺北：臺灣師範大學，2011。

4. 溫如梅：《近代蒙學的蛻變與傳播》，花蓮：花蓮師範學院，2004。

5. 黃瓊瑤：《日據時期的臺灣銀行》，臺北：臺灣師範大學，1991。

6. 張立彬：《日據時期臺灣城市化進程研究》，吉林：東北師範大學，2004。

7. 陳怡芹：《日治時期臺灣郵政事業之研究(1895-1945)》，桃園：中央大學，2007。

8. 陳郁欣：《日治前期臺灣郵政的建立(1895-1924)》，臺北：臺灣師範大學，2009。

9. 朱琴：《金簡及其《武英殿聚珍版程式》》，蘇州：蘇州大學，2003。

10. 徐郁縈：《日治前期漢文印刷報業研究(1895-1912)》，雲林：雲林科技大學，2008。

11. 賴崇仁，《臺中瑞成書局及其歌仔冊研究》，臺中：逢甲大學，2005。

12. 吳佳容：《文心（許炳成）生平及其作品研究》，嘉義：中正大學，2004。

13. 蘇秀鈴：《日治時期崇文社研究》，彰化：彰化師範大學，2001。

14. 溫惠玉：《日治時期傳統漢文的應世與革新——以崇文社與臺灣文社為例》，新竹：清華大學，2011。

15. 柯喬文：《《三六九小報》古典小說研究》，嘉義：南華大學，2004。

16. 江昆峰：《《三六九小報》之研究》，臺北：銘傳大學，2004。

17. 張惠芳：《張淑子及其作品研究》，臺南：臺南大學，2010。
18. 張建青：《晚清兒童文學翻譯與中國兒童文學之誕生》，上海：復旦大學，2008。
19. 王黎君：《兒童的發現與中國現代文學》，上海：復旦大學，2004。
20. 張靜茹：《以林癡仙、連雅堂、洪棄生、周定山的上海經驗論其身分認同的追尋》，臺北：臺灣師範大學，2002。

3. 期刊

1. 盧嘉興：〈著「仄韻聲律啟蒙」的林珠浦〉，臺灣研究彙集，1974(14)：63-88。
2. 秦美婷、湯書昆：〈1895-1898年日本售臺言論的形成與興論的影響〉，《臺灣研究集刊》，2006(91)：49-57。
3. 馮瑋：〈評日本政治「存異」和文化「求同」的殖民統治方針〉，《世界歷史》，2002(3)：2-10。
4. 李理：〈「六三法」的存廢與臺灣殖民地問題〉，《抗日戰爭研究》，2006(4)：45-61。
5. 趙鐵鎖：〈日本對臺灣的殖民統治簡論〉，《南開學報》，1998(2)：67-72。
6. 河原功作、黃英哲譯：〈戰前臺灣的日本書籍流通(上)(中)(下) ──以三省堂為中心〉，《文學臺灣》，1998(27)：253-64; 1998(28)：285-302; 1999(29)：206-25。
7. 河原功作、葉石濤譯：〈臺灣新文學運動的展開(上)(中)(下) ──日本統治下在臺灣的文學運動〉，《文學臺灣》，1991(1)：217-45; 1992(2)：238-71; 1992(3)：225-64。
8. 蔡盛琦：〈日治時期臺灣的中文圖書出版業〉，《國家圖書館館刊》，2002(2)：65-92。
9. 蔡盛琦：〈新高堂書店：日治時期臺灣最大的書店〉，《國立中央圖書館臺灣分館館刊》，2003，9(4)：36-42。
10. 吳瀛濤：〈日據時期出版界概觀〉，《臺北文物》，1960，8(4)：43-8。
11. 吳興文：〈光復前臺灣出版事業概述〉，《出版界》，1997(52)：38-43。
12. 鄭麗榕：〈日治初期臺灣的官方讀書會〉，《臺灣風物》，2008，58(4)：13-51。
13. 陳培豐：〈日治時期臺灣漢文脈的漂遊與想像：帝國漢文、殖民地漢文、中國白話文、臺灣話文〉，《臺灣史研究》，2008，15(4)：31-84。
14. 于長敏：〈文化中的國家與國家中的文化〉，《燕山大學學報》，2006，7(1)：39-43。
15. 王幼華：〈日本帝國與殖民地臺灣的文化構接──以瀛社為例〉，臺灣學研究，2009(7)：29-50。
16. 黃美娥：〈日、臺間的漢文關係〉，《臺灣文學與跨文化流動》(東亞現代中文文學國際學報)，2007(3)：111-33。
17. 黃新憲：〈日據時期臺灣公學校論〉，《東南學術》，2006(6)：161-8。

18. 王順隆：〈從近百年的臺灣閩南語教育探討臺灣的語言社會〉，《臺灣文獻》，1995，46(3)：109-72。

19. 王順隆：〈日治時期臺灣人「漢文教育」的時代意義〉，《臺灣風物》，1999，49(4)：107-27。

20. 吳文星：〈日據時代臺灣書房之研究〉，《思與言》，1978，16(3)：264-91。

21. 吳文星：〈日據時期臺灣書房教育之再檢討〉，《思與言》，1988，26(1)：101-8。

22. E. Patricia Tsurumi 著、林正芳譯：〈日本教育和臺灣人的生活〉，《臺灣風物》，1997，47(1)：55-93。

23. 陸靜：〈臺灣日治時期土地權演變的歷史考察及其評價〉，《東嶽論叢》，2007，28(6)：147-52。

24. 周翔鶴：〈日據時期臺灣工業化評析〉，《臺灣研究・歷史文化》，2007(3)：58-63。

25. 陳澤堯：〈臺灣殖民地經濟概論〉，《河南師範大學學報》(哲學社會科學版)，1997，24(1)：1-9。

26. 曾潤梅：〈日據時期臺灣經濟發展爭議〉，《臺灣研究・歷史》，2000(4)：79-84。

27. 許靜波：〈製版效率與近代上海印刷業鉛石之爭〉，《社會科學》，2010(12)：157-64。

28. 劉元滿：〈近代活字印刷在東方的傳播與發展〉，《北京大學學報》(哲學社會科學版)，2000(3)：151-7。

29. 周翔鶴：〈日據前期在臺灣日本人的工商業活動〉，《臺灣研究集刊》，2006(2)：48-56。

30. 柯喬文：〈漢文知識的建置：臺南州內的書局發展〉，《臺南大學人文研究學報》，2008，42(1)：67-88。

31. 林景淵：〈嘉義蘭記書局創業者黃茂盛〉，《印刷人》，1998(121)：108-13。

32. 柳書琴：〈通俗作為一種位置：《三六九小報》與1930年代臺灣的讀書市場〉，《中外文學》，2004，33(7)：19-55。

33. 柳書琴：〈《風月報》到底是誰的所有？：書房、漢文讀者階層與女性識字者〉，《臺灣文學與跨文化流動》（東亞現代中文文學國際學報）臺灣號，2007(3)：135-58。

34. 洪炎秋：〈懷益友莊垂勝兄〉，《傳記文學》，1976，29(4)：80-7。

35. 張維賢：〈懷雅堂書局〉，《傳記文學》，1977，30(4)：24。

36. 夏明星、蘇振蘭〈首任臺盟中央主席謝雪紅〉，《黨史文苑》(紀實版)，2006(5)：41-3。

37. 黃朝琴：〈續漢文改革論——倡設臺灣白話文講習會〉，《臺灣》，1923，4(2)：21-8。

38. 李西勳：〈臺灣光復初期推行國語運動情形〉，《臺灣文獻》，1995，46(3)：173-208。

39. 李永志：〈臺灣教育會史的轉折──臺灣新生教育會與杜聰明的故事〉，《臺灣教育》，2012(674)：81-4。

40. 宋光宇：〈清末和日據初期臺灣的鸞堂與善書〉，《臺灣文獻》，1998。3，49(1)：1-19。

41. 陳宏志：〈臺灣社會儒家思維的體現〉，《南方論刊》，2012(2)：55-8。

42. 蔡盛琦：〈臺灣流行閱讀的上海連環圖畫（1945-1949）〉，《國家圖書館館刊》，2009，98(1)：55-92。

43. 謝崇耀：〈論日治時期臺灣漢詩組織之建構與作用〉，《臺灣風物》，2008，58(3)：91-134。

44. 管輝：〈光復初期的臺灣郵政略述〉，《南京郵電學院學報》(社會科學版)，2000，2(2)：22-6。

45. 邱各容：〈臺灣兒童文學一百年的歷史意義〉，《全國新書資訊月刊》，2010(9)：4-7。

46. 馮文華：〈圖書俱樂部的歷史沿革及成功要素〉，《編輯之友》，2005(6)：17-21。

47. 楊濤：〈歐美國家的讀書俱樂部〉，《中國出版》，1992(6)：61-3。

48. 汪志國：〈有關臺灣民主國的幾個問題〉，《天津師大學報》，1996(2)：45-9。

4. 報紙

1. 蔣渭水：〈臨床講義〉，《會報》，1921-11-28。

2. 〈焚書冊數〉，《漢文臺灣日日新報》，1924-11-30。

3. 〈對於輸入中國書報的臺灣海關的無理干涉〉，《臺灣民報》，1925-7-1。

4. 〈公學校的漢文教授和舊式的臺灣書房〉，《臺灣民報》，1927-3-6。

5. 〈學習官話〉，《臺灣日日新報》，1929-8-2。

6. 愚泉：〈洗耳小錄〉，《三六九小報》，1932-5-9。

7. 古圓速記：〈讀者座談會〉，《三六九小報》，1933-3-13。

8. 張良澤：〈臺灣光復初期的小學國語教本──兼談當時臺胞的「國語熱」〉，《中國時報》，1977-10-26。

5. 網絡

1. 〈臺灣銀行與幣制整頓〉，歷史文化學習網 [EB/OL].(2004) [2013-2-23] http://culture.edu.tw/history/smenu_photomenu.php?smenuid=99

2. 夏文學：〈從臺灣甘地到現代武訓──林占鰲長老〉，基督教人物 [EB/OL]. [2012-5-30] http://www.pct.org.tw/article_peop.aspx?strBlockID=B00007&strContentID=C2007061400023&strDesc=&strSiteID=S001&strCTID=CT0005&strASP=article_peop

3. 〈興文齋一路走來〉，塔普思酷魔力教育網。 [EB/OL].[2016-12-12]

http://www.topschool.com.tw/PopularSchool/PopularSchool_03_1.aspx?SC=20060412 0003&TYPE=school/

4. 〈228 教育界受難者紀念展開展　外省受難教師家屬感性憶往〉台北市文化局，[EB/OL].[2016-12-12]
https://www.culture.gov.taipei/frontsite/cms/newsAction.do?method=viewContentDetail&iscancel=true&contentId=OTEzMQ==&subMenuId=603

二、日文

1. 圖書

1. 竹越與三郎：《臺灣統治志》，東京：博文館，1905。
2. 嘉義市勸業課編纂：《嘉義商工人名錄》，嘉義：嘉義市役所，1926。
3. 臺灣教育會：《臺灣教育沿革志》，臺北：臺灣教育會，1939。
4. 工藤折平：《臺灣出版警察の研究》，臺北：臺灣警察協會，1933。
5. 《出版年鑑(昭和五年版)》，東京：文泉堂，1977（復刊）。
6. 井出季和太：《臺灣治績志》，臺北：南天，1997（復刻）
7. 《臺灣總督府警務局保安課圖書掛》（復刻版臺灣出版警察報 ），東京：不二出版，2001。
8. 島崎英威：《中國‧臺灣の出版事情》，市川：出版メディアパル，2007。
9. 日本雜志協會、日本書籍出版協會：《日本雜志協會‧日本書籍出版協會 50 年史》，東京：日本書籍出版協會，2007。
10. 河原功：《翻弄された臺灣文學──檢閱と抵抗の系譜》，東京：研文出版，2009。

2. 報紙

1. 〈支那語學者に與へて其協同一致を促かす〉，《臺灣新報》，1896-12-1。
2. 若水生：〈本島人的讀書界〉，《臺灣日日新報》，1908-3-3。

附錄一　蘭記書局大事年表

參考資料：《大事編年 1900-44》收錄於鄭文聰主編《20 世紀臺灣》（臺北縣：大地地理出版，2000）；柯喬文《蘭記書局大事年表》收錄於《記憶裡的幽香》（臺北：文訊雜誌社，2007）；本論文內文。

年代	蘭記書局大事記	臺灣大事記
1895		6 月 2 日，清廷代表李經芳與日本駐臺灣第一任總督樺山資紀，在基隆外海的日本輪「西京丸號」上，簽署了《交接臺灣文據》。 6 月 17 日臺灣總督府舉行始政式，臺灣正式進入殖民時代。
1896		以法律第 63 號發佈「關於在臺灣實施法律與條例的法律」，世稱「六三法」，成為日本統治臺灣的根本大法。 《臺灣新報》創刊，是日據時期臺灣最早的報紙。 總督府於全臺成立 14 所「國語傳習所」與 1 所「國語學校」。
1898		《臺灣新報》與《臺灣日報》合併為《臺灣日日新報》，成臺灣第一大報。 臺灣總督府公佈「臺灣公學校令」，並於全臺設立 55 所六年制的公學校，專收臺灣人的學齡兒童。 公佈「書房‧義塾相關規程」，正式將書房納入管理。 展開土地調查。
1900		頒佈「臺灣出版規則」。 發佈「臺灣度量衡條例」，規定一律採用日本式度量衡。

年代	蘭記書局大事記	臺灣大事記
1901	蘭記書局創辦人黃茂盛出生於雲林斗六街。	成立「臨時臺灣舊慣調查會」，對臺灣原有的法律規範進行調查。
1904		正式發行官方通行貨幣「臺灣銀行券」，將臺灣的貨幣制度納入與日本相同的金本位經濟體系。
1905		《臺灣日日新報》中兩個版面的漢文版，擴充為六個版面且獨立發行的《漢文臺灣日日新報》。 進行第一次人口普查。
1906	黃茂盛隨父遷居嘉義街北門外百 20 番地之一。	10 月，公佈法律第 31 號，規定總督律令不得違背根據「施行敕令」而施行於臺灣的日本法律，及特別以施行於臺灣為目的而制定的日本法律及敕令，世稱「三一法」。
1908	黃茂盛進入嘉義公學校（今崇文小學）就讀。	長達 405 公里的縱貫線全線通車。
1911		11 月，獨立發行的《漢文臺灣日日新報》回歸《臺灣日日新報》漢文版，版面縮減。
1914	黃茂盛公學校畢業，成為該校第十一屆畢業生。	第一次世界大戰爆發。 臺灣同化會提倡者板垣退助來臺設立臺灣同化會。
1916	經舅父楊象庵引薦，黃茂盛進入嘉義信用組合工作，任職書記。手不釋卷，博讀漢文書籍，甚且下班後還向親朋好友借書閱讀至深夜而毫無倦容。	林占鼇在臺南創立興文齋。
1917		臺灣總督府頒佈「郵政儲金預存規則」「郵政劃撥儲金收受規則」「郵票卡紙銷售規則」。 臺灣總督府頒佈「臺灣新聞紙令」。
1918		第一次世界大戰結束。
1919	黃茂盛在上司同意之下，於任職的合	日本原敬內閣改革殖民地官制，首任

年代	蘭記書局大事記	臺灣大事記
	作社正門門柱旁倚放舊門板,擺上舊書販賣。攤上書一橫幅「蘭記圖書部舊書廉讓」。	文官總督田健治郎就任,治臺政策進入同化政策時期。 中國發生五四新文化運動。
1920	黃茂盛繳交六圓社費,加入臺灣文社。	蔡惠如在東京成立「新民會」,以臺中霧峰望族林獻堂為會長,展開長達 14 年的「臺灣議會設置請願運動」。
1921		制定法律第三號修正(法三號),規定日本國內法律原則上適用於臺灣。 10 月 17 日,蔣渭水在臺北靜修女學校成立「臺灣文化協會」。
1922	與吳金(畢業於嘉義女子公學校)結婚,婚後在西市場旁總爺街 31 號租屋,正式開設書店「蘭記圖書部」。白天由妻子顧店,晚上接手。	新「臺灣教育令」頒佈,總督府制定「私立學校規則」,獲准新設立的書房完全轉變為名符其實的代用公學校。
1924	4 月 3 日成立「漢籍流通會」,地點在嘉義西市場旁總爺街 31 號蘭記書局店內。附設單位:「小說流通會」、「善書流通處」。	蔣渭水等 14 名臺灣議會設置期成同盟會員,以違反治安警察法被日方起訴。蔣渭水《入獄日記》刊於《臺灣民報》。 張我軍〈致臺灣青年的一封信〉向傳統文人轟出第一炮。
1925	以「蘭記書局」名義登記成立,地址位在嘉義榮町二丁目七十番地。黃茂盛辭去信用組合工作,全職經營書店。8 月,蘭記圖書部與漢籍流通會聯合發行《圖書目錄》,提供函購服務。	悶葫蘆生發表〈新文學的商權〉,為日據時期臺灣新舊文學之爭揭序幕。《臺灣民報》改為週刊。
1926		蔣渭水在臺北開設文化書局。 連溫卿、王敏川、蔣渭水等人舉辦臺灣文化講座。
1927	自上海輸入商務印書館國語教科書《最新國文教科書》,因抵觸殖民政策,遭到海關沒收。 黃臥松編《崇文社文集》出版。 次子黃振文出生,為日後第二任蘭記	莊垂勝在臺中開設中央書局。 連橫在臺北開設雅堂書局。 臺灣文化協會分裂。

年代	蘭記書局大事記	臺灣大事記
	書局經營者。	
1928	黃茂盛編輯的《初學必需漢文讀本》（共八冊）出版，獲得良好的銷售成績，奠定蘭記書局發展基礎。 邱景樹著《(注音字母)國語讀本》出版。 黃臥松編《鳴鼓集初續集》出版。	總督府設立臺北帝國大學，即今之臺灣大學。 日本共產黨臺灣民族支部（臺灣共產黨）成立。
1929	陳江山著《精神錄》出版，發行範圍遍及南洋暹羅，英領之香港；中國大陸之安徽、湖南、江蘇、上海、汕頭、廈門等處，蘭記書局聲望達於頂峰。 張淑子著《精神教育三字經》出版。 5月4日在《臺灣日日新報》刊登徵文消息。	謝雪紅在臺北開設國際書局。 矢內原忠雄所著《帝國主義下的臺灣》出版。 臺灣共黨開始控制臺文化協會，造成文化協會二次分裂。
1930	黃茂盛以黃松軒之名編纂的《中學程度高級漢文讀本》（共八冊）出版。 林珠浦著《新傳仄韻聲律啟蒙》出版。 綠珊盦主編《蓮心集》出版。	《臺灣民報》廢刊，《臺灣新民報》獲得發行許可。 黃石輝發表〈怎樣不提倡鄉土文學〉。
1931		日本關東軍發動918瀋陽事變，國內又接連發生「515事件」及「226事件」，主戰的日本軍部地位上升，向外擴張侵略之勢漸成。
1933	黃陳瑞珠出生。及長與黃振文結婚，婚後實際負責蘭記書局業務，成為第三任經營者。	《臺灣日日新報》創立35周年。 財團法人主辦乞丐收容所「愛愛寮」獲准設立。
1934	2月10日嘉義大火，波及蘭記書局。蘭記書局受災嚴重，共損失書籍一萬五千圓，家具三千圓，「私立蘭記書局圖書館藏書」付之一炬。 陳懷澄著《吉光集》、《媼解集》出版。	總督府與林獻堂等人於臺中會談，議決停止自1921年起歷時15年的臺灣議會設置請願活動。
1935	災後新築落成，位於榮町二丁目70番地，並於此地舉行打折特賣活動。 於臺北市太平町三丁目大世界戲院對	臺日定期航空郵件開始。 總督府慶祝始政40周年，於臺北舉辦博覽會，盛況空前。

年代	蘭記書局大事記	臺灣大事記
	面，新設出張所（營業處）。10 月 12 日到 11 月 30 日在此舉行「臺南興文齋書局暨嘉義蘭記書局聯合大廉賣」。	舉行首屆全臺地方議員選舉。
1936	6 月，對瑞成商店許深溪提出侵冒《初學必需漢文讀本》著作版權告訴。	楊逵創辦《臺灣新文學》雜誌。 臺日定期航空對開。 島內定期航線開始，同時開辦島內航空郵件。
1937	發佈公告，中華書籍輸入困難，存貨售完即難應命。 《初學必需漢文讀本》經蔡哲人修訂校正，加入日本與臺灣內容。	中日戰爭爆發，進入所謂「戰時體制」，總督府加強推展對殖民地人民的同化政策，展開「皇民化運動」。
1938		日本頒佈「國家動員法」，第二十條規定：「政府在戰時，因國家動員需要，得依敕令對於報紙其他出版物之記載，予以限制或禁止。」
1941		在臺灣組織「皇民奉公會」，進一步要求臺灣為日本軍閥所發動的侵略戰爭效命。
1942		在臺灣實施特別志願兵制度。 臺灣公佈「言論、出版、集會、結社等臨時取締法」。 「臺灣出版協會」創立，「日本出版配給株式會社」在臺設立臺灣支店。
1943	蘭記書局成為「臺灣出版會」第一種會員中，19 名臺灣會員之一，會員編號第 23 號。	3 月 1 日發佈「出版事業令」，5 月 21 日公佈施行細則，臺灣的圖書出版從申請制改為更為嚴格的許可制。 「臺灣出版協會」升高等級為「臺灣出版會」。 全面實施六年制義務教育，頒佈「廢止書房令」。
1944	本山泰若著《實話探偵秘帖》出版。	10 月起，臺灣全島受到盟軍 15 梯次猛烈轟炸。
1945	4 月 3 日嘉義受到盟軍猛烈轟炸，市	臺灣全面實施徵兵制。

年代	蘭記書局大事記	臺灣大事記
	區多處大火，蘭記書局亦無法倖免，店面再次全毀。 《初學必需漢文讀本》更名為《繪圖初級國文讀本》與《初學適用國文讀本》，成為小學的代用課本，私自翻印者無數。 許丙丁編《建國大綱與三民主義淺說》出版。	8 月 14 日，日本裕仁天皇發表「停戰詔書」；8 月 15 日，日本政府宣佈無條件投降；10 月 25 日，中國戰區臺灣省受降儀式在臺北市公會堂（今中山堂）舉行。臺灣正式重入中國版圖。12 月，最大日文書店新高堂更名為「東方出版社」，延續至今。
1946	《中學程度高級漢文讀本》更名為《中學程度高級國文讀本》。 黃森峰編纂《漢字母標注中華大字典》出版。 二樹庵、詹鎮卿合編《國台音萬字典》出版。 於圖書目錄及《臺灣新生報》廣告中，宣佈收購舊書消息。	
1947	蘭記書局地址更易為「嘉義市中山路213 號」，具體標誌了一個時代的轉換。	商務印書館、中華書局來臺設立分支機構。
1949		國民政府遷臺，兩岸交通徹底斷絕。各上海書店臺灣分店脫離母公司，獨立運作。
1952	黃茂盛退休，次子黃振文接手經營。	
1955	黃振文與黃陳瑞珠結婚，婚後蘭記書局業務逐漸交由黃陳瑞珠負責，成為實際經營者。	
1958	文心所著《千歲檜》出版。	
1968		全面實施九年國民義務教育。
1978	黃茂盛過世，享年 77 歲，一種典型於焉消逝。	
1983		連鎖書店金石堂臺北汀州店開幕，標誌著臺灣書店業進入嶄新的時代。

年代	蘭記書局大事記	臺灣大事記
1989		連鎖書店誠品臺北仁愛店開幕，成為臺灣的形象標誌之一。
1992	蘭記書局結束中山路店面業務，轉移至興中街 98 號，改名為「蘭記出版社」。	10 月，金石堂嘉義市中山店開幕。
1994	黃陳瑞珠臺語注音《初級臺語讀本》出版。其後出版了五種蘭記臺語叢書。	
2004	黃陳瑞珠不慎在家中跌倒，送醫不治，享年 71 歲。蘭記書局歷經 85 年歲月之後，正式走入歷史。	
2005	黃陳瑞珠侄女吳明淳將「蘭記書局史料」捐贈財團法人臺灣文學發展基金會董事長暨遠流出版公司董事長王榮文。	
2007	《文訊》雜誌 1-3 月連續推出「蘭記書局專號」，並集結為《記憶裡的幽香——嘉義蘭記書局史料論文集》，成為至今蘭記書局研究最完整的書籍，並獲國藝會 96 年第一期文學類獎助。	

附錄二　蘭記書局出版書目

1. 資料來源

　　蘭記書局史料存書、國家圖書館藏書、臺灣圖書館藏書、臺灣大學圖書館藏書、楊永智《蘭香書氣本相融》收錄於《記憶裡的幽香》（臺北：文訊雜誌社，2007）、蘇全正《日治時代臺灣漢文讀本的出版與流通》收錄於《嘉義研究：社會、文化專輯》（嘉義：中正大學臺灣人文研究中心，2008），由筆者綜合整理而成，共計 104 種（147 冊）。

2. 收錄標準

　　1.版權頁中，蘭記書局被單獨標示為出版者、發行、發行所、代發行所、經售、總經售、批發處者。

　　2.版權頁無標示，但書中印有蘭記書局圖書廣告、書目摘要，或其他有關蘭記書局訊息者。

　　3.蘭記書局圖書目錄或廣告中，被列為「本版書」者。

	書名	編著者	發行所	出版日期	備註
1	《玉曆至寶鈔勸世》	淡癡尊者、勿迷道人		1915 以後	封面、封底加印蘭記圖書部廣告
2	《眼科良方》	葉天士		1919 菊秋	封面加印蘭記圖書部廣告，書末加印「諸善士印送請向嘉義蘭記書局接洽」
3	《青年必讀》	海濱散人	善書流通處漢籍流通會 (發行所)	1922 仲春	

	書名	編著者	發行所	出版日期	備註
4	《高等女子新尺牘》	曲阿賀群上編		1923 年	版權頁加印「本書嘉義蘭記書局經售」
5	《三生石》			1923 年仲夏	封底加印漢籍流通會廣告
6	《羅狀元詞》			1924 年	書後加印蘭記圖書部廣告
7	《臺灣革命史》	南京漢人（黃玉齋）		1925 年	版權頁印「總經售：蘭記書局」
8	《千字文白話注解》	古邘高馨山譯注 古邘劉鐵冷校訂		1926 年秋月	版權頁印「臺灣經售處：嘉義西門街蘭記書局」
9	《崇文社文集》	黃臥松 編	蘭記圖書部（代發行所）	1927	
10	《壽康寶鑒》	常慚愧僧釋印光		1927 年 7 月	封底加印蘭記書局書目摘要
11	《格言精粹》	退思社 選		1927 年仲冬	封面加印「嘉義西門外一五九號蘭記圖書部印送」，序文後加印蘭記圖書部廣告
12	《增注加批奇逢全集》		臺南蘭記圖書部	1928 年	
13	《增補匯音》	壺麓主人 編	臺南蘭記圖書部	1928 年	
14	《秋水軒尺牘》		臺灣嘉義蘭記書局（特約發行所）	1928 年 1 月	書末加印蘭記書局廣告
15	《(注音字母)國語讀本》	邱景樹	黃茂盛（發行人）蘭記書局(發行所)	1928 年 7 月 10 日	
16	《初學必需漢文讀本》第一冊	黃茂盛 編	蘭記圖書部（發行所）	1928 年 9 月 30 日	

	書名	編著者	發行所	出版日期	備註
17	《初學必需漢文讀本》第二冊	黃茂盛 編	蘭記圖書部(發行所)	1928 年 9 月 30 日	
18	《初學必需漢文讀本》第三冊	黃茂盛 編	蘭記圖書部(發行所)	1928 年 9 月 30 日	
19	《初學必需漢文讀本》第四冊	黃茂盛 編	蘭記圖書部(發行所)	1928 年 9 月 30 日	
20	《初學必需漢文讀本》第五冊	黃茂盛 編	蘭記圖書部(發行所)	1928 年 9 月 30 日	
21	《初學必需漢文讀本》第六冊	黃茂盛 編	蘭記圖書部(發行所)	1928 年 9 月 30 日	
22	《初學必需漢文讀本》第七冊	黃茂盛 編	蘭記圖書部(發行所)	1928 年 9 月 30 日	
23	《初學必需漢文讀本》第八冊	黃茂盛 編	蘭記圖書部(發行所)	1928 年 9 月 30 日	
24	《人道集》	江介石 著述發行	蘭記圖書部(總代發行所)	1928 年 12 月 1 日	
25	《鳴鼓集初續集》	黃臥松 編	崇文社(發行所)	1928 年	書名頁後印嘉義蘭記圖書部廣告，序文後印蘭記圖書部書目摘要，《鳴鼓集二集感言》後印嘉義蘭記圖書部書目讀本類
26	《精神錄》	陳江山 編輯	蘭記圖書部(發行所)	1929 年 1 月 25 日	
27	《雪鴻初集》	鳳洋黃中理堂 選		1929 年 3 月	書末加印蘭記圖書部書目摘要
28	《華陀神醫秘傳》	漢譙縣華陀元化 撰，唐華原孫思邈綿 集	嘉義街西市場前蘭記圖書部(臺灣總發行所)	1929 年 6 月 六版	
29	《精神教育三字經》	張淑子	蘭記圖書局	1929 年 7 月	

	書名	編著者	發行所	出版日期	備註
30	《青年鏡》	四明錢季寅編		1929年10月	封面加印「嘉義西門外一五九號蘭記圖書部印送」,書末加印蘭記圖書部廣告
31	《三聖訓》	藝海編輯部編	蘭記圖書部(發行所)	1930年2月25日	
32	《中學程度高級漢文讀本》第一冊	黃松軒 編	嘉義蘭記圖書部(發行)版心:蘭記書局總經售	1930年4月11日	
33	《中學程度高級漢文讀本》第二冊	黃松軒 編	嘉義蘭記圖書部(發行)版心:蘭記書局總經售	1930年4月25日	
34	《中學程度高級漢文讀本》第三冊	黃松軒 編	嘉義蘭記圖書部(發行)版心:蘭記書局總經售	1930年4月25日	
35	《中學程度高級漢文讀本》第四冊	黃松軒 編	嘉義蘭記圖書部(發行)版心:蘭記書局總經售	1930年4月25日	
36	《中學程度高級漢文讀本》第五冊	黃松軒 編	嘉義蘭記圖書部(發行)版心:蘭記書局總經售	1930年4月11日	
37	《中學程度高級漢文讀本》第六冊	黃松軒 編	嘉義蘭記圖書部(發行)版心:蘭記書局總經售	1930年4月11日	
38	《中學程度高級漢文讀本》第七冊	黃松軒 編	嘉義蘭記圖書部(發行)版心:蘭記書局總經售	1930年4月11日	
39	《中學程度高級漢文讀本》第八冊	黃松軒 編	嘉義蘭記圖書部(發行)版心:蘭記書局總經售	1930年4月11日	
40	《繪圖大明忠義傳》			1930年5月再版	封面加印大一統書局出版書籍臺灣蘭記書局經售書目,版權頁刊批發者:臺南蘭記圖書部

	書名	編著者	發行所	出版日期	備註
41	《新撰仄韻聲律啟蒙》	林珠浦	蘭記圖書部（發行）	1930 年 7 月	
42	《蓮心集》	綠珊盦主 編（許丙丁）	蘭記書局（發行者）	1930 年 7 月 30 日	
43	《(家庭必備)育兒寶鑒》	臥雲林玉書	蘭記書局（發行者）	1930 年 7 月 30 日	
44	《過彰化聖廟詩集》	黃臥松 編	崇文社（發行所）	1930 年 10 月 5 日	封底加印蘭記圖書部經售書目，凡例後加印蘭記圖書部廣告
45	《大藏血盆經》			1930 年冬月	封面印「臺灣嘉義西市場前蘭記圖書部經售」
46	《初學指南尺牘》	雁江丁拱辰星南 纂輯大一統書局編輯所 譯白		1931 年春月	總經售處：臺灣蘭記書局
47	《鳴鼓集三集》	黃臥松 編	崇文社（發行所）	1929 年 1 月 20 日	書名頁後印嘉義蘭記圖書部廣告，書中印多則廣告
48	《鳴鼓集四五集》	黃臥松 編	蘭記圖書部（總代發行所）	1930 年 10 月 5 日	
49	《達生編》		上海中醫書局（發行）		版權頁印「寄售處：蘭記書局」
50	《勸世吳鳳傳》	林雲	蘭記圖書部（發行所）	1931 年 11 月 25 日	
51	《吉光集》	陳懷澄 編著		1934 年 2 月 30 日	版權頁印經售者：黃茂盛總經售：嘉義市蘭記書局圖書局，書名頁後印嘉義蘭記書局廣告
52	《媧解集》	陳懷澄 編著		1934 年 2 月	版權頁印

	書名	編著者	發行所	出版日期	備註
				30 日	經售者：黃茂盛 總經售：嘉義市蘭記書局圖書局，封底加印蘭記書局廣告
53	《明心寶鑒》		黃茂盛 (發行人)	1934 年 9 月 17 日	
54	《臺語三字經》		蘭記書局	1934 年 9 月	
55	《東寧忠憤錄》	泣血生	嘉義蘭記圖書部(發行)	1935 年	
56	《前明志士鄧顯祖蔣毅庵十八義民陸孝女詩文集》	黃臥松 編輯兼發行人	嘉義市榮町蘭記書局 (代發行所)	1936 年 1 月 29 日	
57	《千家姓注解》	臺灣新竹壽甫黃錫祉 編輯	嘉義蘭記書局 (發行者)	1936 年 5 月 30 日	
58	《彰化崇文社貳拾周年紀念詩文集》	黃臥松 編輯兼發行人	嘉義市榮町蘭記書局 (代發行所)	1936 年 7 月 15 日	
59	《熊崎式姓名學之神秘》	白惠文 譯者兼發行者	蘭記書局 (發行所)	1936 年 9 月 18 日	日譯中
60	《注音字母北京語讀本》	邱景樹	蘭記書局 (出版、發行)	1937 年	(原《(注音字母)國語讀本》)
61	《初學必需漢文讀本》第一冊	編輯兼發行人：黃茂盛 校正：蔡哲人	黃茂盛(發行人) 蘭記圖書部(發行所)	1937 年 4 月 20 日	
62	《初學必需漢文讀本》第二冊	編輯兼發行人：黃茂盛 校正：蔡哲人	黃茂盛(發行人) 蘭記圖書部(發行所)	1937 年 4 月 20 日	
63	《初學必需漢文讀本》第三冊	編輯兼發行人：黃茂盛 校正：蔡哲人	黃茂盛(發行人) 蘭記圖書部(發行所)	1937 年 4 月 20 日	
64	《初學必需漢文讀本》第四冊	編輯兼發行人：黃茂盛 校正：蔡哲人	黃茂盛(發行人) 蘭記圖書部(發行所)	1937 年 4 月 20 日	

	書名	編著者	發行所	出版日期	備註
65	《初學必需漢文讀本》第五冊	編輯兼發行人：黃茂盛 校正：蔡哲人	黃茂盛(發行人) 蘭記圖書部(發行所)	1937 年 4 月 20 日	
66	《初學必需漢文讀本》第六冊	編輯兼發行人：黃茂盛 校正：蔡哲人	黃茂盛(發行人) 蘭記圖書部(發行所)	1937 年 4 月 20 日	
67	《初學必需漢文讀本》第七冊	編輯兼發行人：黃茂盛 校正：蔡哲人	黃茂盛(發行人) 蘭記圖書部(發行所)	1937 年 4 月 20 日	
68	《初學必需漢文讀本》第八冊	編輯兼發行人：黃茂盛 校正：蔡哲人	黃茂盛(發行人) 蘭記圖書部(發行所)	1937 年 4 月 20 日	
69	《四十二品因果經》		蘭記書局 (發行所)	1937 年 5 月 6 日	
70	《彰化崇文社貳拾周年紀念詩文集續集》	黃臥松 編輯兼發行人	嘉義市榮町蘭記書局 (代發行所)	1937 年 7 月 31 日	
71	《(獨習自在)國語會話》	黃茂盛 編輯兼發行人	蘭記書局 (發行所)	1938 年 7 月 16 日	日臺對譯
72	《大乘金剛經石注》		蘭記書局 (發行所)	1940 年 5 月 26 日	
73	《祝皇紀貳千六百年彰化崇文社紀念詩集》	黃臥松 編輯兼發行人	嘉義市榮町蘭記書局 (代發行所)	1940 年 12 月 21 日	
74	《改姓名參考書》	永村文助 (陳啟明)	黃茂盛(發行人) 蘭記書局 (發行所)	1941 年 5 月 9 日	日譯中
75	《實話探偵秘帖》	本山泰若 (許丙丁)	蘭記書局(印行)	1944 年 3 月	
76	《歷史三字經》		蘭記書局 （發行所）	1945 年 10 月 10 日	
77	《繪圖初級國文讀本》第一冊	蔡哲人 編	蘭記圖書部 (發行所)	1945 年 10 月 10 日	又名《（初學必需）繪圖國文讀本》

	書名	編著者	發行所	出版日期	備註
78	《繪圖初級國文讀本》第二冊	蔡哲人 編	蘭記圖書部(發行所)	1945年10月10日	
79	《繪圖初級國文讀本》第三冊	蔡哲人 編	蘭記圖書部(發行所)	1945年10月10日	
80	《繪圖初級國文讀本》第四冊	蔡哲人 編	蘭記圖書部(發行所)	1945年10月10日	
81	《繪圖初級國文讀本》第五冊	蔡哲人 編	蘭記圖書部(發行所)	1945年10月10日	
82	《繪圖初級國文讀本》第六冊	蔡哲人 編	蘭記圖書部(發行所)	1945年10月10日	
83	《繪圖初級國文讀本》第七冊	蔡哲人 編	蘭記圖書部(發行所)	1945年10月10日	
84	《繪圖初級國文讀本》第八冊	蔡哲人 編	蘭記圖書部(發行所)	1945年10月10日	
85	《居家必用千金譜》		蘭記書局(發行所)	1945年10月20日	
86	《初學適用國文讀本》第一冊	黃茂盛 編	蘭記圖書部	1945年10月20日20版	原又名《（初學必需）繪圖國文讀本》
87	《初學適用國文讀本》第二冊	黃茂盛 編	蘭記圖書部	1945年10月20日20版	
88	《初學適用國文讀本》第三冊	黃茂盛 編	蘭記圖書部	1945年10月20日20版	
89	《初學適用國文讀本》第四冊	黃茂盛 編	蘭記圖書部	1945年10月20日20版	
90	《初學適用國文讀本》第五冊	黃茂盛 編	蘭記圖書部	1945年10月20日20版	
91	《初學適用國文讀本》第六冊	黃茂盛 編	蘭記圖書部	1945年10月20日20版	
92	《初學適用國文讀本》第七冊	黃茂盛 編	蘭記圖書部	1945年10月20日20版	
93	《初學適用國文讀本》第八冊	黃茂盛 編	蘭記圖書部	1945年10月20日20版	

	書名	編著者	發行所	出版日期	備註
94	《建國大綱與三民主義淺說》	許丙丁 編	黃茂盛(發行者)蘭記書局(發行所)	1945年10月30日	
95	《三字經注解》		蘭記書局(發行所)	1945年12月1日	
96	《千字文》		蘭記書局(發行)版心：蘭記書局印行	1945年	
97	《中學程度高級國文讀本》第一冊	黃松軒 編	嘉義蘭記圖書部(發行所)	1946年1月初旬10版	
98	《中學程度高級國文讀本》第二冊	黃松軒 編	嘉義蘭記圖書部(發行所)	1946年1月初旬10版	
99	《中學程度高級國文讀本》第三冊	黃松軒 編	嘉義蘭記圖書部(發行所)	1946年1月初旬10版	
100	《中學程度高級國文讀本》第四冊	黃松軒 編	嘉義蘭記圖書部(發行所)	1946年1月初旬10版	
101	《中學程度高級國文讀本》第五冊	黃松軒 編	嘉義蘭記圖書部(發行所)	1946年1月初旬10版	
102	《中學程度高級國文讀本》第六冊	黃松軒 編	嘉義蘭記圖書部(發行所)	1946年1月初旬10版	
103	《中學程度高級國文讀本》第七冊	黃松軒 編	嘉義蘭記圖書部(發行所)	1946年1月初旬10版	
104	《中學程度高級國文讀本》第八冊	黃松軒 編	嘉義蘭記圖書部(發行所)	1946年1月初旬10版	
105	《漢字母標注中華大字典》	黃森峰 編纂	黃茂盛(發行者)蘭記書局(發行所)	1946年2月10日	共四冊
106	《民刑訴訟、公文程序寫作法大全》		蘭記書局(發行所)	1946年2月20日	
107	《朱子治家格言》		蘭記書局發行	1946年春	
108	《臺灣偉人吳鳳傳》	吳鳳康樂區建設委員會編	蘭記書局	1947年11月15日	

	書名	編著者	發行所	出版日期	備註
109	《國台音萬字典》	二樹庵(林德林)、詹鎮卿合編	蘭記書局(發行)	1946年12月5日	
110	《精選實用國語會話》第六版	北平何崔淑芬女士校訂南友國語研究會編	蘭記書局(發行)	1947年6月	
111	《(不能不笑)大笑話》	黃松軒 編	蘭記書局(發行者)	1947年9月10日	
112	《眼科學》	陳聯滄	蘭記書局(發行所)	1949年9月1日	
113	《千歲檜》	文心	蘭記書局(發行)	1958年8月	
114	《初級臺語讀本—第一冊》	黃茂盛 編 黃陳瑞珠 臺語注音	蘭記出版社	1994年4月10日	(原《初學必需漢文讀本》)
115	《初級臺語讀本—第二冊》	黃茂盛 編 黃陳瑞珠 臺語注音	蘭記出版社	1994年4月10日	(原《初學必需漢文讀本》)
116	《閩南語發音手冊》	黃陳瑞珠編著	蘭記出版社(出版者)	1994年7月27日	
117	《蘭記臺語字典》	黃陳瑞珠增訂注音	蘭記出版社(出版者)	1995年5月29日	(原《國台音萬字典》)
118	《蘭記臺語手冊》	黃陳瑞珠編著	蘭記出版社(出版者)	1995年5月29日	
119	《合記支那語會話》		蘭記圖書部		1930 年蘭記書局「本版書大特價優待同業」
120	《家庭醫藥常識》		蘭記圖書部		1930 年蘭記書局「本版書大特價優待同業」
121	《和漢對譯國語自習讀本》		蘭記圖書部		1939 年蘭記圖書部書摘要,「最近出版書目錄」

	書名	編著者	發行所	出版日期	備註
122	《無師自通日文自修讀本》		蘭記圖書部		1939 年蘭記圖書部書摘要,「最近出版書目錄」
123	《音訓新語詳解漢和字典》		蘭記圖書部		1939 年蘭記圖書部書摘要,「最近出版書目錄」
124	《ペン字入實用書翰辭典》		蘭記圖書部		1939 年蘭記圖書部書摘要,「最近出版書目錄」
125	《式辭挨拶十分間演說集》		蘭記圖書部		1939 年蘭記圖書部書摘要,「最近出版書目錄」
126	《(字母解說)北京語會話》		蘭記圖書部		「最近出版書目錄」
127	《臺語手冊》		蘭記圖書部		1939 年蘭記圖書部書摘要
128	《繪圖速成四書讀本—學庸》		臺灣蘭記圖書部		
129	《四書讀本》		臺灣蘭記圖書部(發行)		
130	《最新弟子規》		蘭記書局(發行)		
131	《模範習字帖》(楷書草訣百韻歌)	虞山王詠莪	臺灣蘭記書局(發行)		
132	《模範習字帖》	臺嶋羅鄰園先生楷書	嘉義蘭記圖書部(藏版)		
133	《國臺音小辭典》	詹鎮卿　編	蘭記書局(發行所)		
134	《清代名醫醫話精華》		蘭記圖書公司(特約發行所)		
135	《幼科易知錄》		蘭記圖書公司(發行處)		
136	《英漢學生辭典》	詹鎮卿　編	蘭記書局(發行所)		

	書名	編著者	發行所	出版日期	備註
137	《繪圖千字文》		臺灣蘭記圖書部(發行)		
138	《金剛經注講》				封底加印蘭記圖書部廣告
139	《太陽、太陰真經》				封底加印蘭記圖書部廣告
140	《初學指南尺牘》	雲陽任毓芝注譯			加印蘭記圖書部廣告
141	《三百良方》				封面印「臺灣蘭記圖書部經售」，書後加印蘭記圖書部廣告
142	《三字經、四書集字合刊》				版心刊「臺灣蘭記書局總經售」，書末加印蘭記圖書部廣告
143	《摘方備要》				版心刊「臺灣蘭記圖書部經售」，書後刊「經售處：臺灣嘉義州蘭記書局」
144	《增廣寫信必讀》	唐芸洲			封面印「分銷處：臺灣蘭記書局」
145	《三聖帝君真經》				書末加印蘭記圖書部廣告
146	《最新繪圖幼學雜字》				首頁印「嘉義西門街一五九番地蘭記圖書部經售」，第九頁加印臺灣嘉義西市場前蘭記圖書部廣告
147	《壺天笙鶴初集》	林幼泉			上下卷間印蘭記圖書部廣告

國家圖書館出版品預行編目(CIP) 資料

日據時期臺灣嘉義蘭記書局研究 / 丁希如著.--
初版.-- 臺北市：元華文創, 2017.07
面；　公分

ISBN 978-986-393-910-8 (平裝)

1.蘭記書局　2.出版業　3.歷史

487.78933　　　　　　　　　　106004198

日據時期臺灣嘉義蘭記書局研究

丁希如　著

發 行 人：陳文鋒
出 版 者：元華文創股份有限公司
聯絡地址：100 臺北市中正區重慶南路二段 51 號 5 樓
電　　話：(02) 2351-1607
傳　　真：(02) 2351-1549
網　　址：www.eculture.com.tw
E - m a i l：service@eculture.com.tw
出版年月：2017（民 106）年 7 月 初版
定　　價：新臺幣 420 元

ISBN：978-986-393-910-8（平裝）

總 經 銷：易可數位行銷股份有限公司
地　　址：231 新北市新店區寶橋路 235 巷 6 弄 3 號 5 樓
電　　話：(02) 8911-0825　　傳　　真：(02) 8911-0801